영국과 미국의 국가비상대비업무

제1 · 2차 세계대전 당시 Home Front 활동을 중심으로

박계호

춘천고등학교 졸업
육군사관학교 졸업
영남대학교 행정학 석사
충남대학교 군사학 박사
전 육군 근무
현 단국대학교 초빙교수

주요 저서
『총력전의 이론과 실제』
『스위스의 무장중립정책과 위기관리』
『전쟁과 전쟁비용』
『핵과 국가비상대비업무』
그 외 다수의 논문 등

영국과 미국의 국가비상대비업무
제1 · 2차 세계대전 당시 Home Front 활동을 중심으로

2021년 9월 15일 초판 인쇄
2021년 9월 20일 초판 발행

지은이 | 박계호
펴낸이 | 이찬규
펴낸곳 | 북코리아
등록번호 | 제03-01240호
주소 | 13209 경기도 성남시 중원구 사기막골로 45번길 14
우림2차 A동 1007호
전화 | 02-704-7840
팩스 | 02-704-7848
이메일 | ibookorea@naver.com
홈페이지 | www.북코리아.kr
ISBN | 978-89-6324-787-8 (94390)
978-89-6324-370-2 (세트)
값 20,000원

영국과 미국의 국가비상대비업무

제1 · 2차 세계대전 당시 Home Front 활동을 중심으로

박계호

북코리아

프롤로그

인류의 역사는 '전쟁의 역사'라고 해도 지나치지 않을 정도로 지난 역사에서는 많은 전쟁이 있었다. 특히 제1차 세계대전이나 제2차 세계대전은 인류 역사상 종전에 볼 수 없었던 광범위한 지역에서 수많은 사람이 희생되고 삶의 터가 폐허화되는 전쟁으로 진행되었으며 국제적으로 미친 영향도 컸다.

그렇다면 이러한 전쟁에서 승리를 좌우하였던 요인은 무엇일까? 저자는 2013년에 『총력전의 이론과 실제』를 출간하면서 총력전 양상이 나타난 제1차 세계대전과 제2차 세계대전 등의 주요 전쟁을 분석하여 그 핵심요인으로 첫째, 국가지도자의 리더십과 둘째, 국민의 승리에 대한 의지, 셋째, 군사력 및 경제력 등을 제시한 바 있다.

이러한 결론을 얻게 된 이유는 지금까지 있었던 주요 전쟁사를 보면서 아무리 군사력이 상대적으로 우세하여도 국가지도자의 전쟁지도가 잘못되고 국민이 승리를 위하여 정부와 군에 협조하지 않으면 궁극적으로 패하더라는 역사적 사실이 증명하기 때문이며, 이러한 대표적인 사례로 저자는 이미 제1·2차 세계대전 당시의 독일을 제시한 바 있다.

아무리 군사력이 우세하여도 제1차 세계대전 당시의 빌헬름 2세와 제2차 세계대전 당시의 히틀러와 같은 지도자가 전쟁을 지도하면 그 전쟁은 이길 수 없고, 아무리 승리하고 싶어도 제1차 세계대전 당시의 독일 국민이나 제2차 세계대전 당시의 프랑스 국민과 같이 싸워 이기려는 의지가 없으면 그 전쟁 역시 승리할 수 없다.

지난 전쟁사를 보면 전시 어느 나라 할 것 없이 모든 국민의 생활은 극도로 어려웠다. 포격이나 폭격으로 수많은 사람이 죽거나 다치고 주거 시설이 파괴되면서 야외 생활을 하거나, 식량이 부족해지면서 수많은 사람이 굶주림에 고통을 받고 죽었으며, 한겨울에는 난방 연료가 없어 혹한의 겨울을 보내야 하였다. 국민소득의 많은 부분이 전쟁을 수행하는 데 필요한 비용으로 나가면서 생활수준이 떨어졌다. 수많은 남성이 전쟁터로 나가면서 도처에서 수많은 여성이 무기와 탄약을 만들거나 영농작업에 종사하였다. 그런가 하면 식량을 포함하여 각종 생필품이 부족해지면서 배급제를 실시하였으며, 식량증산을 위하여 산지를 개간하거나 정원을 밭으로 만드는 등 경작지를 확대하는 조치로 난국을 극복해야만 하였다. 이처럼 국민에게 수많은 어려움이 따르는 것이 전쟁이고, 대부분의 국가에서는 이러한 조치들로 난국을 극복하려고 노력하였다. 이러한 활동들이 Home Front 활동이다.

이 전쟁기간 동안 어느 나라 국민은 이러한 어려운 상황을 극복해 가면서 승리 의지를 불태워 끝내 승리하였고, 그렇지 못한 나라는 패하였다. 본 책자는 그러한 나라로 영국과 미국을 제시하면서 그들이 전쟁기간 중 흘린 피와 땀과 눈물을 보여준다. 우리나라도 안보 상황이 녹록지 않으며, 국가적인 위기 상황이 발생할 경우, 국민에게 피와 땀과 눈물을 요구할 것이기 때문이다. 이 책자를 준비하게 된 이유는 바로 여기에 있다. 그렇다고 필자가 전쟁을 좋아하거나 이를 부추기려 이 책자를 준비한 것은 아니다. 오히려 전쟁과 같은 국가적 위기 상황이 발생할 경우, 이를 극복하기 위한 국민 참여 정신의 중요성을 말하기 위함이며, 본 책자에서는 제1차 세계대전과 제2차 세계대전 당시 전쟁의 승리를 위한 영국과 미국 국민의 피와 땀과 눈물의 사례를 제시할 뿐이다. 북한의 군사적 위협이 하루가 다르게 강화되는 가운데 군사적 대비 못지않게 정부 차원의 비상대비업무 준비는 물론 국민의 참여 자세 또는 태도가 중요함을 강조하는 것이 본 책자를 시작하게 된 이유라고 말하고 싶다.

제1차 세계대전과 제2차 세계대전에서 일어났던 국민과 관련된 수많은 이야기를 다 언급한다는 것이 얼마나 어려운 일인지 잘 알며 이것은 불가능하다고 생각한다. 우리는 그동안 주로 군의 전략과 전술 위주로 전쟁사를 연구하고 들었지 국민의 피와 땀과 눈물이 어우러진 생생한 이야기는 연구도 미흡하였고 잘 듣지도 못하였다. 이 책자에서 그런 이야기의 일부만이라도 들려주려고 하였다.

이 책자에서는 연구 기간이나 자료의 제한 등 여러 요인으로 영국과 미국의 이야기만을 다루고 있다. 앞으로 시간이 되면 여기서 다루지 않는 제1차 세계대전이나 제2차 세계대전 당시 주요 당사국인 독일이나 프랑스, 러시아 등 보다 많은 이야기를 포함하는 책자도 연구해 보려고 한다.

이 시간 공군 서산 비행장에서 복무하고 있는 사랑스러운 아들 상원이가 군 복무를 무사히 마친 뒤 민항기 조종사로서 그 꿈을 펼치기를 바란다. 또한 국토방위의 일선에서 수고하는 모든 장병에게도 이 책자의 지면을 빌려 고마움을 전한다. 그들이 있기에 우리가 모두 편한 마음으로 하루하루를 잘 보낸다.

이 책자를 감수해 주신 장창록 동기생에게도 감사를 표한다. 그는 육사에서 갈고 닦은 출중한 영어실력으로 본 책자의 많은 부분을 적절하게 수정해 주었다. 이 책자를 발간할 수 있도록 편집과 교정 등 많은 도움을 주신 북코리아 이찬규 사장님께도 감사를 드린다. 이 사장님께서는 지금까지 우리 연구소에서 발간한『승리는 거저 주어지지 않는다』시리즈를 어려운 가운데서도 출간하여 주셨다.

또한 이 책자를 발간하는 데 많은 격려를 해주신 단국대학교 장호성 이사장님께 깊은 감사를 드린다. 이사장님께서는 단국대학교 국가위기관리연구소 창설부터 지금에 이르기까지 항상 관심을 갖고 성원하여 주셨다.

2021년 7월

단국대학교 연구실에서

차례

표차례

그림차례

제1장
시작하는 글

제1절 목적

2010년으로부터 2012년까지 3년간에 걸쳐 『총력전의 이론과 실제』를 저술하면서 절실히 느낀 것 중의 하나는 전쟁에서의 승리가 단순히 전투에서 군인의 승리만으로 달성되는 것이 아니라 국가지도자의 강력한 그러나 합리적인 리더십으로부터 국민의 유형 및 무형의 지원 외 국가 시스템 및 자원의 효율적인 운용이 절대적으로 뒷받침되어야 한다는 것이었다. 이러한 나의 믿음은 '승리는 거저 주어지지 않는다'의 연속 시리즈인 『스위스의 무장중립정책과 위기관리: 제2차 세계대전을 중심으로』(2014) 및 『승리는 거저 주어지지 않는다 1: 전쟁과 전쟁비용』(2017), 『핵과 국가비상대비업무』(2019)를 쓰면서 더욱 확고하게 굳어졌다.

한 세기 전 유럽과 대서양 등의 지역에서 전개되었던 1914~1918년의 제1차 세계대전이나 유럽과 대서양 및 북아프리카, 아시아 및 태평양 지역 등에서 전개되었던 1939~1945년의 제2차 세계대전에서는 역사상 볼 수 없었던 대규모의 인명손실과 재산 피해가 발생하였으며, 승전국이나 패전국 할 것 없이 말로 표현할 수 없는 고통을 겪었다.

전쟁이 발발하자 어느 나라 할 것 없이 먼저 수많은 젊은이가 급증하는 병력수요를 충족하기 위하여 동원되었다. 남성들이 전선으로 가면서 산업현장이나 영농현장에서 노동 인력이 부족해지자 수많은 여성이 그 빈자리를 메워 군수공장에서 전투 장비와 탄약을 만들었으며 영농작업에도 동원되어 식량을 생산하는 등으로 남성들의 역할을 대신하였다. 여성들의 역할은 여기에 그치지 않고 군 장비의 정비 요원이나 대공포 운용, 비행기 조종사 등으로 활약하였으며, 전선이 근접한 지역에서는 간호사나 통신교환원 등으로 군사활동을 지원하다가 희생되는 일도 발생하였다.

한편, 전쟁이 장기화되는 가운데 식량 수급이 원활하지 못하자 정부는 배급제를 전면적으로 실시하였으며, 여기에는 식료품은 물론 연료와 심지어는 피복도 포함하는 등으로 장기전에 대비하였다. 여기에 그치지 않고 도심 정원의 수목을 없애고 삼림을 개간하며 얕은 호수를 메우는 등 가용한 공간을 경작지로 최대한 활용하여 식량을 증산하였다.

전쟁이 장기화되고 그 비용이 눈덩이처럼 증가하자 정부는 이를 충당하기 위하여 세금을 인상하고 새로운 항목의 세금을 징수하였으며 채권을 발행하였고, 어린이를 포함하는 수많은 국민이 여기에 동참하였다. 무기와 탄약 소요가 급증하고 이에 따라 생산량이 급증하면서 금속이나 화학약품 등의 자원이 소요를 충당할 수 없게 되자 철과 알루미늄이나 고무, 식용유 등 자원재활용을 위한 범국민적 운동이 전개되었고 어린 학생과 가정주부를 포함하여 많은 국민이 여기에 참여하였다. 이렇게 국민은 군사 또는 비군사적인 지원활동으로 전쟁의 승리에 기여하였다.

제1차 세계대전이나 제2차 세계대전에서 영국이나 미국이 모두 승리할 수 있었던 이유는 여러 가지 있겠지만 이 가운데 무시할 수 없는 것 중의 하나는 국민의 승리에 대한 의지로, 그것은 전쟁 기간 중의 혹독한 피해 발생 속에서도 피와 땀과 눈물이 있었기 때문이다. 본 책자는 영국 및 미국의 국민이 전쟁 기간 중 보여준 그들의 헌신을 살펴보면서 어떻게 전쟁 승리의 결과에 영향을 미쳤는지를 찾고자 노력하였다. '전투는 군인이 하지만, 전쟁은 국민이 한다'는 단순한 그러나 명백한 사실을 영국과 미국의 사례를 통하여 보여주려고 한다.

지난 제1차 세계대전이나 제2차 세계대전 양상에서 나타났던 여러 모습이 장차의 전쟁 양상에서 그대로 다시 반복될 것으로 생각하지는 않는다. 핵을 포함하는 대량살상무기와 방사포 및 미사일 등 장거리 타격 수단, 무인기와 사이버 무기 등의 발전이 전략과 전술을 변화시키면서 전쟁의 모습을 바꾸고 있기 때문이다. 그렇다고 당장 과거와 전혀 다른 전쟁 양상이 전개될 것이라고도 생각하지 않는다. 그런 만큼 변화되는 전쟁 양상에 맞춰 본 책자가 제시하는 여러 모습을 현실에 맞게 선택적으로 적용하면서 새로운 양상에 부합되는 국민의 협조 방안을 찾아야 할 것이다.

한반도에서 전쟁이 발발하기를 바라면서 이 책자를 쓴 것은 아니다. 그러나 어떤 이유로든 국지적 분쟁이 발발하면서 전쟁으로 확대된다면 반드시 승리하기 위하여 국민의 피와 땀과 눈물이 필요함을 강조할 목적으로 작성한 것이다. "평화를 원하거든 전쟁에 대비하라(Si vis pacem, para bellum, If you want peace, prepare for war)"는 격언은 예나 지금이나 그대로 적용되는 명언이다. 한반도에서 평화를 원한다면 대북 억제력을 충분히 보유할 정도의 군사력과 군사적 대비태세를 유지해야 하겠지만, 이에 못지않게 국민의 정신적 자세 또는 태도도 중요하며, 이 책자를 작성한 근본적인 취지이기도 하다.

전쟁과 같은 국가적인 비상사태에서 난국을 극복하면서 궁극적으로 승리하기 위해서는 국민의 피와 땀과 눈물이 불가피함을 강조하는 것이 본 책자에서 말하고자 하는 것이며, 아울러 국가비상대비계획을 발전시키는 데도 작은 도움이 되기를 기대하는 것이다.

제2절 범위

인류는 지금까지 두 번에 걸쳐 진영으로 블록화된 범세계적 전쟁을 하였다. 제1차 세계대전과 제2차 세계대전이 그것이다. 제1차 세계대전이나 제2차 세계대전이 그 이전의 전쟁과 다른 이유는 참여한 국가의 규모와 동원된 병력의 숫자 및 전쟁지역의 범위, 천문학적인 전쟁비용의 사용과 사용된 무기의 종류 및 사용량과 이로 인한 사상자의 규모 등 모든 면에서 차별화되기 때문이다.

본 책자에서는 제1차 세계대전과 제2차 세계대전 당시 영국과 미국을 중심으로 군인들의 전투행위보다는 당시 국가적인 비상 상황을 극복하기 위한 정부의 조치와 국민이 전쟁의 승리에 기여하기 위하여 기울인 노력을 중심으로 관련 내용 및 사진을 제시한다. 이러한 범위에는 전쟁이 발발하면서 급증하는 병력 소요를 어떻게 동원하고 충당하였는지, 그 과정에서 정부는 무엇을 어떻게 홍보하고 국민은 이에 협조하였는지 등을 포함하였다. 이어서 전쟁을 수행하면서 급격히 증가하는 비용을 조달하기 위하여 정부는 무엇을 어떻게 하였고 국민은 어떻게 정부의 요청에 협조하였는지를 포함하였다. 전쟁 기간 중 어떻게 국민을 먹여 살릴 것인가 즉 식량의 수급도 대단히 중요한 문제였던바 정부는 국민이 굶지 않도록 하기 위하여 무엇을 어떻게 하였고 국민은 이에 어떻게 협조하였는지 등도 포함하였다.

또한 대규모로 남성들이 동원 및 징집되어 전선으로 가면서 전투장비와 탄약공장이나 산업현장 등에서 일손이 부족해지자 이를 해결하기 위하여 정부는 어떤 활동을 하였으며, 전쟁을 수행하면서 무기와 탄약을 만들기 위하여 금속과 폭약 등의 자원소요가 급증하자 정부의 요청에 국민(특히 여성)은 어떻게 호응하였는지 등 국민이 전쟁의 승리를 위하여 흘린 피와 땀과 눈물의 과정을 포함하였다.

이렇게 국민의 피와 땀과 눈물의 과정을 포함하는 이유는 전쟁의 승리가 군인들만의 노력이 아닌 국민의 노력이 있을 때 비로소 가능하다고 생각하기 때문이며, 그러한 역사를 보여주는 것이 총력전 양상이 본격적으로 전개된 제1차 세계대전과 그 양상이 절정에 달한 제2차 세계대전 당시의 영국과 미국의 사례에서 찾아볼 수 있기 때문이다. (물론 제1차 세계대전 당시의 독일이나 제2차 세계대전 당시의 독일 및 일본 등에서도 유사한 상황들이 발생하였다. 그렇지만 여기서 패전국의 상황은 언급하지 않는다.)

앞에서 제시한 여러 가지의 국민적인 활동은 전쟁 승리를 후방지역에서의 노력으로, 이른바 '전쟁지원노력(War Effort)'이다. 또한 이를 통상 '후방전선(Home Front)'에서의 지원으로 말하며, 여기에는 병력의 징집 및 모집과 동원으로부터 여성들의 전쟁 지원활동, 전쟁 비용의 조달 등 이 책자가 보여주는 모든 활동을 포함한다.

제1차 세계대전이나 제2차 세계대전에서 영국이나 미국의 경우,

후방전선에서의 전쟁 지원 노력에 대한 중요성이 많이 강조되었고 그와 관련되는 자료도 많지만, 한국에서는 이러한 활동이 부족하였다. 6.25전쟁 당시의 경험이 있음에도 불구하고 그에 관한 사료나 연구가 부족하며, 지금도 후방전선에서의 지원 중요성에 대한 관심과 계획이 미흡하다고 생각하기 때문이다.

제3절 자료의 출처

제1차 세계대전이나 제2차 세계대전에 관한 논문이나 책자, 번역된 책자는 적지 않다. 본 책자를 만든 본인도 『총력전의 이론과 실제』(2012) 및 『스위스의 무장중립정책과 위기관리』, 『승리는 거저 주어지지 않는다: 전쟁과 전쟁비용』 등에서 이미 남북전쟁이나 제1차 세계대전 및 제2차 세계대전 당시 총력전 관점에서 국민의 피와 땀과 눈물의 과정을 포함한 책자를 출간한 바 있다. 그러나 이 책자에서는 제1차 세계대전이나 제2차 세계대전 당시 참전한 주요 국가들에 대하여 많은 내용을 포함하여 기술하다 보니 사실 국민의 피와 땀과 눈물의 장면을 포함하는 데 부족하였다.

아울러 『승리는 거저 주어지지 않는다 1』 책자도 전쟁 비용을 조달하기 위한 정부의 노력과 국민의 참여가 처음으로 기술된 책자라는 관점에서 보면 의미가 있기는 하나 여기서도 국민의 피와 땀과 눈물의 장면을 많이 포함하지는 못하였다.

이러한 점을 보완하여 본 책자에서는 전쟁 기간 중 국민의 승리를 위한 노력을 쉽게 이해할 수 있도록 전쟁 전후의 상황에 대한 간략한 설명과 승리를 위한 국민의 노력과 관계되는 다수의 사진을 포함함으로써 이해를 높이는 데 중점을 두고 작성하였다. 이 책자에 서술된 전쟁사의 부분은 『총력전의 이론과 실제』 및 『스위스의 무장중립 정책과 위기관리』, 『전쟁과 전쟁비용』 부분의 일부를 수정하여 포함하였으며, 사용된 사진 등의 자료는 주로 구글(http://goole.com) 등에서 나왔음을 밝힌다.

제2장
총력전쟁의 역사

제1절 총력전쟁의 개념과 기원

1. 총력전쟁의 개념과 기원

"전투는 군인이 하지만 전쟁은 국민이 한다"라는 이 문구는 이 책자가 전제하는 전시 국민의 피와 땀과 눈물의 의미를 가장 잘 나타내주는 표현으로서 이 책자의 전반을 이해하는 데 필요한 핵심적인 문구이다. 한 국가의 존망과 국민의 생존이 달린 전쟁에서 전투의 승패는 군인에 의해 좌우되지만, 승리의 뒷받침을 위해서 국가는 정부를 얼마나 신속히 전쟁을 수행하고 지원할 수 있는 체제로 전환함과 동시에 국력요소를 효과적으로 동원하는가에 의해 결정된다. 여기서 국가지도자의 리더십에 호응하는 국민의 정신적 자세와 인적 · 물적 참여 정도는 승패의 핵심적 관건이 된다. 전쟁의 승패는 국민이 얼마나 승리를 위해 자발적으로 참여하는가 그 정도에 따라 좌우되며, 이는 곧 '국민의 피와 땀과 눈물'을 의미하는 것으로, 총력전으로 진행된 제1차 세계대전과 제2차 세계대전의 역사에서 국민의 참여가 증명한다.

'총력전(Total War)'이란 '전쟁목적을 달성하기 위하여 국가가 가진 모든 분야의 총력을 기울여서 수행하는 전쟁' 또는 '국가 각 분야의 총체적인 힘을 기울여 수행하는 전쟁'으로 정치와 경제, 외교, 군사력, 예비전력 등 가용요소를 전쟁이라는 국난에서 승리하기 위하여 동원하고 운용하는 전쟁의 한 형태를 말한다.

총력전의 역사적 기원을 보면, 미국의 남북전쟁에서 그 양상이 부분적으로 나타나기 시작하여 제1차 세계대전에서 본격화되었으며, 제2차 세계대전에서 절정에 달하였지만, 용어가 문헌상에 최초로 등장한 것은 제1차 세계대전이 끝난 직후 프랑스의 도데(Leon Daudet)가 제1차 세계대전이 총력전으로 진행되었다고 주장하면서 연구한 '총력전(La Guerre Totale)'에서 처음 시작된 것으로 알려지고 있다. 그는 저서에서 제1차 세계대전이 종래의 전통적인 전쟁과는 다르게 진행되었으며 그 파급효과는 정치와 경제, 산업, 상업, 재정 등 다양한 분야로 확대되었다고 주장하였다.[1)] 이어서 독일의 루덴도르프(Erich von Ludendorff) 장군이 1935년 그의 저서 『총력전(*Der totale kriege*)』에서 총력전이란 용어를 사용하면서 다시금 주목을 받게 되었다.

루덴도르프는 "제1차 세계대전은 과거의 전쟁과는 전혀 다른 양상으로 나타났다. 전쟁 당사국의 군대는 상대방 섬멸을 위해 노력하였지만 국민 자신들도 전투 장비나 탄약과 물자의 생산, 정비나 보급 및 수송, 의무지원 등 다양한 전투근무지원 활동을 통해 전쟁 수행에 참여하

---

1) Koketsu Atsushi, *Total War and Japan-Reality and Limitations of the Establishment of the Japanese Total War System*, MEIJ UNIVERSITY, 2018, p. 3.

였으며, 전쟁은 자신에게로 지향되었다. 국민은 전력을 다하여 군의 후방을 담당하고…"라고 하여 바야흐로 총력전이 국가 간 전쟁 양상을 지배하게 됨을 표현하였다.[2)]

2. 총력전 등장배경

전쟁 양상은 시대를 거치면서 발전되어 왔지만, 특히 총력전은 영국의 산업혁명(Industrial Revolution)과 밀접히 연계된다. 18세기 중엽 영국에서 시작한 산업혁명으로 과거의 수공업 위주에서 기계에 의한 대량생산이 가능하게 되었고, 이것은 국민의 생활방식뿐만 아니라 전쟁방식에서도 변화를 촉진하였기 때문이다.

이 시기에 철강생산에 대한 새로운 공법과 기술이 발전되면서 많은 양의 철강이 생산되었고 이로 인해 표준화된 무기와 탄약의 대량생산이 가능해졌다. 또한 증기기관과 전신이 발명되면서 증기선과 기차 등 동력을 이용한 교통 및 운송 수단이 발전되어 짧은 시간에 많은 병력과 장비 및 물자를 신속히 전투지역으로 수송하는 것도 가능해졌다.

기관총과 전차, 비행기, 잠수함 등이 전면적으로 등장하여 전장을 지배하기 시작하였고, 무선통신 기술의 발전으로 원거리나 이동 중인 항공기와 전차, 전함 간의 통신도 가능해졌다. 다양한 구경의 포병 화기와 폭발력이 강한 탄약과 신관의 발전으로 포병이 위력을 발휘하였고, 전차와 항공기를 핵심적으로 운용하여 적을 타격하는 전격전이 등장하는 등 전략과 전술도 발전되었다.

---

2) 루덴도르프 지음, 최석 옮김, 『국가총력전』, 서울: 공화출판사, 1972, pp. 20~21; Evan Mawdsley, *World War II,* London: Cambridge University Press, 2009, pp. 46~47.

이렇게 전쟁 양상이 발전되면서 단순히 상비군이나 예비군 등 군사력의 우세만으로 승리는 어렵게 되었다. 상비군이나 예비군 등은 전투원으로서 전장에 투입되었지만, 또한 여성을 포함한 많은 국민은 비전투원으로 탱크나 야포 및 전투기 등의 전투 장비와 탄약, 군수물자의 생산과 군용장비의 정비 및 보급과 수송, 부상자의 치료 등 의무지원 활동 등 전투근무지원 시설의 운용과 업무에도 참여하였다.

그뿐만 아니라 인적 · 물적 자원을 동원하기 위하여 새로운 법령을 제정하였으며, 정부기구를 신설 또는 확장하였다. 산업시설 역시 전투 장비와 탄약과 군수물자를 생산하기 위하여 대폭 확장하거나 신설하였다. 정부와 군대, 국민의 모든 행위와 활동을 전쟁 승리라는 목적을 달성하기 위하여 통제하고 관리하며 운영하는 등 총력전 체제로 전환한 것이다. 여기에 그치지 않고 대규모의 병력과 대량의 전투 장비와 탄약 및 물자를 필요로 하는 등 천문학적인 전쟁 비용을 사용하는 전쟁으로 변하였다. 이와 같은 전쟁 양상에서 정부는 정치와 경제, 외교, 군사, 과학기술 등 전 분야에서 총동원과 총력전 체제로 이를 극복하였다.

전에 없었던 이러한 전쟁 양상의 광범위한 변화에 대해 영국의 역사학자인 블랙(Jeremy Black)은 "총력전은 경제전이자 섬멸 전쟁"이며, 미국의 남북전쟁에서 총력전 양상이 있었지만, 제1차 세계대전에서 본격적으로 나타나서 대규모의 병력동원이나 항공력, 잠수함 같은 무기의 발전이 전쟁을 부추겼다고 하였다. 여기에 적 부대에 대한 정보나 행정 능력의 향상과 기술의 발전 등 모든 면에서의 발전이 총력전을 가능케 하였다[3]고 주장하였다.

---

3) Jeremy Black, *Why Wars Happen?,* New York: New York University Press, 1998, p. 173.

이와 같이 총력전은 군사 분야는 물론 경제 분야에서도 대량 동원과 대량소비, 대량 파괴 그리고 교육과 사회문화와 국민정신에 이르기까지 국가의 모든 분야가 동원된다고 할 수 있다.[4)]

제2절 총력전쟁 관련 주장

총력전에 관한 대표적인 저서로 독일 루덴도르프 장군의 저서와 일본의 다까하시 하지메(高橋 甫)의 저서 및 합동참모본부의 '합동기본교리'가 있다.

1. 루덴도르프의 '국가총력전'

독일은 오스트리아-헝가리 제국, 이탈리아와 함께 제1차 세계대전을 일으킨 동맹국의 핵심이며, 제2차 세계대전에서는 일본 및 이탈리아와 함께 추축국의 핵심으로 전쟁을 일으킨 국가이기도 하다.

제1차 세계대전 당시 루덴도르프는 힌덴부르크(Paul von Hindenburg) 장군이 지휘하는 부대의 참모장으로 1914년 8월의 타넨베르크 전투에서 러시아군을 대파한 인물이다. 전쟁 기간 중이던 1916년 말에 힌덴부르크가 참모총장이 되자 루덴도르프는 참모차장 겸 병참감으로서 직책을 수행하였다. 독일이 패한 뒤에는 군인으로서 제1차 세계대전 당시 경험하였던 제반 문제점을 정리하여 국가지도자의 전쟁지도와 전시 경제 및 국방 등에 관한 '총력전(Der Totale Kriege, Total War)'을 1935년에 발행

4) Koketsu Atsushi, op. cit., p. 3.

하였다.

사실, 독일은 전쟁 초기에만 해도 전장을 주도하였으며, 국민은 머지않아 독일이 승리할 것으로 기대하였다. 그러나 개전 초기의 기대와는 달리 국가지도자였던 빌헬름 2세 황제가 우유부단한 성격으로 전쟁지도를 그르치면서 결국 힌덴부르크를 중심으로 하는 군부에 실권을 빼앗겼으며, 군부가 독단으로 전쟁을 주도하면서 국민의 고통은 심화되었다. 여기에 전쟁이 장기화되는 가운데 전쟁을 지속할 인적 및 물적 능력도 부족하면서 끝내 패하였으며 빌헬름 2세는 항복을 앞두고 네덜란드로 망명하였다.

루덴도르프는 전쟁 기간 중의 이러한 여러 경험으로, 종전 이후 독일이 패한 원인을 국가지도자로서의 빌헬름 2세의 전쟁지도 능력의 부족과 독일 국민의 전쟁 의지 결여 및 전쟁을 지속할 독일의 경제력의 부족 등으로 분석하면서 전쟁에서 승리하기 위해서는 지도자의 전쟁지도와 국민의 정신적 단결 및 국가의 경제력이 중요하다고 하였다.

먼저 총력전을 수행할 국가지도자는 '총수(總帥, Führer)'로서, 총수는 평시 국민적 단결을 기초로 전쟁이 발발하면 총력전 수행을 위하여 재정 및 경제동원을 위한 준비를 하고 식량이나 연료와 생필품 등 물자공급을 원활하게 보장하여 국민 생활이 안정적으로 유지되도록 해야 하며, 군대가 전투를 수행할 수 있도록 전투 장비와 물자 등의 소요를 검토하고 준비하는 등 전쟁지도에 관하여 지도자가 해야 할 역할을 강조하였다.

또한 국민의 '정신적 단결'과 관련하여 "총력전에서 군대의 강약은 국민의 정치적 · 경제적 · 정신적 강약에 의해 좌우되며, 국민의 정신력은 장기간에 걸친 전쟁에서 생존 투쟁에 필요한 단결력을 군과 국민에게 부여하고, 단결은 또한 국민 존망을 위하여 전쟁에서 최후의 결정을 주는 것이다"[5]라고 하였다.

경제력은 전쟁을 지속할 수 있는 '경제적 능력'으로, 국민적 단결을 바탕으로 군이 필요로 하는 전투 장비와 탄약, 물자 등의 생산과 보급을 위한 군수공업과 국민의 기본적인 생활 유지를 위한 식량이나 생필품과 연료 등의 공급, 재정 동원과 화폐 수급의 조절을 통한 전비의 조달 등을 언급하였다.

2. 다까하시 하지메의 '현대총력전'

일본 역시 제2차 세계대전 당시 독일, 이탈리아와 더불어 추축국의 핵심으로 아시아 및 태평양 지역에서 미국을 위시한 연합국과 전투를 하였지만 패하였다. 제2차 세계대전 당시 이러한 일본의 패전 경험은 '다까하시 하지메(高橋 甫)'가 1953년 『현대총력전(現代總力戰)』을 저술하는 데 참고가 되었으며, 그는 총력전 요소를 부분전력(部分戰力) 요소라 하여 무력과 정치전력과 사상전력 및 경제전력을 제시하였다.[6]

여기서 '무력(武力)'은 총력전을 실질적으로 수행하기 위한 군사력으로서 병력을 기초로 전투 장비와 물자 등을 포함하는 상비전력을 말하며, '정치(政治)전력'은 전쟁을 승리로 이끌기 위한 지도자의 전쟁지도와 이를 뒷받침하는 정치력을 말한다. '사상(思想)전력'은 전쟁목적을 확고히 뒷받침하기 위한 국민의 정신력이며, '경제(經濟)전력'은 전쟁을 지속

5) 루덴도르프, 앞의 책, pp. 35~37.

6) 다까하시 하지메 지음, 국방대 안보문제 연구소 옮김, 『현대총력전』, 서울: 공화출판사, 1975, pp. 87~92.

할 수 있는 경제적인 힘과 능력을 의미한다. 그는 총력전쟁에서 승리하기 위해서는 이러한 부분전력들이 상호 효과적으로 작용할 때 가능하다고 하였다.

3. '합동기본교리'의 총력전

합동참모본부의 '합동기본교리'에서는 총력전 요소로서 국가지도자의 리더십, 국민의 의지, 정치, 외교, 재정과 경제, 과학기술력, 사회문화, 상비군사력, 예비전력 등을 개괄적으로 제시하고 있다. 이를 본인의 저서인 『총력전의 이론과 실제』에서 보다 구체화하였다.[7)]

먼저 지도자의 '리더십(Leadership)'은 전쟁이 발발하면 수많은 어려움을 극복하면서 국민의 의지를 한곳으로 결집하고 국민이 전쟁목적에 공감하여 자발적으로 전투 및 비전투 활동에 참여하도록 지도하면서 총력전을 수행하는 데 필요한 정치나 경제, 외교 및 군사 등 모든 요소를 합목적적으로 통합하고 관리하며 운용할 수 있는 능력 즉, 전쟁지도 능력이다.

'국민의지(國民意志)'는 전쟁이라는 최악의 상황에서 발생할 수 있는 수많은 어려움을 이겨내고 극복해 가면서 전쟁에서 승리하기 위해 전투 및 비전투 활동에 적극적 · 자발적으로 참여하는 '국민의 정신적인 힘과 태도 및 자세'이다.

'외교력(外交力)'은 동맹국이나 자국에 우호적인 국가들과 연합 또는 동맹을 통해서 자국의 억제력이나 방위력을 보완하거나 적국이 스스로 침략을 할 수 있는 능력이나 의지를 포기하게 할 수 있도록 대외적으로

---

7) 박계호, 『총력전의 이론과 실제』, 서울: 북코리아, 2013, pp. 658~659.

행사할 수 있는 '힘과 역량'이다.

'정치제도(政治制度)'는 국가가 전시 등 국가비상사태로 어려움에 처해 있을 때에 정부기능을 유지하고 국민생활의 안정을 유지하면서 전쟁에서 승리하기 위하여 국가의 총력을 결집할 수 있도록 이를 뒷받침하는 법적 · 정치적인 시스템과 국민을 결집시키기 위한 정치권의 제도적 활동이다. '재정 및 경제력(財政 經濟力)'은 전쟁이 발발하면 총력전 수행을 뒷받침할 수 있도록 국가가 동원할 수 있는 '재정능력이나 경제적인 힘 또는 역량과 부의 원천'이다.

'과학기술력(科學技術力)'은 새로운 전투장비와 탄약, 물자 등 전쟁을 수행하는 데 필요한 모든 것을 개발하여 생산하거나 기존의 장비나 물자와 탄약 등의 성능을 개선함으로써 승리에 기여할 수 있는 '국민의 지적인 능력과 역량'이며, '사회 · 심리전(社會文化力)'은 전시라는 비상상황을 극복하기 위하여 모든 국민을 단결시키고 통합시키는 '사회문화적인 역량과 그 저변의 활동이나 분위기' 등을 말한다. '예비전력(豫備戰力)'은 전시 등 국가비상사태가 발생할 시에 동원할 수 있는 '현존의 인

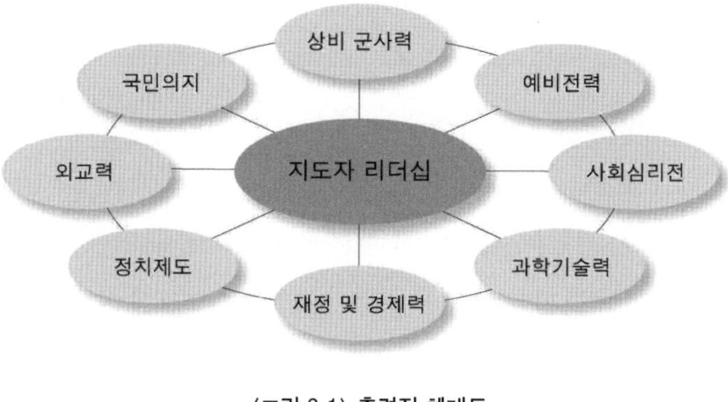

〈그림 2-1〉 총력전 체계도

적 · 물적 능력과 잠재력'이며, '상비군사력(常備軍事力)'은 '현존의 군사적인 능력과 역량'이다.

본 책자는 위의 총력전 체계도에서 주로 국민의지와 예비전력과 사회 및 심리전, 경제력과 관련되는 내용을 포함하고 있다.

제3절 책자의 주요 내용

앞서 루덴도르프나 다까하시 하지메 및 '합동기본교리'가 제시하는 총력전 요소를 보면 기술 또는 표현 방식에 일부 차이가 있기는 하지만 공통으로 등장하는 것이 전시 국가의 경제력과 국민의 정신자세 및 국가지도자와 관련되는 말이다. '경제력'은 전쟁지속과 관련되는 국가의 물질적인 능력이며, '국민의 정신자세 또는 의지'는 전쟁이라는 난국을 극복하기 위한 국민 태도를 말하며, 이는 본 책자에서 중점적으로 보여주고자 하는 '국민의 피와 땀과 눈물'과도 관련이 깊다.

국민의 '피(Blood)'는 전쟁 기간 중 국민의 희생을 말하며, '땀(Sweat)'은 국민의 노력, '눈물(Tear)'은 피와 땀의 결과로 승리를 달성한 뒤의 기쁨으로 말하고자 한다. 본 책자에서는 전쟁이 발발하면서 급증하는 병력 소요를 충족하기 위한 동원과 이에 따라 인력 부족을 메우기 위한 여성 인력의 활용, 급증하는 전쟁 비용을 조달하기 위한 활동, 전쟁 수행을 위한 각종 자원의 재활용, 식량의 안정적 수급을 위한 배급제 등의 과정에서의 국민의 피와 땀을 통한 결과로서의 승리를 보여주며, 이를 위하여 정부의 역할과 홍보, 국민의 참여 등에 중점을 두었다.

1. 병력모집과 국민의 참여

모든 국가는 평시 적정의 상비군사력을 보유하다가 전쟁이 발발하면 예비군을 동원하거나 징집 및 모집 등을 통하여 부대를 증편 또는 창설하는 방식으로 부대 소요를 충족한다. 이러한 방식은 제1차 세계대전이나 제2차 세계대전 당시는 물론 현재도 큰 차이가 없다. 국가별 다소 차이가 있기는 하였지만 전쟁이 발발하자 대부분의 국가에서는 예비군을 포함한 병력을 대규모로 동원하여 전선으로 보냈으며, 이를 위하여 법령을 제정한 뒤 대상자를 등록하게 만들고 국민을 대상으로 각종 매체를 통하여 홍보하는 등으로 병력 소요를 충족하였다.

2. 여성의 전쟁 지원 참여

전쟁이 발발하면서 병력 소요가 급격히 증가하자 대규모의 젊은 남성들이 동원되어 전투원으로 전선으로 가면서 후방지역의 산업현장이나 영농현장에서 노동력이 급감하였다. 이러한 노동력 부족은 자연히 여성 인력을 활용하는 방향으로 발전되었다. 이 현상은 제1차 세계대전이나 제2차 세계대전 당시 개별국가의 상황에 따라 많든 적든 간에 공통으로 나타났다. 이렇게 동원된 여성들은 전투 장비 및 탄약공장에서 무기와 탄약생산에 참여하였다. 그들은 처음에는 미숙련공이었지만 시간이 경과하면서 숙련공으로서 전투 장비와 탄약을 만들었다. 그뿐만 아니라 보급 및 간호, 정비, 통신 등 군사 분야의 지원업무에서도 남성들을 대신하여 활동하였다.

여성들은 영농현장에도 직접 참여하여 곡물을 생산함으로써 식량

부족을 해소하면서 국민생활의 안정에도 기여하였다. 여기에 그치지 않고 목축이나 벌목과 같은 일도 하였다. 이처럼 여성들은 비전투 분야에서도 두드러진 활동으로 총력전을 지원하였으며, 승리의 한 축을 담당하였다. 여기에 바로 여성들의 중요한 역할이 있었다.

이러한 과정에서 중앙정부와 지방정부는 물론 군에서도 다양한 홍보물을 만들어 국민을 대상으로 지원활동을 촉진하였으며, 많은 여성이 국가의 부름에 따라 도처에서 그 역할을 함으로써 승리에 기여하였다.

3. 전쟁비용 조달과 국민의 참여

'전쟁비용(War Cost)'은 전쟁을 하는 데 소요되는 비용이다. 좁은 의미로는 전시 군사작전과 관련되는 비용이라 할 수 있겠으나 넓은 의미로는 전쟁 기간 군사작전을 수행하는 데 소요되는 비용으로부터 정부 기능의 유지는 물론 국민을 먹여 살리는 데 사용되는 비용까지 광범위하게 포함하는 비용이라고 말할 수 있다.

전쟁 시 비용이 소요되는 곳은 다양하다. 대규모의 병력동원에 따른 전투 병력의 유지는 물론 급격히 소요가 확대되는 전투 장비와 탄약, 물자를 조달하기 위한 비용과 국민 생활의 안정 등에 필요한 식량과 석유 등 전략물자를 조달하기 위한 비용, 방위산업 시설이나 교량과 철도, 통신 및 에너지 등 국가의 주요시설을 복구하는 데 필요한 비용, 피난민 구호와 수용을 위한 비용 등 헤아릴 수 없이 많다.

따라서 급증하는 전비를 조달하기 위하여 통상 정부가 취한 조치로, 평시 예산사용 계획에 따라 집행 중이던 예산의 사용을 중지시키고 비국방 분야의 예산 사용을 최대한 억제하여 전비로 사용하였으며, 기존의 세금을 인상하거나 새로운 항목의 세금을 신설하고 과세 대상을 확대해서 전비를 충당하였다. 그래도 부족하자 정부의 통제 아래 중앙은행의 발권력으로 화폐를 발행하여 전비를 충당하였다.

이러한 방법으로도 부족하자 전시채권을 발행하였다. 이러한 조치 외에도 자국의 재정 및 경제 능력만으로는 전쟁을 수행하는 데 어려움이 있어 우방국 또는 우호적인 국가로부터 지원을 받거나 차관을 도입하는 방법을 사용하였으며, 국내 · 외의 국민이나 교포들이 모금하여 조달하거나 중앙은행이 보유하는 금 등의 자산이나 국내 · 외에 있는 자산을 매각하여 조달하기도 하였다.

정부는 급격히 증가하는 비용을 충당하기 위하여 가용한 방법을 동원, 국민에게 홍보하였으며, 국민은 전시 수많은 어려움을 이겨가면서 전쟁 비용 조달에 협조함으로써 승리에 기여하였다.

4. 식량증산 활동과 배급제의 국민 참여

제1차 세계대전은 4년 3개월(1914.7~1918.11), 제2차 세계대전은 6년(1939.9~1945.8)간 진행되었다. 제1차 세계대전이나 제2차 세계대전은 모두 전쟁 초기 단기전으로 끝날 것이라는 예상과는 달리 장기전으로 진행되었다. 전쟁이 장기화되면서 많은 국가에서는 국민 생활의 안정을 위한 식량 수급이 전쟁 수행의 핵심적인 문제가 되었다. 따라서 공원을 농경지로 전환하거나 호수를 매립하였고 철도변을 경작지로 하거나 삼림의 수목을 제거하는 등 가용한 공간을 농경지로 만들어 식량을 증산하기 위한 활동을 전개하였으며, 배급제를 통하여 식량의 수급을 조절하면서 전쟁의 장기화에 대비하였다.

배급물자에는 식량을 우선으로 하여 생필품은 물론, 연료와 피복도 일부 포함하기도 하였으며, 물자의 국내 생산 여부 및 가용량에 따라 배급 시기를 달리 적용하였다. 물자의 가용량을 고려하여 배급대상에 따라 배급량도 차등화하였으며, 책자나 방송을 통하여 식량을 절약하면서 요리하는 방법을 국민에게 알려주었다.

국민은 배급제는 물론 식량 증산 활동에도 참여하여 난국을 극복하는 데 기여하였다. 정부는 국민에게 '식량 절약이 곧 전쟁에서 승리에 기여(Food Will Win The War)'하는 것이라고 하면서 이에 동참해 줄 것을 호소하였다.

5. 자원재활용 운동과 국민의 참여

전쟁이 발발하면서 어느 나라 할 것 없이 전투 장비와 탄약 등의 수요가 폭증하였으나 생산량이 이를 따라가지 못하는 문제가 대두되었다. 각종 금속을 포함하는 원자재의 생산량이 그 소요를 충족하지 못하였기 때문이다. 이를 해결하기 위하여 산업현장에서는 생산량을 확대하기 위한 노력이 진행되었지만 이에 그치지 않고 각 가정에서도 가정용으로 사용하던 식기 등의 알루미늄이나 철 등의 금속제품을 수거하여 공장으로 보내 전투 장비와 탄약을 만들도록 하는 자원재활용(Recycling) 운동을 전개하였다. 이러한 자원재활용은 일부 국가에서는 종교시설의 철제 종이나 정원에 설치된 금속제 난간 등을 수거하는 양상으로도 확대되기도 하였다. 자원재활용은 금속뿐만 아니라 폐타이어와 폐고무 및 폐휴지, 폭약을 만들기 위한 폐식용유 수거 등으로 확대되었다. 정부는 폐자원 수거 활동에 참여해 줄 것을 호소하였으며, 성인은 물론 청소년 등 많은 국민이 참여하였다.

6. 그 외 국민의 참여

이러한 활동 외에도 병역의무가 없는 청소년이나 노년층, 성직자 등의 국민이 자원하여 지역방위를 하고자 향토방위 조직을 만들고 훈련을 받았으며, 각종 장애물 설치와 경계병 등으로 근무하였다.

제3장
제1차 세계대전 당시 영국과 미국의 Home Front 활동

제1절 제1차 세계대전 개요

1. 당시의 일반상황

18세기 중반 영국에서 시작된 산업혁명(Industrial Revolution)의 성공과 이를 바탕으로 자본을 축적한 영국이 독일 등에 투자하고 다른 유럽국가에서도 산업혁명의 성공으로 제품의 대량생산이 가능해지자 국가 간 교역과 상호의존이 확대되었다. 이렇게 국가 간 의존관계가 확대되면서 20세기 초의 유럽은 평화롭고 풍요를 누리고 있는 것처럼 보였기 때문에 전쟁과 같은 극단적인 충돌을 예상하는 것은 어려웠다. 이를 두고 영국의 에인절(Norman Angell) 교수는 '거대한 환상(The Great Illusion)'에서 "(유럽에서) 전쟁이 발발하면 국제적인 신용 체제가 붕괴될 것이기 때문에 전쟁은 발발하지 않을 것이며, 설령 발발한다고 해도 신속히 종결될 것이

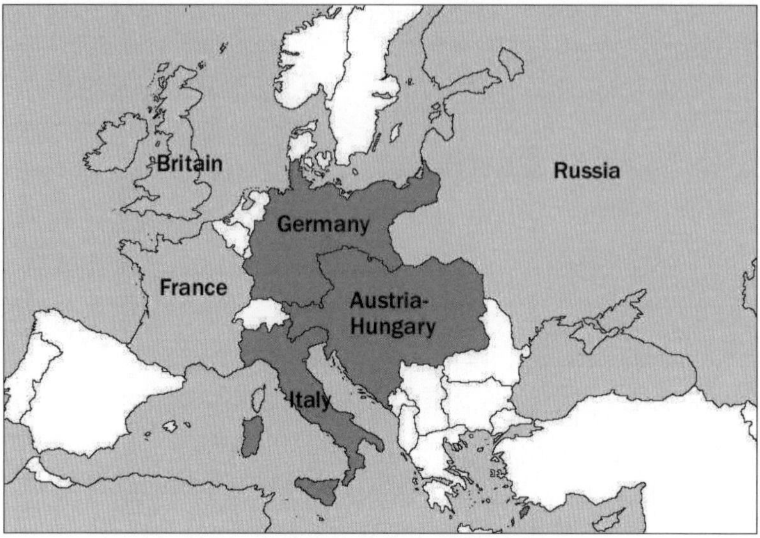

〈그림 3-1〉 제1차 세계대전 직전 유럽의 동맹지도[2)]

제1차 세계대전이 발발하기 직전인 1914년의 유럽, 3국 협상국(Triple Entente, 영국, 프랑스, 러시아)과 3국 동맹국(Triple Alliance, 독일, 오스트리아-헝가리 제국, 이탈리아)으로, 그 외의 국가들은 중립적이었다.

다"[1)]라고 하여, 전쟁 가능성을 낮게 평가하였다.

그러나 이 시기에는 이미 영국과 독일 등 유럽의 강대국 사이에서 군비경쟁과 식민지를 둘러싼 잦은 충돌로 언제인가 시기의 문제일 뿐 무력 충돌 가능성이 높아지고 있었다. 그중에서도 폴란드의 블로치(Ivan S. Bloch)는 6권으로 된 '전쟁연구서(*Is War Now Impossible?: Being An Abridgment Of The War Of The Future In Its Technical, Economic, And Political Relations* (1899)'를 저술하면서 전쟁 가능성을 예상하였는데 그것이 제1차 세계대전으로 현실화되었다.

---

1) 존 키건 지음, 조행복 옮김, 『제1차 세계대전사』, 서울: 한영문화사, 2009, p. 23; Niall Ferguson, *How(Not) to Pay for the War*. Cambridge University Press, 2000, p. 409.

2) https://www.pinterest.co.kr/pin/ (검색일: 2021.5.5)

제1차 세계대전은 독일과 오스트리아-헝가리 제국, 이탈리아를 중심으로 하는 3국 동맹국(Triple Alliance)과 영국과 프랑스, 러시아를 중심으로 하는 3국 협상국(Triple Entente)의 대립의 결과였다. 당시 아시아-아프리카에서 식민지를 둘러싼 갈등과 팽창주의, 영국과 독일을 중심으로 해군력 강화를 둘러싼 대립, 발칸반도에서의 범게르만주의와 범슬라브주의의 민족적 대결, 국경선을 맞대고 있는 프랑스와 독일의 역사적인 대립과 갈등 등이 얽히고설켜 전쟁으로 비화된 것이다.[3]

당시 통일독일은 비스마르크 체제로 유럽에서 세력균형을 유지하면서 산업혁명의 성공을 이용하여 확대된 국력을 바탕으로 강한 해군력을 유지하기 위해 해군법을 제정하고 전함을 건조하기 시작하였다. 이에 앞서가던 해양국가인 영국도 석유를 원료로 사용하는 새로운 개념의 함정을 건조함으로써 군비경쟁은 본격화되었다. 여기에 아시아-아프리카에서 식민지를 서로 확보하기 위한 경쟁은 대립을 더욱 악화시키는 결과를 초래하였다.

영국과 독일을 중심으로 해군력 강화를 둘러싼 경쟁이 진행되는 동안 독일과 프랑스, 러시아 사이에서는 육군력 강화를 위한 경쟁이 진행되었다. 특히 독일은 동에서는 러시아, 서에서는 프랑스로 양면으로 둘러싸인 지정학적 환경에서 만약 전쟁이 발발한다면 두 나라를 상대로 양면 전쟁을 피할 수 없었다. 이런 상황으로 독일은 해군과 더불어 강력한 육군을 건설할 수밖에 없었다.

이 무렵 독일의 정치 및 군부 지도자들은 프랑스와 러시아가 동맹을 체결할 시 양면에서 포위되는 것을 우려하였다. 만약 독일과 러시아

3) Ruth Henig, *The Origins of The First World War*, UK: Clays Ltd, pp. 1~2.

간 전쟁이 발발할 경우, 프랑스가 러시아에 제공한 차관으로 건설한 철도로 러시아의 신속한 병력수송이 가능해질 것으로 판단하여 우려하였고, 이는 1차 발칸전쟁(1912.10.8~1913.5.30)에서 오스만 터키가 패하면서 심화되었다.[4)]

프랑스는 보불전쟁(Franco-Prussian War, 1870.7.19~1871.5.10)에서 패하여 민족적 감정이 악화되는 상황에서 독일과 직접적으로 국경선을 맞대고 있어서 항상 독일의 위협을 두려워하였고, 러시아는 광대한 영토와 더불어 발칸반도의 슬라브족 국가에 대한 관심과 동계 해안선의 결빙으로 육군력 강화에 집중하였다.

이러한 지정학적인 요인과 얽히고설킨 당시의 국제관계, 각국의 군비증강은 마침내 영국과 프랑스 및 러시아를 3국 협상국(연합국)으로, 독일과 오스트리아-헝가리 및 이탈리아를 3국 동맹국으로 질서 재편을 요구하였고, 이러한 동맹 간의 대립은 전쟁을 향하여 서서히 다가가면서 어떤 원인으로 누가 먼저 전쟁을 시작할 것인지 그 시기를 기다리는 상황으로 발전되었다.

2. 전쟁 원인

제1차 세계대전은 영국과 독일 등의 강대국의 군비경쟁과 범게르만주의 및 범슬라브주의 대립이 진행되던 중에 오스트리아-헝가리 제국의 황태자 암살사건이 직접적인 원인이 되었다.

먼저 강대국 간의 군비경쟁이다. 독일이 프랑스와의 전쟁(Franco-

---

4) Jeremy Black, *The Age of Total War: 1860~1945,* Prager Security International, London: Westport Connecticut, 2006, p. 66.

〈그림 3-2〉 제1차 세계대전 당시 군비경쟁의 상징 드레드노트함
제1차 세계대전 당시 해군의 주력전함인 드레드노트(Dreadnought)함의 모습이다(왼쪽: 영국, 오른쪽: 독일). 당시 드레드노트함은 석유를 원료로 사용하면서 출력이 커져 종전의 석탄을 사용하던 함정보다 크기가 커졌고 대구경 화포를 장착하였다.

Prussian War, 1870.7~1871.5)에서 승리하여 유럽 제1의 강자로 부상하였고 산업혁명에서도 성공하여 새로운 시장과 원료공급지가 필요하게 되자 강한 해군력을 건설하면서 전통적인 해양세력 국가인 영국과의 갈등이 표면화되었다.

다음은 범게르만주의와 범슬라브주의 대립과 황태자 암살사건이다. 발칸반도를 지배하던 오스만 터키가 발칸전쟁(1912.10~1913.5)에서 패하면서 영국과 프랑스, 독일이 이 지역에서 주도권을 장악하기 위한 충돌이 발생하였고 이 과정에서 독일의 '3B(Berlin-Baghdad-Byzantium)정책'과 영국의 '3C(Cairo-Calcutta-Capetown)정책'이 충돌하면서 긴장이 고조되었다.

오스트리아-헝가리 제국이 1908년 보스니아-헤르체고비나를 합병하면서 발칸반도의 슬라브족 맹주를 자처하던 러시아와 충돌이 예상되던 가운데 1914년 6월 28일 오스트리아-헝가리 제국의 황태자 페르디난트(Franz Ferdinand) 공이 사라예보 방문 시 세르비아 민족주의 청년단체 단원에게 암살되는 사건이 발생하였다.

이에 오스트리아-헝가리 제국의 요제프(Franz Joseph) 황제는 독일의 빌헬름 2세(Friedrich Wilhelm II) 황제에게 지원을 요청하였고, 세르비아에

〈그림 3-3〉 페르디난트 황태자 부부와 암살사건

오스트리아-헝가리 제국의 황태자 페르디난트 공과 부인(왼쪽) 및 황태자 부부 암살사건을 그린 그림(오른쪽). 이 사건은 제1차 세계대전을 일으키는 도화선이 되었다.

게는 오스트리아 제국에 반대하는 단체 해산, 암살에 관련된 모든 자의 처벌, 오스트리아에 반대하는 단체에 관련된 관리 파면, 사건을 조사하는 데 필요한 오스트리아 관리가 세르비아로 들어가 조사하도록 허용할 것 등을 포함하는 10개 조항의 최후통첩을 보냈다. 세르비아는 10개의 요구조건 중 9개 항은 받아들이되, 황태자 암살자 재판에 오스트리아 대표를 참석시키라는 요구사항은 세르비아의 주권과 관련된다는 이유로 거부하였다.

이에 오스트리아-헝가리 제국이 세르비아와 외교를 단절하고 대사를 귀국시키자 세르비아는 동원령을 선포하였다. 7월 28일 오스트리아-헝가리 제국군이 세르비아에 선전포고하고 수도인 베오그라드를 폭격함으로써 전쟁은 시작되었다. 이후 독일 및 러시아 등에서도 각각 병력동원과 선전포고를 하면서 전쟁이 확대되었다. 블로치의 예상이 현실화된 것이다.

〈그림 3-4〉 1914년 8월 오스트리아-헝가리군의 세르비아 폭격
제1차 세계대전 당시의 오스트리아-헝가리 제국군의 모습(왼쪽)과 전쟁이 발발하면서 오스트리아-헝가리 제국군의 첫 번째 공격목표가 된 세르비아의 사바크(Šavac)시(오른쪽).

제1차 세계대전은 유럽지역에서 발발하였고 주요 전쟁터도 유럽에 국한되었다. 지상에서는 주로 프랑스의 북부 지역과 독일과 러시아의 국경선 지역, 오스트리아~헝가리 제국의 동부~러시아의 서부 지역, 발칸반도 지역에서 전개되었으며, 해상에서는 대서양의 일부 지역과 영국 근해의 지역에서 전개되었다.

제1차 세계대전에서는 경제력의 확대와 과학기술의 발전으로 전장의 모습을 바꾸는 신무기가 다수 등장하였다. 먼저 지상에서는 영국에서 만든 전차(Tank)가 처음으로 등장하였고, 화학무기(Chemical Weapons)가 사용되었으며, 해상에서는 영국이나 독일의 드레드노트급의 전함(Battleship)이 주력으로 사용되었다. 독일에서 만든 잠수함(Submarine)도 처음 등장하여 전장의 모습을 바꿨으며 영국은 상선을 항공모함(Aircraft Carrier)으로 개조하여 사용하기 시작하였다. 공중에서는 영국, 독일 등에서 프로펠러를 부착한 복엽기가 등장하여 연락 및 정찰용으로부터 초기 단계의 공중전이나 폭격 장비로 사용하였다.

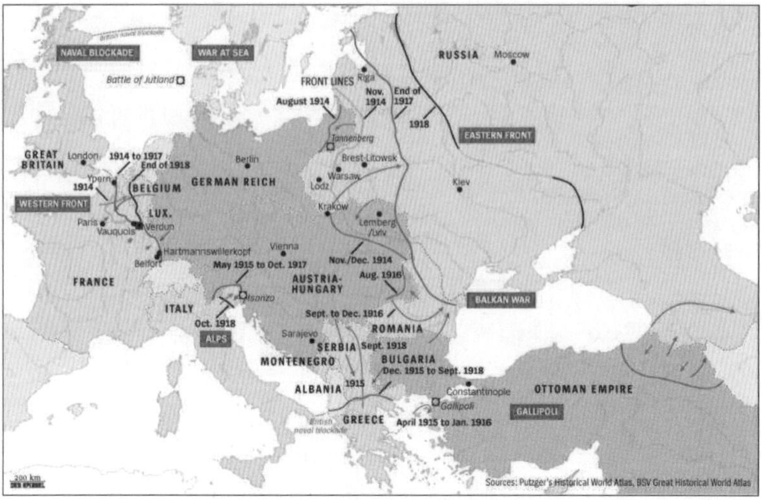

〈그림 3-5〉 제1차 세계대전의 육상 전투 전개 지역[5)]

제1차 세계대전의 주요 전쟁터를 보면, 육상에서는 주로 프랑스 북부지역과 독일-러시아 국경선 지역, 이탈리아 북부지역, 발칸반도 지역, 코카서스 산맥지역 등에서 전개되었고, 해상에서는 주로 대서양과 영국 근해지역에서 전개되었다.

〈그림 3-6〉 제1차 세계대전에 등장한 주요 무기

5) https://www.google.co.kr/ (검색일: 2021.4.5)

3. 전쟁 경과

오스트리아-헝가리 제국이 7월 28일 세르비아에 선전포고하고, 독일은 8월 1일 러시아에 선전포고하면서 8월 2일 중립국인 룩셈부르크와 3일 벨기에를 침공함으로써 전쟁이 시작되었다. 독일군이 벨기에를 침공하자 영국의 국내 여론이 비등하여 여기서 참전의 명분을 찾은 영국은 8월 4일 독일에 선전포고를 하였다. 또한, 오스트리아-헝가리 제국도 8월 6일 러시아에 선전포고를 하면서 제1차 세계대전이 본격적으로 시작되었다.

이 전쟁은 영국과 프랑스 및 미국 등 28개 국가는 협상국(연합국)으로, 독일과 오스트리아-헝가리 및 터키, 불가리아 등 4개 국가는 동맹국으로서 역사상 최초의 범세계적(Global)인 전쟁으로 진행되었다.

이렇게 1914년 8월 초부터 본격적으로 시작된 제1차 세계대전은 전쟁 초기에 단기전으로 끝날 것이라는 예상과는 달리 1918년 11월까지 4년 3개월에 걸쳐 장기전으로 진행되었다. 전쟁 기간 중 대서양 및 영국 근해에서는 독일해군의 무제한(Unrestricted) 잠수함전으로 전함과 상

THE DAILY MIRROR, Wednesday, August 5, 1914.

GREAT BRITAIN DECLARES WAR ON GERMANY.

The Daily Mirror

LATEST CERTIFIED CIRCULATION MORE THAN 1,000,000 COPIES PER DAY

No. 3,364. Registered at the G.P.O. as a Newspaper. WEDNESDAY, AUGUST 5, 1914 One Halfpenny.

DECLARATION OF WAR BY GREAT BRITAIN AFTER UNSATISFACTORY REPLY TO YESTERDAY'S ULTIMATUM.

〈그림 3-7〉 영국의 대독일 선전포고를 보도한 신문

1914년 8월 5일 영국의 대독일 선전포고를 보도한 Daily Mirror의 헤드라인 제목. 어제(8.4) 독일에 보낸 최후통첩에 대하여 독일의 불만족스러운 반응으로 영국이 선전포고를 하였다고 보도하고 있다.

EXTRA The Chicago Daily Tribune. FINAL EDITION
GREAT WAR ENDS
OUTLINE OF THE TERMS
RED FLAG FLIES OVER ALL BIG GERMAN CITIES
Daily Mail
IT'S OVER!
Joy and thanksgiving mark start of the Armistice on greatest day in our history

〈그림 3-8〉 제1차 세계대전 전투행위 종료 보도 신문

선의 격침은 물론 여객선에 대한 공격으로 미국인이 다수 사망하는 사건이 발생하면서 1917년 4월 이후 미국이 협상국으로 참전하였다.

미국의 참전으로 협상국은 더욱 전력을 강화하였지만, 반면에 독일은 병력으로부터 전투 장비나 탄약 등 전쟁지속능력을 유지하기 위한 군사력의 열세와 식량의 부족으로 촉발된 국민의 승리에 대한 열정이 식어가는 동안 염전사상이 확산하고 해군에서 반란마저 발생하여 전쟁지속이 어렵게 되자 마침내 1918년 11월 11일 항복하였다.

4. 전쟁 결과

1918년 11월 11일 11시, 독일이 항복하면서 모든 전투행위가 끝나고, 이듬해인 1919년 6월 28일 프랑스의 파리 베르사유 궁에서 '베르사유 조약(Treaty of Versailles)'을 체결함으로써 협상국의 승리로 전쟁은 완전히 종결되었다. 이 전쟁에서는 전투원과 비전투원 등 1,500만여 명이

〈그림 3-9〉 베르사유 강화조약

사망하였으며, 역사상 최초의 '대전쟁(Great War)'으로서 진정한 의미에서의 '산업화 시대의 전쟁'이자 '모든 전쟁을 끝내기 위한 전쟁(The War to end All War)'으로 여겨졌다. 그러나 이 전쟁은 20년 뒤에 벌어질 또 다른 대전쟁, 즉 제2차 세계대전의 전주곡이 되는 전쟁을 미리 경험하였던 것에 다름 아니었다.

베르사유 조약과 이후 체결된 조약에 따라 전쟁 이후 유럽에는 많은 변화가 일어났다. 먼저 오스트리아-헝가리 제국이 오스트리아와 헝가리로 해체되고 그 외에 폴란드와 체코 및 알바니아, 루마니아, 에스토니아 및 리투아니아, 라트비아의 발트 3국 등이 각각 독립하였다. 독일의 해외 식민지도 모두 상실되었다.

베르사유 조약에 따라 독일에는 병력과 장비 규모, 군사제도 등 군비에 대한 엄격한 통제 조항이 부여되었다. 이를 보면 "첫째, 육군은 총병력을 100,000명으로 제한하고 장교는 4,000명을 초과할 수 없으며, 둘째, 전쟁물자의 제조를 엄격히 제한하고 이의 수입 및 수출을 금지한다. 셋째, 징병제도를 폐지하고 지원병제도를 택하며, 복무연한은 장교 25년으로 사병은 12년으로 하고 넷째, 해군은 병력 15,000명과 전함 6척,

〈그림 3-10〉 제1차 세계대전 이후의 유럽[6]

전쟁 이후 러시아의 영토에서 핀란드와 발트 3국, 폴란드가 독립하였고 오스트리아-헝가리 제국에서는 헝가리와 체코슬로바키아, 유고슬라비아 등이 독립하였다.

경순양함 6척, 구축함 12척, 어뢰정 2척으로 제한하며 잠수함은 상용(商用)일지라도 일체 보유를 금한다. 다섯째, 군용비행기나 비행선의 제조 및 보유를 금한다" 등이 포함되었다. 이러한 사항은 군비통제위원회의 감독을 받게 되었다.

한편 독일은 미국과 영국, 프랑스 등에 1,320억 금화 마르크(약 330억 달러)를 전쟁배상금으로 지불하되, 매년 20억 마르크를 현금으로 지불하고 또한 독일이 수출하는 총액의 25%를 배상금으로 충당하며, 최초 배

6) Thomas E. Griess, *Campaign Atlas to the Second World War*, New Jersey: Avery Publishing Group INC, 1982, p. 1.

TREATY SIGNED; WAR OVER

The Evening World. FINAL

WILSON LEAVES PARIS; SAILS SUNDAY

GERMANS PLEDGED TO ACT IN GOOD FAITH

GUNS BOOM, PLANES FILL AIR; FRENCH CROWDS CHEER PEACE

〈그림 3-11〉 제1차 세계대전 종전을 보도한 신문

상금은 25일 이내에 10억 마르크를 지불토록 하였다.

전쟁이 끝나갈 무렵인 1918년 1월 미국의 윌슨(Woodrow Wilson) 대통령이 전후처리의 기본원칙으로 '14개 조항'을 주창하면서 국제분쟁을 평화적으로 조정하고 전쟁이 발생하는 것을 방지하기 위하여 국제연맹(League of Nations)의 창설을 제안하였다. 이에 국제사회가 합의하면서 1920년 스위스 제네바에서 국제연맹이 창설되었다.

〈그림 3-12〉 국제연맹 로고와 스위스 제네바의 본부

국제연맹은 제1차 세계대전 이후 국제분쟁의 평화적 해결과 중재 등을 위하여 창설되어 초기에는 국제평화를 위하여 일부 성과를 달성하였지만 1930년대 들어 일본의 탈퇴와 이탈리아의 에티오피아 침공 등에 대하여 효과적인 대응을 하지 못하면서 제2차 세계대전이 발발하는 한 원인을 제공하였다.

제2절 영국

1. 전쟁 당시의 영국

1914년 8월, 오스트리아-헝가리 제국이 세르비아를 공격하자 독일은 오스트리아-헝가리 제국을 지원하면서도 영국이 중립을 유지해 주기를 내심 바라고 있었다. 그러나 8월 2일 독일군이 중립국인 벨기에를 침공하자 영국은 벨기에가 침공을 받을 시 개입하기로 한 조약(1839년의 런던조약)에 따라 독일에 선전포고를 하였다.

전쟁이 확대되면서 정부는 1914년 8월 '국토방위법(Defence of the Realm Act, DORA)'을 제정하여 정부가 필요에 따라 전쟁을 수행하는 데 필요한 건물이나 토지 등의 모든 자원을 통제하고 사용할 수 있도록 하였다. 또한 필요시 신문이나 방송 등 언론에 대한 검열을 할 수 있는 내용도 포함하였으며, 정부는 국민의 전쟁 참여를 촉구하는 데 필요한 소식만 선별하여 보도할 수 있도록 통제하였다. 또한 개정된 법에서는 정부

"Gazette" £1,000 Free Insurance.
Birmingham Gazette
KAPUTINE
ENGLAND AND GERMANY AT WAR.
GERMAN REPLY TO ULTIMATUM.
NOT SATISFACTORY.
ENGLAND IN STATE OF WAR.
GOVERNMENT TAKE CONTROL OF RAILWAYS.
THE BELGIAN APPEAL.
STATEMENT BY PREMIER.
THE ULTIMATUM.
Sir John French.
THE PERIL OF BELGIUM.
INVASION BY GERMANY.

Daily
WEDNESDAY, AUGUST 5, 1914 LONDON MANCHESTER
GREAT BRITAIN DECLARES WAR ON GERMANY
The following announcement was issued at the Foreign Office at 12.15 a.m.
SUMMARY REJECTION OF BRITISH ULTIMATUM

〈그림 3-13〉 영국의 대독일 선전포고 보도 신문(1914.8)

가 전쟁을 수행하는 데 필요한 무기와 탄약을 생산하는 데 필요한 모든 조치를 할 수 있도록 권한을 부여하였다. 1915년 6월에는 '국민등록법(National Registration Act)'을 제정하여 전쟁을 수행하는 데 필요한 15세부터 65세의 인력을 등록하였다. 7월에는 '전쟁물자법(War Material Act)'을 제정하여 정부가 전쟁에 필요한 물자를 생산하는 데 필요한 조치를 할 수 있도록 권한도 부여하였다.[7)]

정부의 여러 노력에도 불구하고 1916년까지 전쟁을 수행할 준비는 제대로 되어 있지 못하였다. 프랑스에 파견된 영국원정군(British Expeditionary Force, BEF)에서 피해가 발생하여 병력 소요가 급증하면서 정부에서는 징병제를 택하려고 했으나 의회의 반대로 실패하였고 인력 동원과 운용 및 무기와 탄약의 생산 확대를 위한 전시전환체제로의 전환 등 국가적 차원의 근본적인 전시조치는 미흡하였다. 그러한 결과로 병력이 부족하고 장비와 탄약이 부족한 일이 자주 발생하였다.

〈그림 3-14〉 1914년 8월의 런던 버킹엄 궁

1914년 8월 4일, 영국이 독일에 선전포고를 한 그날 야간에 런던의 버킹엄 궁 앞에 모여 있는 런던 시민들. 발코니에는 영국 왕실의 조지 5세와 왕족 일행이 희미하게 보인다.

---

7) 피터 심킨스 지음, 강민수 옮김, 『모든 전쟁을 끝내기 위한 전쟁: 제1차 세계대전 1914~1918』, 서울: 플래닛 미디어, 2008, pp. 176~178.

전쟁이 장기화되고 남성들이 동원되어 산업현장이나 영농현장에서 노동력이 부족해지자 여성들이 그 자리를 메워 전투 장비와 탄약을 생산하였고, 농촌에서 영농작업을 하였다. 식량이 부족해지자 생산량을 늘리기 위한 경작지 확대와 함께 전국적으로 배급제를 확대하였으며, 전쟁 비용이 급격히 증가하자 세금의 인상, 채권의 발행, 해외차관 등을 통하여 이를 조달하였다. 금속자원이 부족해지자 공원의 철제제품을 수거하는 등으로 활용하기도 하였다.

북미와 아시아와 아프리카 등지의 영 연방국에서는 영국과 유대감을 갖고 전쟁이 발발하자 병력을 파견하여 프랑스 전선에서 영국원정군과 함께 전투를 하였으며 이에 필요한 장비와 물자를 지원하였다.

2. 병력모집

전쟁에서는 싸울 상대가 있고 그 결과는 상대적이다. 영국의 상대국인 독일이 군비를 증강할 때 영국도 군비를 증강해야만 했지만, 당시 애스퀴스(Herbert Asquith) 내각은 그렇지 못하였다. 독일군 군비증강에 대항할 수 있도록 병력 규모나 무기체계의 발전 등 적절한 군비를 증강하는 조치를 취해야만 하였지만 그렇지 못한 것이다. 이는 당시 정부가 '전쟁 중에도 최대한 평화 시의 일상을 유지'하는 정책을 내세우고 있었기 때문이다. 정부의 해군력 증강계획은 의회가 부결하였으며, 징병제 도입은 자유당 정부가 반대하면서 지원병 제도를 실시할 수밖에 없었다. 이렇게 전쟁 초기에만 해도 영국인 특유의 자유주의적인 정치풍토로 전쟁 수행에 필요한 조치에 대하여 공감대가 형성되어 있지 않았다.

1914년 개전 당시 육군의 총병력은 정규예비역과 특별예비역, 일정 시간만 근무하는 국방의용군 등 73만여 명에 불과하였다.8) 육군은 개전 초기인 1914년, 8개 사단 중 4개 사단을 1차로 영국원정군 부대로 편성하여 프랑스로 파견하였으며, 2차로 2개 사단을 파견하였다. 그 외에 국토방위를 위한 국방의용군 28개 사단을 보유하고 있었으나, 전반적으로 전쟁 준비는 미흡하였다.

전쟁지역이 확대되고 장기전으로 가면서 전쟁장관 키치너(Lord Kitchener)는 더 많은 병력이 필요하다는 것을 깨달았다. 그는 영국인들에게 "영국은 여러분을 필요로 합니다. 여러분이 육군에 참여하여 주기 바랍니다. 영국의 왕에게 신의 가호가 함께하기를(Britons wants you. Join your country's army!, God save the king)!"이라고 호소하였다. 징집관리들이 전국에서 활동하였고, 여성 조직에서는 징집을 촉진하기 위한 활동을 하였으며, 어머니 연맹(Mother's Union)에서도 자녀들이 등록에 참여할 수 있도록 강조하였다. 길거리에는 입영을 촉구하는 각종 간행물이 도처에 부착되어 등록과 입영을 호소하였다. 당시 5,400만여 장의 포스터가 발행되었고, 800만여 통의 편지가 발송되었으며, 입영 독려를 위하여 12,000여 건의 회의가 열렸다. 군에서는 고위 지휘관 및 대변인 등에 의해 20,000여 회의 연설도 있었다.

이러한 노력으로 전쟁이 발발한 첫 주말, 한 시간에 100명(하루 3,000명)이 군대에 등록할 정도로 빠르게 숫자가 확대하였으며, 1914년 말까지 1,186,337명의 남자가 입대하였다.9) 당시 이렇게 숫자가 증가한 이유는 프랑스 전선에 파병되면 급여가 인상되며, 전쟁이 쉽게 영국의 승리로 끝날 것이라는 일말의 생각, 국가에 대한 의무와 책임의 이행이라는

---

8) 위의 책, p. 44.

9) https://www.bbc.co.uk/ (검색일: 2021.2.15)

애국적 생각, 그리고 각종 포스터에서 독일군에 대한 적개심을 고취하였기 때문이다.

전쟁 초기 단계에는 징집이 잘되어가는 듯하였다. 신문에서는 1915년 5월까지 전장에서 사상자가 발생하는 등의 나쁜 소식을 보도하지 않았다. 그러다 희생자 관련 소식이 보도되는 등으로 프랑스에서의 사상자 발생 소식이 다수 보도되면서 지원자가 줄어들기 시작하였다. 따라서 정부는 징병으로 숫자를 늘리는 것 외에는 대안이 없다고 보았다. 전쟁이 점차 장기화되면서 병력 충원의 어려움으로 위기를 맞게 되어 징병제를 택하자는 요구가 점점 높아지자 1915년 6월 국민등록법을 제정하여 15~65세의 자원에 대한 등록명부를 작성하였으나, 아직 이들은 군대의 일원은 아니었다. 이 법은 얼마나 많은 사람이 전쟁과 관련될 업무를 할 수 있을 것인지, 얼마나 많은 사람이 군에 복무할 수 있을

〈그림 3-15〉 군 복무를 강조하기 위한 포스터[10]

"아빠는 전쟁 당시 무엇을 하였어요?" 딸은 책의 한 표지를 가리키면서 아빠에게 전쟁기간 중 무엇을 하였는지 질문하고 있고, 아들은 바닥에서 장병 놀음을 하고 있다. 이는 아빠가 입대를 하지 않은 비겁함을 묘사하면서 군에 자원하여 복무할 것을 강조하는 포스터이다.

---

10) https://www.iwm.org.uk/collections/item/object/17053 (검색일: 2021.5.6)

것인지 등을 확인할 목적이었다. 등록된 정보는 인력에 관한 통계를 제공했으며, 군 당국은 군복무를 위해 소집되어야 하는 사람과 국익을 위해 공무원으로 고용해야 하는 사람을 구분할 수 있게 하였다.[11]

이렇게 해서 등록한 자원이 징집 연령대의 217만여 명을 포함하여 500만여 명의 남성이 가용한 것으로 밝혀졌으며, 이들을 징집하여 부대를 확장하였다. 1916년 1월 군복무법(Military Service Act)에서는 미혼의 18~41세 모든 남자를 등록하도록 하였으며, 4월에는 51세로 확대되었다. 이 법에서는 결혼한 남성에게도 병역의무를 부과하였으나 성직자, 교사 및 특정 산업 노동자 계급을 면제하였다. 이 시기에 3명의 남자 중 1명의 비율로 징집이 되었다. 징병은 모든 계층에 동등한 의무가 부과된다는 차원에서 공정한 것으로 인식되었다.

〈그림 3-16〉 영국군 모집 포스터(1)

병력모집 홍보 포스터로, "영국은 여러분을 필요로 합니다. 여러분이 육군에 입대하여 주기 바랍니다. 영국의 왕에게 신의 가호가 함께하기를!", "영국군에는 아직 당신을 위한 빈자리가 있습니다. 이 자리는 여기에 적절한 젊은 사람을 위한 곳입니다. 당신이 그 자리를 채울 수 있을까요?", "영국의 여성은 남성들이 군에 가라고 말하고 있습니다"라는 징집호소 문구가 보인다.

---

11) https://discovery.nationalarchives.gov.uk/details/r/C13353 (검색일: 2021.5.5)

〈그림 3-17〉 영국군 모집 포스터(2)

병력모집 홍보 포스터로, "그는 행복하고 만족해합니다. 당신은 어떤가요? 오늘 등록하세요", "대영제국의 시민들은 대영제국의 깃발 아래로 모입시다. 오늘 육군에 참여하세요. 국가가 여러분을 필요로 합니다", "당신이 있어야 할 자리로 가세요" 등의 문구가 보인다.

"준비되어 있나요, 지금 참여하세요(Be Ready! Join Now)", "정의의 칼을 잡으세요(Take Up The Sword Of Justice)", "아직 지원하지 않은 사람은 누구인가요?(Who's Absent? To It You)", "당신의 자리가 마련되어 있습니다. 오늘 등록하세요(There's Room For You, Enlist Today)". 이러한 문구들은 당시 영국인들의 참전을 촉구하기 위하여 길거리에 나붙고 국민에게 널리 알려진 포스터 또는 표어의 문구였다.

이러한 과정에서 애국적 정열을 간직한 젊은이들이 짧은 시간에 부대 확장에 필요한 상황이 되자 지역단위로 지원자들이 응소하면서 지역단위의 부대가 조직되었다. 이는 팔스 대대(PALS Battalion, 이웃 친구, 동료 등으로 구성된 대대)로, 특히 영국의 북부지역에서 많은 대대가 조직되었다. 이들은 지역단위로 조직된 음악팀, 축구팀 등으로 동시에 한 부대를 구성하였는데 예를 들면, 랭커셔에서는 700여 명의 팔스 대대가 애크링턴이라는 작은 마을을 떠날 때 15,000명이 넘는 지역의 시민들이 깃발을 흔들며 이들을 환송하였다. 이 대대원들은 프랑스 전선에 도착하여 1916년 7월 1일 솜므 부근에서 전투를 하였으며 불과 20여 분만에 대대원 중 235명이 전

〈그림 3-18〉 출정식을 하는 애크링턴과 리버풀의 PALS 대대

사하고 350여 명 이상이 부상하는 큰 피해를 보았다.[12] 애국적 정열로 많은 팔스 부대가 창설되어 프랑스 전역으로 파견되었지만 적지 않은 피해가 발생하면서 열기가 식고 징병제가 도입되는 계기가 되었다.

병력등록이 본격화되면서 많은 사람이 지역단위 모병소에서 등록하였다. 지역단위 모병소에서는 많은 젊은이가 등록할 수 있도록 이를 격려하는 플래카드를 게시하였으며 군악대나 지역의 악단이 이들을 환영하였다. 등록된 인원은 일련의 절차를 거쳐 소집 후 훈련을 마친 뒤 도버해협을 건너 프랑스로 파병되어 영국원정군의 일부로서 전투에 참여하였다.

영국은 전쟁 기간 중 지속적으로 병력을 모집하여 부대를 창설하고 프랑스로 파견하였다. 1916년에는 38개 보병사단과 5개 기병사단으로 병력은 약 100만여 명으로 확대되었으며, 그해 여름에는 다시 19개 사단이 증가하였다.[13] 이렇게 계속 병력을 동원한 영국군은 1917년 8월에는 204만여 명에 이르기까지 확장되었으며,[14] 전쟁이 끝날 무렵인 1918년 11월에는 445만여 명(육군: 375.9, 해군: 40.7, 공군: 29.1)의 병력을 보유하

12) https://www.bbc.co.uk/bitesize/topics/zqhyb9q/articles/z4v9mfr

13) (구) 국무총리 비상기획위원회, 『세계동원의 역사』, p. 229.

14) 피터 심킨스, 앞의 책, p. 198.

〈그림 3-19〉 지역모병소의 등록 광경

영국의 주요 도시에서 시민들이 모병사무소에 등록을 위하여 집결하는 모습. 가운데 사진을 보면 "맨체스터 시민들은 모든 젊은이가 그의 의무를 다하기를 기대합니다. 오늘 등록하기 바랍니다"라는 글귀가 보인다. 오른쪽 사진을 보면 모병사무소에서 군악대가 시민들의 등록을 환영하기 위하여 연주하는 모습을 볼 수 있다.

였다.[15] 이렇게 하는 과정에서 포스터는 국민의 사기 앙양과 애국적 정신을 고취하는 중요한 역할을 하였다.

영국이라고 해서 모든 남성이 전쟁 기간 중 입대한 것은 아니다. 당시 소위 양심적 거부자가 있었으며, 이들은 도덕적이거나 종교적인 이유로 전투에 참여하는 것을 거부하였다. 그들은 약 16,000여 명에 달하였으며, 일부는 농사를 짓거나 비전투 활동을 할 수 있도록 허용되었다. 일부는 수감되었으며 가혹한 대우를 받기도 하였다. 징병이 확대되면서 트라팔가 광장에서 20만여 명이 넘는 사람들이 이에 반대하는 시위를 벌이기도 하였다.

15) F. W. Perry, *The Commonwealth Armies: Manpower and organization in two world wars,* Manchester University Press, 1998, p. 75.

〈그림 3-20〉 프랑스 전역의 영국원정군

프랑스 전역에서 공격 명령을 기다리고 있는 보병부대(왼쪽)와 보병과 전차가 협동하여 공격 중인 부대(가운데) 및 전투 중 잠시 휴식하고 있는 포병부대(오른쪽).

3. 여성의 전쟁 지원

전시 여성의 역할은 남성의 역할 그 이상으로 중요하였으며, 다른 어느 나라보다 영국에서 여성의 역할은 광범위하였다. 그러나 전쟁 초기만 해도 여성들의 역할을 그렇게 크게 요구하지는 않았다. 그러다가 1915년 여름, 탄약공장에서 노동력이 부족해지고 이로 인하여 탄약 위기가 발생하면서 여성 노동력을 활용할 필요성이 대두되었고 대규모로 그 역할을 시작하였다. 여성들은 남성들의 빈 자리를 메워 산업현장에

〈그림 3-21〉 탄약공장의 여성 노동자(1)

〈그림 3-22〉 탄약공장의 여성 노동자(2)

서 그 역할을 하는가 하면 영농현장에서도 역할을 하였으며, 군에서는 비전투원으로서도 그 역할을 하였다. 이른바 후방전선(Home Front)에서 핵심적인 역할을 여성이 하였던 것이다.

먼저 산업현장에서 여성의 역할이다. 남성들이 대규모로 전선으로 동원되자 산업현장에서는 많은 인력이 부족하였다. 따라서 산업현장, 특히 전투 장비 및 탄약 생산공장에서 여성 인력 수요가 급증하였다.

이렇게 산업현장에서 여성 인력의 수요가 급증하기 시작한 이래 1918년 당시 임금노동자로 활동하던 여성은 731만여 명이 넘었으며, 이 가운데 탄약생산 공장에서는 94만 7,000여 명이 일하고 있었는데 이는 전체 노동자의 90%에 달하는 규모였다.[16] 1917년을 보면 여성 노동자를 고용한 공장에서는 프랑스에 파견된 영국군이 사용하는 무기와 포탄의 80%를 생산하였다.

탄약을 만든다는 것은 많은 TNT를 포함하는 많은 화학물질과 신관 등 위험물질을 취급하는 것을 의미한다. 이는 그만큼 공장에 많은 양의 화약이 보관되어 있으며, 그만큼 위험이 존재한다는 것을 의미하는 것이기도 하다. 실제로 탄약을 만드는 동안 크고 작은 사건으로 여성을 포함하는 많은 인명이 희생되는 사건이 발생하였다.

1917년 1월에 런던(London)의 탄약공장에서는 폭발사고로 인하여 73명이 목숨을 잃고, 400여 명이 부상하는 사건이 발생하였으며,[17] 1918년 7월 1일에도 칠웰(Chilwell)의 탄약공장에서 폭발사고가 발생하여 109명의 남자와 25명의 여자를 포함하여 134명이 사망하고 250여 명이 부상하는 참사도 발생하였다. (대폭발로 인한 사고였기 때문에 사망자 수에 대해서는 이견이 있다.)[18]

또한 폭약원료인 TNT를 취급하는 동안 적절한 보호복의 착용과

〈그림 3-23〉 칠웰 탄약공장의 폭발사고 현장(1918.7.1.)

16) 피터 심킨스, 앞의 책, 321쪽.

17) https://www.iwm.org.uk/history/9-women-reveal-the-dangers-of-working-in-a-first-world-war-munitions-factory (검색일: 2021.3.20)

18) Deborah A. K. Brobst, *Women Munitions Workers in Britain during the Great War*, Lehigh University, 2006, p. 52.

〈그림 3-24〉 칠웰공장의 폭발사고로 희생된 노동자를 기리는 위령비(노팅햄)

화학작용제에 대한 안전 조치가 필요하였으나 이에 대한 인식의 부족과 독성 물질로 인하여 400여 명이 전쟁 기간 중 사망하였다.[19] 어느 역사학자는 그 수가 수백 명, 아마도 천 명 이상이 될 것이라고 추정할 뿐이라고 하였지만,[20] 정확한 사망자 수는 이러한 뉴스들이 국민의 사기와 전쟁 노력에 미칠 영향 때문에 제대로 언론에 보도되지 않았다.[21]

탄약공장에서의 작업 조건은 환기가 안 되고 유해한 화학물질에 노출되거나 때로는 석면에 노출되기도 하였으며, 무거운 포탄을 들어 올리거나 각종 기계를 취급하는 과정에서 위험한 일도 있었다.[22]

19) https://www.striking-women.org/module/women-and-work/world-war-i-1914-1918 (검색일: 2021.3.20)

20) Deborah A. K. Brobst, op. cit., p. 52.

21) https://www.iwm.org.uk/history/9-women-reveal-the-dangers-of-working-in-a-first-world-war-munitions-factory (검색일: 2021.3.20)

〈그림 3-25〉 '카나리 걸'이라고 불렸던 탄약공장 여성 노동자

장시간 TNT를 취급하는 과정에서 화학물질에 의한 중독 현상으로 피부가 노랗게 변하는 고통도 받으면서 '카나리 걸(Canary Girls)'이라는 소리도 들었으며, 여성들이 임신하는 것은 수치스러운 일이라는 말도 나돌았다. 이와 같이 여성들은 열악한 환경에서도 탄약을 만들면서 영국군이 프랑스 전선에서 승리할 수 있도록 하였다.

다음은 영농현장에서 여성들의 역할이다. 전쟁 기간 중 대두된 중요한 문제 가운데 하나는 국민 생활의 안정을 위하여 식량부족 현상을 타개하는 일이었다. 남성들이 전쟁터로 나간 상황에서 영농현장에서는 많은 일손이 부족하였으며, 이러한 일손 부족을 해결하는 데 도움되기 위하여 농업성(Board of Agriculture)에서는 1915년 여성영농부대(Women's Land Army, WLA)를 조직하였다.[23] 당시 '랜드 걸(Land Girl)'이라고 불렸던 여성영농부대의 대원은 제복을 착용하였고, 영농과 요리는 물론 사무원과 정비사, 운전사 등으로 일하면서 더 많은 남성이 전투원으로 참전할 수

22) https://www.iwm.org.uk/history/9-women-reveal-the-dangers-of-working-in-a-first-world-war-munitions-factory (검색일: 2021.3.20)

23) '여성영농부대'는 영국에서는 제1차 세계대전은 물론 제2차 세계대전 당시도 활동하였다.

〈그림 3-26〉 여성영농부대 참여 홍보 포스터

여성영농부대 지원을 촉구하기 위한 홍보 포스터, "그가 두고 떠난 소녀 뒤에서, 여성영농부대에 지원하기 바랍니다", "건강한 생활과 행복한 직업을 위하여 여성영농부대에 지원하기 바랍니다" 등의 문구가 보인다.

있도록 하였다.

1916년 들어 여성들이 본격적으로 영농현장에서 농사일을 시작하였다. 처음에는 여자들이 무슨 농사를 짓겠냐며 남성들이 이를 비웃었지만, 곧 여성들의 노동생산성이 남성들을 웃돌면서 여성들이 보여준 적극적인 활동에 대하여 팬크허스트(Emmeline Pankhurst)는 "여성을 지배하여온 남성들에 대한 신의 복수"라고 표현하였다.

1917년 말에 영국에서는 약 250,000~260,000여 명의 여성이 영농작업에 종사하고 있었으며, 이 가운데 23,000여 명이 여성영농부대 소속이었다. 사실 영국 정부는 많은 여성이 영농작업에 종사하여 식량을 생산해주기를 원하고 있었다. 이것이 여성영농부대가 창설된 배경이며 시초였지만, 영국의 농부들은 반대하고 있었다. 이에 정부는 대표들을 보내 농부들을 설득하는 일도 하였다.

여성영농부대 대원은 전쟁 기간 중 트랙터를 이용한 밭갈기와 씨

〈그림 3-27〉 여성영농부대 영농활동

식량생산을 위한 여성영농부대원들의 다양한 영농활동 모습. 그들은 퇴비를 뿌리고 밭을 갈며 트랙터를 운용하고 농작물을 수확하는 등 남성들이 하던 일을 하였다. 오른쪽 하단 기사를 보면, "여성이 없었다면 영국이 굶주림에 허덕였을 것"이라는 문구가 보인다.

뿌리기 및 농작물 수확 등 모든 형태의 영농작업에 참여하였다. 1918년에는 11,800여 명의 대원이 영농현장에서 일을 하였는데, 이 인력만으로는 노동력 부족을 채울 수 없게 되자 14,000여 명의 전쟁포로도 영농작업에 투입하였다.[24] 징병당국에서는 식량생산을 늘리기 위하여 농장일에 충분한 경험을 갖고 있는 농군들의 입대를 중단하는 조치도 하였다.

여성들의 역할은 영농작업에만 국한된 것은 아니다. 심지어는 염소나 양 등의 가축 돌보기와 우유 짜기 등의 일도 하였으며, 때로는 벌목공으로서 벌목작업도 하였다.[25] 교통 분야에서도 여성 기사 또는 안

24) https://www.iwm.org.uk/the-womens-landarmy (검색일: 2019.3.21)

25) https://www.iwm.org.uk/history/the-thing-you-don't-know-about-women-in-the-first -world-war (검색일: 2019.3.22)

〈그림 3-28〉 여성영농부대 대원의 벌목 및 목축 활동

내원으로 11만 7,000여 명이 종사하였다. 이렇게 전쟁 기간 중 여성들이 보여 준 헌신을 인정하여 정부는 1918년에 30세 이상의 여성에게 투표권을 주는 '국민대표법(Representation of the People's Act)'을 통과시켰고, 이는 나중에 21세로 확대되었다.

정부에서는 여성들의 무의미한 시간 보내기가 결국 독일의 전쟁 승리에 도움되는 행동이라고 하면서 영농부대에 참여를 촉구하는 자극적인 홍보도 하였다.

군에서도 여성의 역할도 확대되었다. 1917년 1월 16일 프랑스에 파견된 영국군에서 여군의 필요성이 제기되면서 여성육군지원부대(The Women's Army Auxiliary Corps, WAAC)가 창설되었다. 여성육군지원부대 대원들은 남성들이 전투현장으로 가서 전투에 전념할 수 있도록 요리와 사무

〈그림 3-29〉 여성영농부대 참여 촉구 리플릿

"영국의 여성 여러분, 금쪽같은 시간이 지나고 있습니다. 여성영농부대에서는 오늘 여러분을 필요로 합니다. 무의미하게 시간을 보내는 것은 독일에게 승리를 가져다주는 것과 같습니다. 영농작업을 도울 수 있는 여성들은 탄약을 만드는 것처럼 승리에 기여하는 것입니다. … 조국이 나를 도와주었던 것처럼 나는 어떻게 조국을 도울 수 있을까요?"

업무는 물론 기계조작, 기타 업무 등을 수행하였다. 당시 여성육군지원부대 대원은 제복을 입고 복무하였지만 계급은 없었다.

정부는 여성의 군 지원 복무에 대한 감사의 뜻으로 1918년 4월 9일에 여성육군지원부대(WAAC)의 이름을 '메리여왕육군지원부대(Queen Mary's Army Auxiliary Corps(QMAAC)'로 개칭하였으며 이 부대의 장은 여왕이 맡았다. 전쟁이 끝나갈 무렵인 1918년 11월에 이르렀을 때, 메리여왕육군지원부대 대원은 40,000여 명에 달하였으며, 전쟁 기간 중 57,000여 명의 여성이 여성육군지원부대 및 메리여왕육군지원부대에 참여하였다. 이 부대는 1920년 5월 1일 해체되었다.[26)]

〈그림 3-30〉 여성육군지원부대 모집 홍보 포스터

주요 내용을 보면, "여성 긴급모집: 여성육군지원부대에서는 국내외에서 영국군과 함께 근무할 여성을 긴급히 모집하고 있습니다. 주요 업무는 요리, 사무, 운전, 기술 등입니다. 좋은 임금과 막사 및 제복을 지급합니다"라고 홍보하고 있다.

〈그림 3-31〉 여성육군지원부대 대원의 활동

26) https://discovery.nationalarchives.gov.uk/details/r/C15099 (검색일: 2019 3.20)

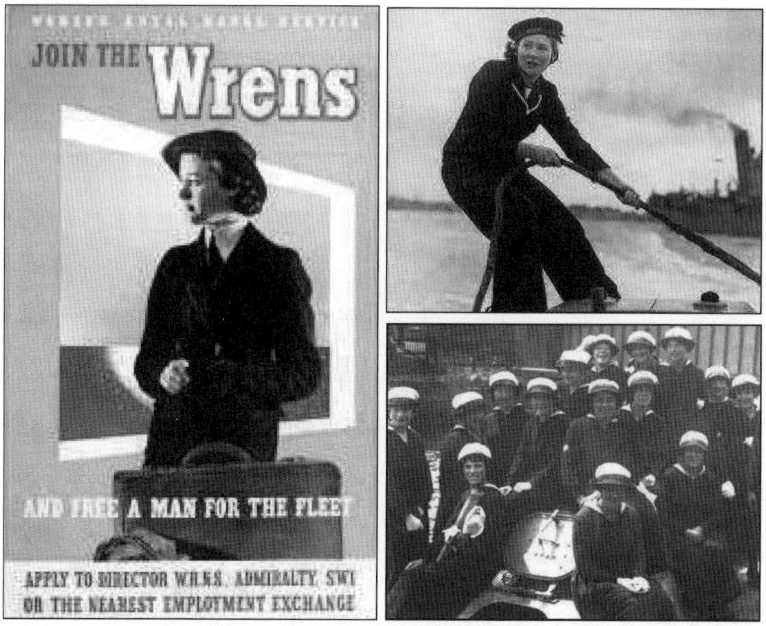

〈그림 3-32〉 여성왕립해군복무 모집 홍보와 대원

왼쪽 사진에는 “여성해군복무에 지원하기 바랍니다. 그러면 남성들이 함정근무에 더 자유로울 수 있습니다”라는 문구가 보인다. 오른쪽은 여성해군복무대원들의 근무 장면이다.

비슷한 시기에 여성들이 여성왕립해군복무역으로 복무하는 것이 허용되었다. 여성왕립해군복무(Women's Royal Naval Service, WRNS)는 1917년 11월에 해군복무 지원을 위한 목적으로 시작하였으며, 이는 남성들이 해군 함정, 즉 전투원으로서 더 많이 복무할 수 있도록 하기 위해서였다. “여성해군복무에 참여하기 바랍니다. 그러면 남성들이 함정 근무에 더 자유로울 수 있습니다(Join the Wrens and Free A man for the Fleet)”라는 당시의 구호는 여성대원 모집 포스터에서 흔히 볼 수 있는 구호로 남성들이 전투 임무에 매진할 수 있도록 하자는 취지였다. 초기 여성왕립해군복무부대 대원들은 요리와 청소 등의 업무를 맡으면서 시작하였지만, 그들의 능력 입증으로 활동영역이 확대되면서 암호작업이나 전신타자수를 포함한 보다 더 어려운 분야에서도 업무를 수행하였다.[27]

1918년 10월 10일, 19세의 어느 여성이 현역병으로 사망한 최초의 여성왕립해군복무 대원이 되었다. 전쟁이 끝날 때까지 여성왕립해군복무에는 5,500명의 대원이 복무하였으며, 그들 중 500여 명은 장교였다. 여성왕립해군복무 대원은 남자에게만 적합하다고 생각하였던 업무를 수행하였으며, 여성들에게 군 업무에 대한 자신감을 심어주는 데 도움을 주었고, 후일 제2차 세계대전에서 다시 여성들의 군복무를 위한 토대를 제공하였다.

여성왕립공군복무(Women's Royal Air Force Service, WRAF)는 1918년 4월 1일에 창설된 왕립공군(Royal Air Force, 이하 RAF)의 지원조직으로 창설되었다. 여성왕립공군복무의 원래 목적은 전쟁 기간 중 보다 많은 남성이 전투

〈그림 3-33〉 여성왕립공군복무 모집홍보와 대원

왼쪽 사진에 "영국 여성 여러분, 왕립공군은 사무원, 식당보조, 요리 등의 업무를 위하여 여러분의 도움이 필요합니다. 즉시 WRAF에 지원해 주기 바랍니다"라는 문구가 보인다. 오른쪽 사진은 비행기를 정비하는 WRAF 여성 대원의 모습이다.

27) https://www.bbc.co.uk/programmes/p01nhwgx (검색일: 2019.3.20)

원으로서 전투 활동을 할 수 있도록 하기 위하여 여성 정비공을 포함한 인력을 제공하는 것으로 시작하였다.

여성왕립공군복무 복무에는 네 가지 유형이 있었는데, A 유형은 사무원과 타자수, B 유형은 요리사와 웨이트리스, C 유형은 사진사와 금속 노동자 및 무선 운영과 목수, D 유형은 재단사와 제화공 등이 그것이다. 여성왕립공군복무에 가입할 수 있는 최저 연령은 18세였으며, 여기에 가입하기 위해서는 여성들이 건강검진을 통과해야만 하였다.[28] 시간이 경과하면서 이 조직에서 여성들의 역할은 운전사와 정비공 등으로 확대되었다.[29] 영국여성왕립공군복무기록부(British Women's Royal Air Force Service Records)에 의하면 여성왕립공군복무 대원은 31,090명에 달하였다.

4. 전쟁 비용의 조달

전쟁 비용은 전쟁 기간 중 사용된 비용을 말한다. 이는 대규모로 동원된 병력의 유지는 물론 장비와 탄약 등의 획득 비용, 정부 기능 유지를 위한 비용, 국민 생활의 안정에 소요되는 비용 등을 포함한다. 영국은 제1차 세계대전 기간 중 약 100억 파운드에 달하는 비용을 전쟁 비용으로 사용하였다.

이러한 전쟁 비용은 전쟁 초기인 1914년 4월 1일부터 1918년 3월 31일 회계연도 기간에는 정부 지출의 25%를 세금을 통해 조달하였으

28) https://www.findmypast.co.uk/articles/british-womens-royal-air-force-service-records-1918-1920 (검색일: 2019.3.20)

29) https://en.wikipedia.org/wiki/Women%27s_Royal_Air_Force (검색일: 2019.3.20)

며, 나머지는 화폐의 발행과 채권발행이나 차입 등을 통해 해결하였다.30)

1914년 11월에는 전쟁 비용을 위하여 소득세를 두 배로 인상하는 것 외에도 차와 맥주에 세금을 부과하고, 재산세 등을 인상하였다. 1915년 9월 21일 전비가 계속 증가하자, 정부는 소득세를 6.25%에서 17.5%로 인상하였고, 조세 면제 기준을 약 165파운드(800달러)에서 약 130파운드(650달러)로 하향 조정하였다. 불로소득에 대해서도 높은 수준의 세금을 부과하였다.

또한 전쟁 이전을 기준으로 약 200파운드(1,000달러) 이상의 이윤을 내던 업체에게는 최초로 초과이익세도 50%를 부과하는 것이 결정되었다. 차와 커피와 코코아, 건과일, 담배 등에 대해서는 50%의 관세가 부과되었고 영화필름이나 시계와 악기, 수입 자동차와 오토바이 등에 대해서도 세금을 부과하였다. 또한 우편이나 전신 및 전화의 세율도 인상하였다. 사치품에 대해서는 물품의 세금보다 더 높은 세금을 부과하였다.

1916년 소득세는 수입에 따라 11.25~25%를 부과하고, 불로소득에 대한 과세기준을 변경하였으며, 초과이익세는 60%로 인상하였다. 그 외에도 차와 커피, 코코아, 설탕 같은 물품의 관세도 인상하였고 사이다 같은 음료수에도 새로운 세금을 부과하였으며 영화 등 모든 종류의 오락에도 세금을 부과하였다.

1917~1918 회계연도에는 세금에 대한 비율을 상향조정하고 초과이익세를 80%로 올리고 탄약세 부과 등을 통해 종전보다 더 많은 수입을 기대하였다. 1918~1919 회계연도에는 소득세와 부가소득세의 추가

---

30) Benjamins H. Higgins, *Lombard Street in War and reconstruction,* National Bureau of Economic Research, 1949, p. 10.

인상이나 담배와 맥주 같은 물품의 관세 인상, 사치세 등을 인상하였다.

조세 수입 외에도 영국은 전쟁 기간 중 우체국 운용, 전보통신 사업, 전화와 왕실소유 토지를 활용한 수입, 수에즈 운하 수입 등을 통해 조세 수입 외의 수입으로 약 3억 7,700만여 파운드의 전쟁 비용을 조달하였다.

다음은 채권을 발행하여 전비를 조달한 것으로, 이는 재무성이 전시공채와 채권을 발행하는 것이었다. 전쟁이 발발하면서 재무성은 전쟁에 필요한 비용을 조달하기 위하여 잉글랜드 은행을 통하여 전시공채와 국고(Exchequer) 채권 및 전시채권을 발행하였다.

1차 전시공채(1st war loan)는 1914년 12월 1일부터 액면가 95%로 판매를 시작하여 3억 3,200만 파운드(약 17억 300만 달러)를 조달하였다. 2차 전시공채(2nd war loan)는 1915년 6월에 5억 9,200만 파운드(약 28억 8,300만 달러)를 조성하였으며, 60만여 명이 이를 구입하였다. 3차 전시공채(3rd war loan)를 통해 1917년 1월에 9억 4,100만 파운드(약 44억 300만 달러)를 조성하였으며, 이를 구입한 사람은 200만여 명에 달하였다.[31)]

이와 같이 다양한 방법을 이용하여 전비를 조달하면서 국민을 대상으로 홍보를 하였다. "여러분은 전시채권을 구입해 주세요, 나머지는 우리들이 하겠습니다(You buy War Bonds, We do the rest)", "전시채권은 무기를 유지하는 데 필요합니다(War Bonds feeds the Guns)", "당신의 돈을 국가에 빌려주세요(Lend Your Money to your Country)", "저축한 돈을 국가에 빌려주세요(Lend Your Savings to the Nation today)" 등 다양한 문구로써 국민의 마음을 움직

31) Ibdi., p. 12; Edwin Seligman, "The Cost of the War and How it was Met?", *War Finance Volume III: War in the Twentieth Century,* Edward Elgar Publishing Limited, 1994, p. 186.

〈그림 3-34〉 전시채권 판매 홍보 포스터(1)

전시채권 판매 홍보 포스터로, "여러분은 전시채권을 구입해 주기 바랍니다. 나머지는 우리가 하겠습니다", "그는 승리의 깃발을 가져왔습니다. 전시채권을 구입하여 그의 영광을 같이 나눕시다", "전시채권은 무기를 유지하는 데 필요합니다", "우체국으로 갑시다, 아니면 은행으로 갑시다. 그렇지 않으면 전시채권협회에 가입합시다" 등의 문구가 보인다.

이기 위하여 노력하였다.

한편 1915~1916 회계연도에 들어 전쟁이 장기화되고 비용지출이 확대되면서 그 대책으로 단기채인 국고채권(Exchequer Bonds)을 3차례에 걸쳐 발행하였다. 많은 국민이 채권을 구입할 수 있도록 소액으로 발행하여 우체국에서 판매하였는데 이것이 전시저축채권(War Saving Certificates)이었다. 처음에는 고액권을 발행하다 보니 이를 구입한 사람들이 10만

〈그림 3-35〉 전시채권 판매 홍보 포스터(2)

채권판매 홍보 포스터로, "우체국에서는 5파운드 및 20파운드와 50파운드 채권판매, 잉글랜드 은행에서는 100파운드와 200파운드 및 500파운드, 1,000파운드 및 5,000파운드를 판매합니다", "전시채권을 구입합시다", "잔다르크는 프랑스를 구하였습니다. 영국 여성들은 영국을 구하기 위하여 채권을 구입합시다" 등의 문구가 있다.

여 명에 불과하였으나 소액채권을 발행하면서 이를 구입하는 사람들도 대폭 확대되었으며, 다수의 인원이 참여하면서 판매액도 두 배로 확대되었다. 이 채권은 또한 미국에서도 판매할 수 있도록 재무성은 필요한 조치를 하였다. 이러한 여러 방법으로 1915~1916 회계연도에 7억 2,500만 파운드(약 35억 3,075만 달러)를 마련하였다.

1917년 정부는 국가전시채권(National War Bonds)을 발행하였다. 이 채권에서는 100파운드 채권을 구입 시 1917년부터 5년간 5%의 이자와 1922년에는 원금과 함께 추가로 2%를 지불하기로 하였다. 정부는 국민이 우체국에서는 5파운드 이상을, 은행에서는 50파운드 이상을 구입할 수 있도록 하였다. 채권을 판매하기 위하여 국민과 기업을 대상으로 다양한 홍보활동을 전개하였으며, 은행에도 판매 협조를 요청하였다.

영국은 전비를 조달하기 위하여 전차(Tank)도 활용하는 기막힌 방법도 구사하였다. 당시 전차는 영국에서 처음 제조되어 프랑스의 솜므

〈표 3-1〉 제1차 세계대전 기간 중 영국 정부의 채권 판매[32]

구 분		일시/기간	이윤	발행가격	총액(100만 £)
계					2,962
전시공채 (War loan)	1차	1915.3	3.5	95	332
	2차	1915.6	4.5	100	592
	3차	1917.4	4~5	95~100	941
국고채권 (Exchequer bonds)	1차	1915.3	3	95~100	48
	2차	1915.12~1916.4	5	100	516
	3차	1916.10	6	100	161
전시채권(National war bonds)		1917.10~1918.10	4~5	100~100.5	372

(Somme) 전투에서 사용되기 시작한 이후 1년 뒤 깡브레(Cambrai) 전투에서는 전선돌파용으로 위력을 발휘하자 영국 시민들은 호기심을 갖고 바라보고 있었다. 이에 국가저축위원회(National War Savings Committee)가 전비를 조달하기 위해 일명 '탱크 뱅크(Tank Bank)'를 만들어 전차를 활용하여 전국을 순회(Tank Tour)하면서 전비를 모으기로 한 것이다.

처음에는 깡브레 전투에서 사용된 바 있는 전차를 영국으로 수송한 뒤 런던의 트라팔가 광장에 전시하여 시민들의 관심을 끌면서 채권을 판매하는 데 성공하였다. 이에 따라 승무원과 6대의 Mark-IV 전차를 잉글랜드와 스코틀랜드, 웨일즈의 주요 도시와 마을 등 168개소를 순회하면서 전시채권과 저축채권을 판매하는 데 활용하였다.

저축위원회에서는 탱크가 각 지방의 도시에 도착하기 전에 항공기를 이용하여 채권판매 선전용 팸플릿을 살포하였다. 탱크가 도착하면 시의 고위 관리와 성직자, 지역유지, 전쟁영웅을 포함하는 많은 사

32) Seligman, op. cit., p. 189.

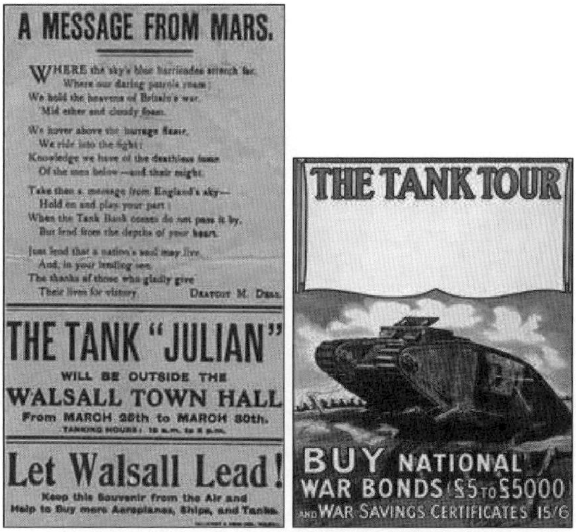

〈그림 3-36〉 탱크 뱅크 팸플릿과 홍보 포스터

탱크 순회 홍보용 팸플릿으로, 탱크가 월살 시청사 광장에 3월 25~30일까지 있을 예정임을 알리면서 보다 많이 채권을 구입하여 항공기와 전함, 탱크를 구입할 수 있도록 도움을 요청하고 있다. 오른쪽 사진에서는 "탱크 순회: 5~5,000 파운드의 전시채권이나 저축증서를 구입하여 주기 바랍니다"라고 호소하고 있다.

〈그림 3-37〉 도시를 순회하는 탱크와 군중, 지역별 채권판매액 표지판

탱크가 영국의 각 도시를 방문하는 동안, 채권을 구입하기 위하여 광장에 집결한 시민들, 시장 등 지역의 유지들이 탱크 위에 탑승하여 채권구입을 호소하고 있다. 오른쪽 사진은 버밍행 지역에서의 채권판매 모습으로, 다른 도시의 판매금액을 보여주면서 "버밍햄이 가장 많은 채권을 구입하여 1등을 해야 한다(Birmingham Must Win)"고 함으로써 경쟁(Tank Bank Race)을 강조하고 있음을 볼 수 있다.

람이 그들을 환영하면서 채권을 구입하였다. 전시채권을 판매하여 조성된 금액은 신문이나 게시판을 등을 통해 어느 지역에서 더 많이 구입하였는지 경쟁하도록 시민에게 공개되었다.

이와 같은 '탱크 뱅크 순회'를 통하여 〈표 3-2〉에서 보는 바와 같이 전국적으로 많은 도시에서 전쟁 비용을 조달하는 데 도움을 주었으며, 약 3억 파운드(약 15억 달러)의 비용을 마련하였다.

〈표 3-2〉 'Tank Bank Tour'를 통한 주요 도시 채권판매액[33]

단위: 파운드

도시	웨스트 히틀풀	글래스고	버밍엄	에든버러	맨체스터	브래드퍼드	런던
판매	2,367,333	14,563,714	6,703,439	4,764,639	4,430,000	4,060,000	3,423,261
도시	선덜랜드	뉴캐슬	스완지	헐	레스터	리버풀	-
판매	2,305,000	3,608,768	2,180,939	2,186,820	2,063,250	2,061,012	-

이 외에도 우체국 저축은행(Post Office Saving Bank), 신탁저축은행(Trustee Saving Bank), 우체국 기금(Post Office Fund), 국민건강보험기금(National Health Insurance Fund), 실업보험기금(Unemployment Insurance Fund), 재무성연금기금(Treasury Pension Fund) 등의 기금이 전시공채나 채권을 구입하는 등으로 활용되어 전쟁비용 마련에 도움을 주었다.[34]

5. 식량 증산 활동과 배급제

전쟁이 시작된 1914년도, 당시 영국은 식량 자급율이 35%에 불과하였다. 밀의 80%, 육류의 50%, 돼지고기, 설탕과 버터의 대부분은 수

---

33) http://www.aforceforgood.org.uk/history/tankglasgow (검색일: 2016.12.20)

34) Higgins, op. cit., pp. 11~12.

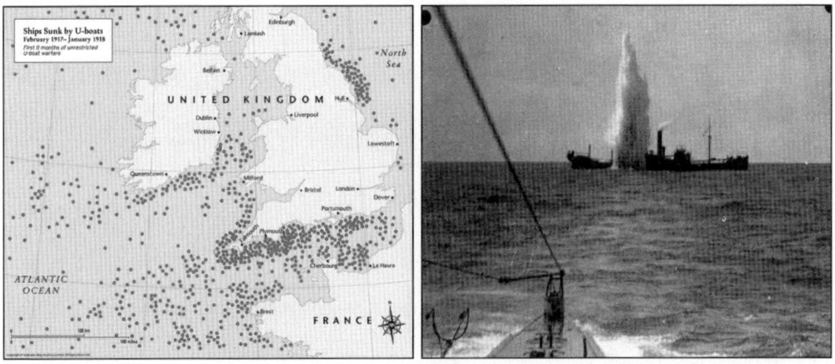

〈그림 3-38〉 독일군 U-Boat의 영국 상선 공격
1917년 2월부터 1918년 1월까지 1년간 영국 근해에서 독일군 U-Boat에 의해 격침된 상선의 위치를 표시한 지도(왼쪽)와 독일군 U-Boat의 영국 상선 공격 장면(오른쪽)

입에 의존하였다. 이러한 사정으로 전쟁을 하면서 어느 나라도 그랬지만 섬나라인 영국은 더욱 식량의 부족에 시달렸다. 이로 인하여 식량부족이 심각한 문제로 대두되었다. 이렇게 식량 자급율이 낮은 이유는 공산품을 수출하고 식량을 수입하여 해결하려는 영국의 정책 문제로 기인하였다. 이 문제는 평시라면 문제가 없을지 모르나 전쟁이 발발하면서 정부의 전쟁지속과 국민 생활의 안정을 발목 잡는 문제가 된 것이다. 독일도 영국의 이러한 취약점을 알고 식량을 포함하는 상선을 격침할 경우, 영국이 항복할 것으로 생각하여 U-Boat를 이용, 상선들을 무제한으로 공격하였다. (이는 일종의 경제전을 행한 것이다. 이 상황은 제2차 세계대전 당시에도 유사하게 반복되었다.)

상당 부분의 물자를 수입에 의존하였던 영국은 근해 일대에서 독일해군 잠수함의 공격으로 연합국과 중립국의 상선이 많은 피해를 입었다. 그 피해는 1914년에 100척 31만여 톤이었으나 이후에는 급증하여 그해에만 516척 130만여 톤, 1916년에 1,157척에 234만여 톤, 1917년에 2,676척에 623만여 톤, 1918년에 1,209척에 266만여 톤 등 총 5,658척 1,286만여 톤에 달하였다. 이 기간 독일군 U-Boat는 1914년 5척, 1915년 19척, 1916년 22척, 1917년에 64척, 1918년에 68척 등 총 178척이 활동하였다.[35)]

전쟁이 장기화되고 특히 독일의 무제한 잠수함전으로 수많은 선박이 격침됨으로써 식량을 포함한 물자 수입에 제한을 받게 되어 극심한 어려움에 직면하였다. 따라서 이런 문제점들을 해소하기 위하여 정부는 '식량성(Ministry of Food)'을 설치하고 식량 통제관을 임명하였다. 그런가 하면 식량 생산량을 늘리기 위하여 공터를 개간하는 등의 조치를 하였다.

식량 생산을 확대하기 위해 농지를 개발하고 1주일에 설탕 1파운드, 고기 1파운드, 버터는 몇 온스 등으로 생필품 배급제를 실시하여 난

〈그림 3-39〉 식량을 절약하면서 요리하는 방법을 홍보하는 자료

식량성에서 발간한 '전쟁에서의 승리를 위한 요리책'. 왼쪽 사진을 보면 "만약 여러분이 조금 덜 먹으면 완전한 승리를 할 수 있습니다"라고 강조하고 있다. 오른쪽 사진은 제1차 세계대전 요리책으로 식량을 절약하면서 요리하는 방법을 소개하고 있다.

35) 폴 그레이브 맥밀런, 『지도로 보는 제1차 세계대전』, p. 146.

국을 극복해 나갔으나 국민의 건강을 유지하기에는 부족하여 면역력이 약해지면서 질병에 취약하게 되는 문제점이 발생하여 이를 극복해야만 하였다. 또한 식량을 절약하면서 요리하는 방법을 알려주기 위하여 요리책을 만들어 배포하였다.

영국이 식량공급의 어려움을 해소하기 위하여 도입한 중요한 것은 배급제(Rationing)로, 이는 영국만이 아니고 전쟁 기간 중 대부분의 국가가 필요에 따라 시행하였다. 특히 해양국가인 영국에서는 평시 식량 자급율이 현저히 낮은 가운데 수입식량 등이 독일군의 잠수함 공격으로 바닷속으로 사라지면서 배급제는 생존을 위한 필수 대책의 한 가지

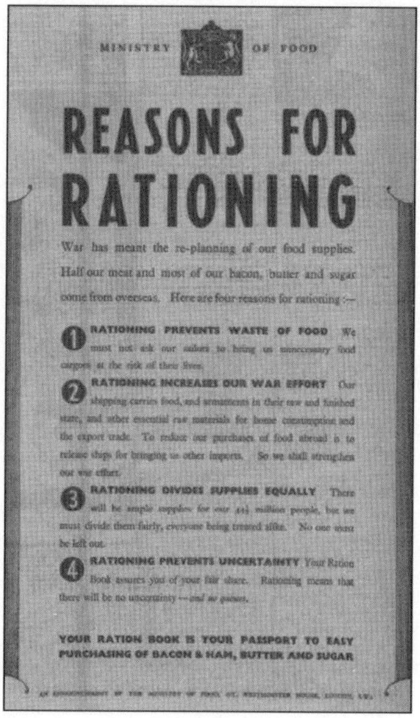

〈그림 3-40〉 배급제의 이유를 알리는 공고문

배급제를 실시해야 하는 이유로 첫째, 식량의 낭비를 방지하며, 둘째, 전쟁에서 승리를 위한 노력을 배가시키고, 셋째, 식량을 공평하게 나눠줄 수 있으며, 넷째, 전쟁의 불확실성을 예방하기 때문이라고 기술하고 있다.

였다. 1917년 한 해에만 해도 4척당 1척의 비율로 영국 상선이 격침될 정도로 그 피해가 발생하면서 식량이 고갈되어 갔다. 그해 자발적인 배급제가 시행되었지만 식량 사정이 악화되면서 가격이 1914년의 두 배가 되었다. 가난한 사람들은 기본적인 빵조차 살 여유가 없게 되었지만, 부유한 사람들은 식량을 사재기하면서 식품점은 일찍 문을 닫게 만들었다. 도시나 변두리의 빈민들은 토끼나 새를 식용으로 사용하였으며 어촌에서는 많은 고기를 잡기 위하여 어업활동이 독려되었다. 식량 부족으로 일부 지역에서는 폭동도 발생하였다.

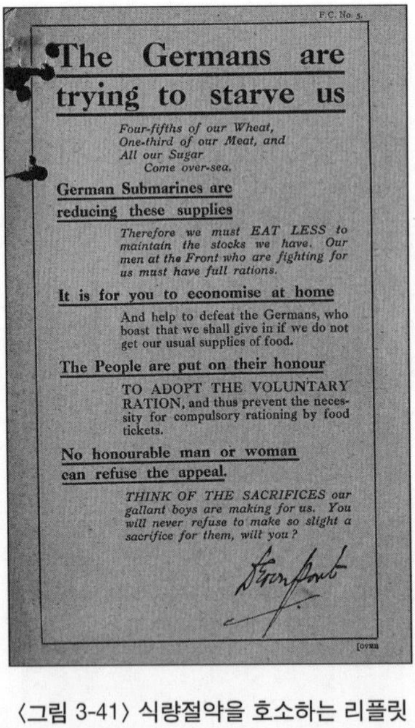
F.C. No. 5.

The Germans are trying to starve us

Four-fifths of our Wheat,
One-third of our Meat, and
All our Sugar
Come over-sea.

German Submarines are reducing these supplies

Therefore we must EAT LESS to maintain the stocks we have. Our men at the Front who are fighting for us must have full rations.

It is for you to economise at home

And help to defeat the Germans, who boast that we shall give in if we do not get our usual supplies of food.

The People are put on their honour

TO ADOPT THE VOLUNTARY RATION, and thus prevent the necessity for compulsory rationing by food tickets.

No honourable man or woman can refuse the appeal.

THINK OF THE SACRIFICES our gallant boys are making for us. You will never refuse to make so slight a sacrifice for them, will you?

[OVER

〈그림 3-41〉 식량절약을 호소하는 리플릿

식량성과 저축위원회에서 발행한 리플릿. 주요 내용을 보면, 영국은 밀의 4/5, 육류의 1/3, 모든 설탕을 수입에 의존하나 독일군 잠수함이 대서양에서 무제한 잠수함 작전으로 수입을 방해하고 있기 때문에 매우 어려운 상황임을 호소하면서 각 가정에서 이러한 상황을 극복해 가면서 정부의 배급제 시책에 자발적으로 협조해 주기를 부탁한다는 내용을 포함하고 있다.

식량 상황이 악화되면서 1917년 11월 정부는 식빵 가격을 통제하였지만 식량부족을 해소하기에는 효과적이지 못한 것으로 판명되면서 1918년 1월 설탕과 버터 등을 강제적으로 배급하기 시작하였으며, 모든 사람은 식량을 구입하기 위하여 쿠폰을 사용해야만 하였다. 정부는 배급제를 실시해야 하는 이유를 공고문을 통하여 국민에게 알리면서 참여를 호소하였다.

영국은 전쟁 기간 중 식량 조달에 많은 어려움을 겪었다. 이러한 이유로 식량성에서 발행한 팸플릿에서는 배급제가 필요한 이유를 앞에서 보는 바와 같이 언급하고 있다. 국내서 생산하는 곡물로 식량을 자급할 경우, 문제가 적겠지만 상당량을 수입하는 영국으로서는 전쟁이 장기화되고 식량을 수송하는 상선이 독일군 잠수함에 격침되는 상황이 빈번히 발생하자 배급제를 도입하지 않을 수 없었던 것이다. 배급제를 실시하면서 동시에 식량 절약을 호소하는 활동도 병행하였다.

배급제 시행과 더불어 식량 절약 홍보도 전쟁이 장기화되는 상황에서는 매우 중요한 정부의 활동이었다. 정부는 식량은 무기로서 낭비를 방지하자고 홍보를 하였으며, 주의하여 구입하고 낭비하지 않도록 요리하는 등으로 시민들의 절약을 강조하였다. 식량을 절약하기 위하여 "식사를 천천히 하면 빵을 덜 먹게 된다", "조용히 먹으면 빵을 덜 먹게 된다"와 같은 충고도 모두에게 권고되었다.

1918년 1월 설탕 배급에 이어 4월에는 육류, 버터, 치즈, 마가린이 배급되기 시작하였으며 여왕을 포함한 모든 사람에게 배급 카드와 쿠폰이 발급되었다. 또한 1주일에 육류 425g, 베이컨 142g, 버터 또는 마가린 113g, 설탕 226g 등의 양을 배급하였다. 이렇게 배급량을 배급하면서 가격 인상 문제의 해소와 더불어 식량을 받기 위한 대기행렬이 사

〈그림 3-42〉 식량 절약을 호소하는 홍보 포스터(1)

식량의 안정적 수급은 전쟁 승리에 있어 대단히 중요하였다. 왼쪽 사진은 "식량을 낭비하지 맙시다. 첫째, 충분히 생각하고 식량을 구입하고, 둘째, 낭비하지 않도록 요리에 주의하며 …, 여섯째, 집에서 재배할 수 있으면 가장 좋습니다", 중간에는 "식량은 무기입니다. 낭비하지 말고 현명하게 구입하며, 낭비하지 않도록 요리하고, 남기지 말고 다 먹읍시다", 오른쪽 사진은 "부엌은 승리의 열쇠입니다. 빵을 덜 먹읍시다"라면서 각각 식량 절약을 강조하고 있다.

라졌으며, 국민의 건강도 좋아지는 결과를 가져왔을 뿐만 아니라 부자나 가난한 사람이나 모두 같은 양의 식량을 받을 수 있다는 것이었다.

전쟁 당시 영국의 식량 사정이 얼마나 어려웠으면 위의 포스터와 같이 식량 낭비를 방지하기 위하여 다양한 문구의 글귀를 만들고 포스터를 제작하여 국민에게 알리고 참여를 촉구하였을까 하는 생각도 들지만, 당시 영국의 상황은 우리가 포스터로 보는 것 이상으로 심각한 상황이었다.

1918년의 밀 수확량 증가와 영국해군의 호송작전 성공으로 이후 배급 사정이 다소 완화되기는 하였지만 설탕과 버터의 배급은 1920년까지 지속되었다.[36] 배급제는 식량에만 국한된 것은 아니다. 석유와

---

36) 지금 영국의 밀 생산은 어떤 상황일까? 영국 농민연맹(NATIONAL FARMERS' UNION) 자료에 의하면 1914년에 170만 톤을 생산(자급률 19%)하였던 밀은 1차대전 종전 이후 100년이 지난 2013년에는 1,190만 톤 생산(자급률 83%)으로 향상되었다. (https://www.

〈그림 3-43〉 식량 절약을 호소하는 홍보 포스터(2)

왼쪽 사진에서는 "빵을 낭비하지 맙시다. 매일 빵 두 조각을 절약하는 것은 독일군 잠수함(U-Boat)을 격침하는 것과 같습니다"라고 하고 있고, 가운데 사진에서는 "밀을 절약하는 것은 해군을 돕는 것과 같습니다. 빵 소비를 줄입시다"라고 하고 있으며, 오른쪽 사진은 "빵의 낭비를 방지하고 더 요구하지 않는 것은 국가적 차원에서 식량을 절약하는 것과 같습니다. 매주 개인당 4파운드를 배급합니다"라고 하고 있다.

연탄도 공급량이 부족해지면서 사람들은 추운 겨울을 지내야 했으며, 특히 1917년은 전쟁 기간 중 가장 추웠던 시기로 적은 배급량을 갖고 이를 극복해야만 하였다. 석탄의 배급량은 가옥의 방 숫자에 따라 달리 적용되었으며, 전기 절약이 애국이라는 말도 나왔다. 법에서는 연료 및 전기 절약을 위하여 상점은 늦게 문을 열고 오후 9시에 문을 닫도록 강제하였다.

지역신문에서는 영농작업 관련 대담이나 학급단위 교육, 영농작업을 위한 토지사용법, 연료를 절약하는 요리법, 치즈 만드는 방법, 과일 통조림 만드는 방법, 채소 낭비방지 방법 등 다양한 내용의 기사들을 게재하면서 어려운 상황을 극복하기 위한 노력을 전개하였다.

---

nfuonline.com/the-few-that-fed-the-many -ww3-report/, 검색일: 2021.5.5).

6. 자원재활용

전쟁을 하는 동안에는 항공기와 함정, 탱크 및 야포 등의 전투 장비와 각종 탄약의 수요가 급증하게 마련이고 이에 따라 철강을 포함하는 각종 금속의 수요도 대폭 증가한다. 그러나 그 수요를 충족하기 위하여 철강이나 각종 금속의 생산을 하루아침에 늘리기는 쉽지 않다. 당시 철강생산량으로 전쟁지속능력을 유지하는 것이 쉽지 않은 상황에서 얼마나 많은 철강을 생산하는가는 어느 나라 할 것 없이 전쟁의 지속과 나가서 승리를 위해 대단히 중요한 문제였다. 제1차 세계대전 당시 영국의 철강생산량은 전쟁 전 1913년 650만 톤(미국: 3,180, 독일: 1,760, 프랑스: 340)으로, 독일에 비하여 많이 부족한 상황이었다. "이 전쟁은 철강전쟁이다. 전쟁의 승패는 철강의 생산량에 달려 있다"는 이 말은 이러한 상황

〈그림 3-44〉 코벤트리 무기공장의 야포 생산

당시 코벤트리는 무기와 탄약생산의 중심지였다. 영국은 전선에서 무기 및 탄약소요가 급증함에 따라 철강 생산량 증대와 자원재활용을 통하여 이를 해결하고자 노력하였다.

에서 1917년 탄약장관직을 맡고 있었던 처칠(Winston Churchill)이 한 말로, 그만큼 전함을 건조하고 화포와 탄약 등을 만드는 데 있어 철의 대량생산은 중요하였다.[37]

영국은 자체적으로 공장시설 확대 및 신설 등을 통하여 철강생산량을 늘리기 위한 노력 외에 공원 등 도처에 있는 철로 만들어진 자재를 수집하여 철강공장으로 보냈다. 예를 들어 런던의 공원에 있는 철제 난간도 회수하여 2만여 톤의 철강재를 만들기도 하였다.[38] (이러한 일은 전쟁 기간 중 영국뿐만 아니라 미국, 독일 등 대부분의 국가에서 유사하게 발생하였으며 철강이나 알루미늄 등의 금속제품에 국한되지 않고 식용유나 폐휴지, 폐고무 등으로도 확대되었다.)

7. 학생들의 전쟁 지원

보이스카우트(Boy Scout)는 영국의 전쟁 노력에 실질적인 도움을 준 청소년 단체 중 하나였다.[39] 보이스카우트 대원들은 전쟁 기간 중 철도 교량과 선로를 지켰으며, 전화선과 전신선, 철도역, 저수지 또는 군사적으로 중요할 수 있는 시설도 경비를 하였다. 1917년 후반부터 많은 대원이 민방공 임무도 지원하였다. 일부 대원들은 소방업무도 지원하였다. 전쟁이 발발하기 전에 출판된 스카우트 대원 안내서는 모든 대원이 "국가가 필요하다면 조국을 위해 목숨을 바칠 준비를 하라"고 지시하는 내용이 포함되어 있었는데 이러한 지침에 따라 여러 활동에 참여

---

37) Elisabeth Glaser, *'Better Late than Never', Great War, Total War,* Cambridge University, 2000, p. 389.

38) 스티븐 헤이워드 지음, 김장권 옮김, 『지금 왜 처칠인가?』, 서울: 중앙M&B, 1998, pp. 128~129.

39) https://www.iwm.org.uk/history/10-ways-children-took-part-in-the-first-world-war

한 것이다.

1910년에 설립된 여학생 지도협회는 전쟁 기간 중 프랑스 전역의 영국군에게 보낼 옷을 준비하고 공습이나 사고로 부상한 사람들이 사용할 수 있도록 응급처치도구를 준비하였으며, 병원이나 관공서와 군수공장 업무도 지원하였다.

독일의 무제한 잠수함 전쟁으로 영국은 식량과 원자재 공급에 있어 많은 어려움을 겪으면서 정부에서는 식량부족에 대처하기 위하여 자가에 과일과 채소를 직접 재배해 달라고 공개적으로 호소하였으며 학생들은 여기에도 참여하였다.

학생들은 용돈을 털어 전쟁 비용을 조달하는 운동에도 참여하였으며, 전쟁을 하는 데 필요한 철이나 알루미늄 등의 자원을 수거하는 자원재활용 활동에도 참여하였다. 일부 학생들은 군수공장이나 농장에서 승리를 위하여 노동력을 지원하였다. 교육부 장관은 아직 이러한 일을 하기에는 성숙하지 않은 학생들이 1917년 당시 60만여 명 참여했다

〈그림 3-45〉 학생들의 전쟁 지원 참여[40]

소방훈련 중인 보이스카우트 대원(왼쪽)과 복숭아씨를 수집한 걸스카우트 대원(오른쪽). 복숭아씨는 기름을 추출하기 위한 것이다.

40) hhttps://www.iwm.org.uk/history/10-ways-children-took-part-in-the-first-world-war (검색일: 2021.4.2)

고 하였다.

제1차 세계대전 이전 이른바 '해가 지지 않는 나라'인 영국이었지만 전쟁이 발발하면서 정부나 군의 노력만으로 승리할 수 없었다. 전쟁 초기에는 준비가 덜 되어 여러 가지 어려움을 겪으면서 병력을 동원하였고 전투 장비와 탄약을 만들면서 남성들의 빈자리를 메워 여성들이 그 역할을 하였으며 이러한 과정에서 많은 여성이 희생되는 일도 발생하였다. 군에서도 여성들은 사무원, 요리원 등의 역할을 하다가 점차 정비업무 등 다양한 역할로 확대하였다. 섬나라이다 보니 식량이 부족해지자 이를 해소하기 위하여 여성들이 농사를 짓는 다양한 역할로 기여하였다. 전쟁이 장기화되면서 비용이 급증하자 세금과 전시채권의 발행 등으로 이를 해결하였으며 이 과정에서 국민의 참여도 높았다.

전쟁 기간 중 포스터 등을 이용한 선전과 언론의 검열은 국민의 전쟁 의욕 고취와 독일군에 대한 적개심 고취에 있어 중요한 역할을 하였다. 1916년 솜므 전투에 관한 영화(The Battle of the Somme)는 특히 국내에서의 국민의 전쟁지원 노력이 어떻게 전장의 장병에게 도움을 주는지를 보여주면서 커다란 성공을 거두었다. (그러나 1916년 7월 1일~11월 18일의 솜므 전투에서 영국군은 전투 첫날 20,000여 명의 사상자가 발생하는 등 전 기간에 걸쳐 영국군은 36만여 명의 사상자가 발생하였다.)

그런가 하면 국가에서 부여한 의무가 없는 청소년이나 노년 및 장년층의 국민이 나서서 다양한 활동으로 전쟁의 승리에 기여하였다. 정부나 군의 노력만이 아니라 국민이 적극적으로 지원하였기 때문에 승리할 수 있었던 것이다.

영국은 협상국의 핵심으로 전쟁에서 승리하였다. 그러나 승리의 결과로 남은 것은 997,000명의 전사자와 210만여 명의 부상자 등의 인명피해 외 전쟁기간 중 사용한 전쟁비용으로 46억 달러의 대미 부채가 발생하였다. 그럼에도 전쟁이 영국의 승리로 끝나면서 국민은 이를 환영하였다.

〈그림 3-46〉 영국의 제1차 세계대전 승리를 기념하는 군대의 시가행진과 런던 시민

제3절 미국

1. 당시 미국의 상황

제1차 세계대전이 발발할 당시 미국 대통령은 윌슨(Woodrow Wilson)이었다. 당시 미국은 1823년 이래 대외적으로 먼로주의를 택하여 고립

The New York Times. EXTRA

LUSITANIA SUNK BY A SUBMARINE, PROBABLY 1,260 DEAD; TWICE TORPEDOED OFF IRISH COAST; SINKS IN 15 MINUTES; CAPT. TURNER SAVED, FROHMAN AND VANDERBILT MISSING; WASHINGTON BELIEVES THAT A GRAVE CRISIS IS AT HAND

〈그림 3-47〉 루시타니아 침몰사건을 보도한 신문

1915년 5월 7일 아일랜드 인근에서 독일군의 잠수함 공격으로 침몰하고 있는 루시타니아 호의 모습과 루시타니아호 침몰을 보도한 1915년 5월 8일의 New York Times로 1,260명 사망 가능성을 보도하고 있다.

주의를 유지하고 있었던 기조에 따라 전쟁에 개입하지 않으면서 중립적인 태도를 견지하고 있었다.

1915년부터 독일군의 무제한 잠수함 작전으로 영국의 함선은 물론 1915년 5월 7일 아일랜드 인근에서 발생한 독일군 U-Boots의 루시타니아(Lusitania)호 격침사건으로 미국인을 포함하는 다수의 인명손실이 발생하여 여론이 악화되었다. 그러나 독일군이 무제한 잠수함 작전을 일시 중지하면서 미국의 여론은 잠잠해졌다.

1917년 1월 16일의 짐머만 전보사건은 미국의 여론을 악화시키면서 참전을 앞당기는 역할을 하였다. 당시 독일 외무장관인 짐머만이 멕시코 주재 독일대사에게 비밀 전보를 보냈는데, 이를 영국 해군정보부에서 감청하여 해독하였다. 그 주요 내용에는 멕시코가 독일과 비밀동맹을 맺고 미국과 전쟁을 할 경우, 승리한다면 멕시코에 뉴멕시코, 텍사스, 애리조나 등의 영토를 주겠다는 등을 포함하고 있었다. 영국은 이러한 내용을 미국에 알렸고, 3월 1일 신문이 이를 보도하였다(〈그림 3-48〉).

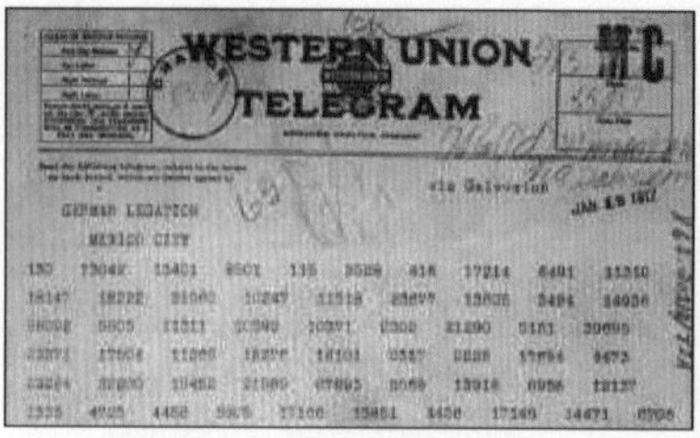
WESTERN UNION
TELEGRAM
via Galveston
GERMAN LEGATION
MEXICO CITY

The New York Times.
GERMANY SEEKS AN ALLIANCE AGAINST US;
ASKS JAPAN AND MEXICO TO JOIN HER;
FULL TEXT OF HER PROPOSAL MADE PUBLIC

〈그림 3-48〉 짐머만 전보 사건을 보도한 신문

1917년 1월 16일, 독일의 외무장관인 짐머만이 멕시코 주재 독일대사에게 보낸 비밀 전보문으로 멕시코 정부에게 미국에 대항하는 동맹을 제안하라는 지시가 포함되어 있었다. 오른쪽은 독일이 멕시코에 보낸 전보 관련 내용을 보도한 New York Times의 1917년 3월 1일자 신문. 독일이 일본과 멕시코에 독일 측에 합류할 것을 요청한다는 내용이 있다.

3월 17일 미국의 상선 '비질렌티아(Vigilentia)'호가 격침되자 3월 20일 윌슨 대통령은 독일해군의 무제한 잠수함전을 더 이상 묵과할 수 없음을 느끼면서 협상국의 일원으로 참전하기로 결심하였다.[41)]

1917년 4월 2일, 윌슨 대통령은 "세계는 민주주의를 위해 안전하게 만들어져야 한다"고 주장하면서 "모든 전쟁을 끝내기 위한 전쟁(The War To End All Wars)"임을 강조하여 의회에 독일과의 전쟁을 선포할 것을 요청하였고, 의회는 이를 압도적으로 찬성(상원 82:6, 하원 373:50)하였다.

당시 뉴욕타임스는 "국회의사당에서 한 번도 환호를 받은 적이 없어 그를 응원한 청중 앞에서, 대통령은 협상국에게 거리낌 없이 많은 미국인을 참여시키고 독재와 민주주의 사이의 문제가 해결될 때까지 끝나지 않는 전쟁을 선포하였다"고 하였던 것처럼 미국은 협상국으로 참전하였다.

이 시기는 러시아에서 1917년 10월 볼셰비키 혁명이 일어나면서 협상국에서 이탈한 뒤 영국과 프랑스가 고전을 하지 못하여 독일군이

41) 미국사연구회, 『미국역사의 기본자료』, 서울: 대림문화사, 1992, pp. 233~236.

The Evening Star.

U. S. AT WAR WITH GERMANY;
PRESIDENT SIGNS RESOLUTION

EXECUTIVE IN PROCLAMATION
CALLS ON ALL CITIZENS AND
OFFICERS TO SUPPORT NATION

PRESIDENT PROCLAIMS WAR
BETWEEN U.S. AND GERMANY
CALLING CITIZENS TO COLORS

〈그림 3-49〉 미국의 대독일 선전포고를 보도한 신문

1917년 4월 2일, 윌슨 대통령이 의회에서 대독일 선전포고를 요청하고 있는 모습(왼쪽)과 독일과 전쟁상태에 돌입함을 보도하는 Evening Star(오른쪽).

우위를 차지하는 것처럼 보이던 시기였다. 이러한 상황에서 미국의 협상국 참여는 영국과 프랑스의 전쟁 수행에 커다란 도움을 주었다.

2. 병력 확대

미국이 제1차 세계대전에 참전한 기간은 1917년 4월부터 1918년 11월까지 1년 반 정도에 불과하다. 미국은 당시 국민총생산액(GDP)을 볼 때 1914년 기준 370억 달러(영국: 110억, 독일: 120억, 프랑스: 60억)로 경제대국에 올라서 있었지만 군사력에서는 아직 중진국 수준에 머물러 있었다. 병력은 1914년 전쟁 발발 이전 기준으로 16.4만여 명(영국: 53.2만, 독일: 89.1만, 프랑스: 91만)에 불과하였고, 해군 군함에서도 98만여 톤으로 영국(271만 톤)이나 독일(130만 톤)에 비해서도 열세였다. 전쟁이 장기화되어 가면서 참전 1년 전인 1916년 6월, 정부는 의회에 미국이 전쟁에 대비하여 정규군을 22만여 명, 주 방위군을 45만여 명으로 증강하도록 '국가방위법(National Defence Act)'을 승인해줄 것을 요청하였고, 의회는 이를 가결하여

군이 전투준비를 갖춰 나갈 수 있도록 하였다.

1917년 4월, 미국이 참전을 결정하면서 5월 연방정부는 '선택징병법(Selective Service Act)'을 제정하고, 군을 확장하고자 병력을 징집하기 시작하여 2,400만여 명이 징집을 위해 등록하였고, 이 가운데 370만여 명에게 징집통지를 하여 280만여 명이 복무하였으며, 전체적으로는 4,791,172명(육군: 4,176,297, 해군: 614,875)이 현역으로 징집되어 군에 복무하였다.[42] 1918년 11월 전쟁이 끝날 무렵에는 200만여 명이 유럽 전선에 참전하고 있었다. 병력 규모가 증가하면서 비용지출도 급증하여 1915년 국민총생산액의 1%를 사용하던 국방비는 4년 동안 무려 14%로 증가하였다.[43]

〈표 3-3〉 제1차 세계대전 당시 미군병력의 증가[44]

구분	1917년 4월(참전 직전)	1918년 11월(종전 당시)
계	378,619	4,791,172
육군	291,880(정규군: 127,588, 주방위군: 164,292)	4,176,297
해군	86,739(해군: 69,029, 해병: 13,599)	614,875

1917년 4월, 참전을 결정하였을 당시에도 육군이나 해군전력은 그 즉시 전쟁에 참전해도 될 정도로 전투 장비와 탄약은 물론, 훈련 등 모든 면에서 준비는 미흡하였다. 육군을 보면, 비록 정부가 참전하기로 결정하였다고 할지라도 빠른 시간에 병력을 파견하기에는 평시부터 유

42) 차상철 외, 『미국외교사』, pp. 266~267.

43) Julian E. Zelizer, *Arsenal of Democracy: The Politics of National Security- From World War II to The War on Terrorism*, Basic Books, 2010, p. 28.

44) Marvin A. Kreidberg, *History of Military Mobilization in the United States Army 1775~1945*, Department of the Army, 1995, p. 247.

지하고 있었던 병력 규모가 너무나 작았고, 무슨 훈련을 어떻게 해야 할 것인지, 파병할 시 얼마나 많은 병력을 어떤 규모로 편성하여 보내야 할 것인지 그 규모와 어디서 임무를 수행할 것인지, 전투 장비와 탄약은 어떻게 할 것인지, 병력 투입 시 필연적으로 대두될 영국 및 프랑스군과의 지휘체계는 어떻게 할 것인지, 보급체계는 어떻게 할 것인지 등 대두될 문제가 한두 가지가 아니었다.

그중에서도 먼저 대두된 것이 부대 확장에 필요한 병력을 모집하는 것으로, 이를 위한 대상에는 국가방위법에 주 방위군과 정규예비군, 예비역 장교단 및 무관후보생(ROTC), 사병예비군 등을 포함하고 있었는데 이들을 대상으로 지원병을 모집하여 병력을 충원하였다.

병력 충원을 위하여 길거리에서는 군의 지원을 독려하고자 각종의 표어가 나붙었다. "나는 당신이 미국군에 지원하기를 바랍니다(I Want You For U.S ArmyI Want You For U.S Army)"라는 표어는 전쟁 시기에 국가에

〈그림 3-50〉 미 육군 모집 홍보 포스터

병력지원 호소를 위한 포스터. 왼쪽 사진에는 "미 육군을 위하여 여러분이 필요합니다, 가까운 모병사무소에 지원하세요" 가운데 사진에는 "가정과 국가를 위하여 육군에 참여하세요", 오른쪽 사진에는 "미국이여! 오늘 깨어나기 바랍니다"라는 문구가 보인다.

〈그림 3-51〉 미 해군 및 해병대 모집 홍보 포스터

왼쪽 사진을 보면, "내가 남자라면 해군에 입대할 텐데!!! 해군이나 해상방위대에 참여하세요"라고 하여 감성에 호소하고 있다. 가운데 사진에서는 "1917년의 정신: 미 해병대에 입대하는 것입니다", 오른쪽 사진에서는 "해군에서는 여러분을 필요로 합니다. 미국의 역사를 읽지 말고 입대하세요"라는 문구가 보인다.

대한 미국인의 생각을 다시 하게 만들었고, 이를 계기로 군은 규모를 확대하여 나가는 데 필요한 병력을 보충할 수 있었다.

이 병력을 편성하고 훈련을 하면서 신속히 유럽의 전선으로 파견할 방법은 연대나 사단급으로 편성하여 이미 전쟁을 통해 숙달된 영국과 프랑스 연합군의 참모조직 아래 연합군 군수 조직의 지원을 받아서 소위 '혼합된 부대(Amalgamated units)'로서 임무를 수행하는 것이었다. 그러나 이는 전통적으로 미국인의 자존심에 반하는 것이며, 군대의 반대에 부딪혀 어렵게 되자 성조기 아래 독립된 부대로 작전을 수행하기로 결정하였다.

이렇게 파병 병력을 모집하는 한편으로 훈련소에서는 파병을 위한 훈련을 실시하였다. 훈련병들은 소총 등의 개인화기는 물론 기관총 등의 공용화기 사용법을 익혔으며 제대별 전술을 훈련하였고 이렇게 파병 준비를 마친 뒤에는 파병 환송 행사를 열어 유럽의 전선으로 떠나

〈그림 3-52〉 참전 독려를 위한 1917년 4월 뉴욕의 시가행진[45]

〈그림 3-53〉 프랑스 전역 파병을 준비하는 미군

왼쪽 사진은 파병 전 뉴욕 훈련소에서 기관총 사격 훈련을 하는 모습이며, 가운데 사진은 1917년 8월 미 27사단 파병환송식 모습이며, 오른쪽 사진은 파병 전 가족 및 친지와 이별하는 병사이다.

는 장병을 격려하였다. 미 병력이 본토를 넘어 유럽대륙으로 전투를 위하여 출병하는 역사상 처음이 된 것이며, 전쟁이 바야흐로 독일로부터 협상국으로 주도권이 전환되는 계기가 되었다.

1917년 6월 24일, 미국은 성조기 깃발 아래 퍼싱 장군을 지휘관으

45) J. M. Winter, *The Experience of World War I*, New York: Oxford University Press,

〈그림 3-54〉 프랑스 전역의 미 원정군
왼쪽 사진은 1917년 6월 프랑스에 도착한 미 원정군이며, 가운데 사진은 미 원정군 1사단 보병부대의 전투 장면이고, 오른쪽 사진은 사격임무 중인 미 원정군의 포병부대이다.

로 '미 원정군(American Expeditionary Force, AEF)'을 프랑스 전역에 보내기 시작한 이래 그 규모는 1918년 5월에는 43만여 명, 5월 말에는 65만여 명에 달하였다. 이렇게 미국이 파견한 병력은 전쟁이 끝날 무렵 1918년 11월에 42개 사단에 달하였으며, 그중에서 29개 사단(7개 정규사단, 11개 주방위군 사단, 11개 소집사단 등)이 실제 전투에 투입되었다.

프랑스 전역에 파견된 미군은 짧은 시간에 징집하여 편성된 부대이다 보니 훈련을 충분히 하지 못하여 전투 능력이 제대로 발휘되기에는 여러 가지로 미흡하였으며, 이들은 당시 프랑스에서 항공기와 중포 등의 장비를 빌려서 무장하였다. 미군이 파견된 초기에 그들은 독일군을 충분히 격파할 정도로 장비편성이나 훈련이 되어 있지 못하였다. 미군은 파병 후 1년 정도의 시간이 경과하고 전투에서 익숙해진 1918년 가서야 제대로 전투력을 발휘하기 시작하였으며 5월 28일 최초로 독립작전에서 승리하였다.

해군도 초기에는 영국이나 독일처럼 강력한 해군력을 보유하지 못한 가운데 상황의 변화에 부응하여 해군력을 강화하기 위한 해군건

1995, p. 59.

설장기계획을 추진하면서 함정을 건조하기 시작하였고, 이것은 장차 미국이 대규모의 해군력을 갖는 움직임으로 변화하였다. 의회는 1916년 이를 '2위의 함대(A Navy second to none)'와 한층 향상된 지상군을 보유하도록 뒷받침해 주었지만, 그러나 이런 조치들이 효과적으로 시행도 되기 전에 미국은 전쟁에 개입하게 되었다.[46)]

미국은 먼저 6척의 해군함대를 파견하였다. 이를 위해 윌리엄(William S. Sims) 제독이 런던으로 파견되어 영국의 대잠능력을 강화하기 위해 협조를 시작하였으며, 아울러 프랑스 전역으로 미군 수송을 위한 업무도 협조하였다.

1917년 4월 미국의 참전 결정은 협상국에게 결정적으로 유리한 상황을 만들었다. 당시 러시아는 1914년 8월의 타넨베르크 전투에서 참패한 뒤 국내에서 정치적 혼란마저 겹치면서 전쟁을 계속하기에는 한계점에 다다르고 있었고, 영국과 프랑스도 2년 이상 지속되는 전쟁에서 병력을 포함하여 수많은 자원을 사용하여 더 이상 전쟁을 지속하기에는 한계점에 다다르고 있었다. 이런 때에 미국이 협상국을 지원함으로써 영국이나 프랑스는 심리적으로 안정되었을 뿐만 아니라 물질적으로도 전쟁지속능력을 확대할 수 있었다.

3. 여성의 전쟁 지원

제1차 세계대전 당시 미국은 유럽 전선과는 대서양을 사이에 두고 멀리 떨어져 있으면서 프랑스처럼 전국이 직접 전쟁에 휘말린 것도 아

---

46) David Trask, "The Entry of the USA into the War and its Effects," *The Oxford Illustrated History of The First World War*, New York: Oxford University Press, 1998. p. 241.

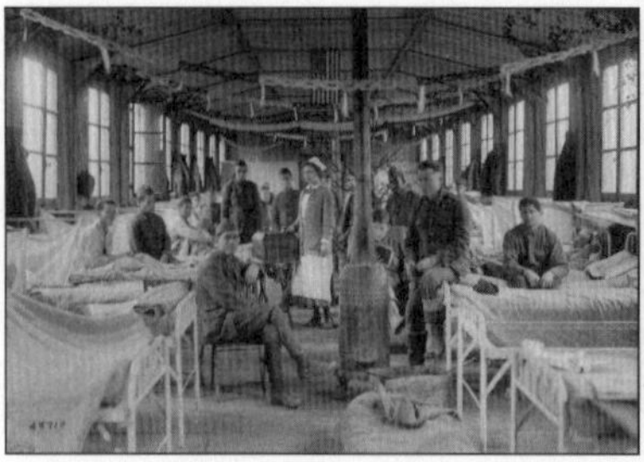 

〈그림 3-55〉 프랑스 전역에 파견된 미 여군
프랑스에서 임무수행 중인 여성으로 왼쪽 사진은 간호원이고 오른쪽 사진은 전화교환원으로, 이들은 당시 'Hello Girls'라고 불렸다.

니다. 그럼에도 대규모의 병력동원 외에도 전쟁 기간 중 군은 물론 산업 및 영농현장에서 여성의 역할이 전쟁을 승리로 이끄는 데 기여하였다.

먼저 군에서의 여성의 역할이다. 당시 여성들은 공식적인 여군의 자격으로 군대에 입대하는 것이 허락되지 않았지만, 많은 여성이 지원하여 입대하였다. 전쟁이 진행되는 동안 21,498명의 미군 간호사(당시 육군 간호사는 모두 여자였다)가 미국과 해외의 군 병원에서 복무를 하였다. 이 여성 중 많은 수가 전투현장 인근에 배치되어 부상한 장병을 간호하였다.

전쟁 기간 중 400여 명 이상의 미군 간호사들이 목숨을 잃었다. 이 여성의 대부분은 '스페인 독감(Spain Flu)'으로 사망하였는데, 그 이유는 군 병영과 병원 등에 독감이 만연하였기 때문이었다.[47]

육군 통신부대의 경우 당시 미 원정군 사령관 퍼싱(John J. Pershing) 장군의 요청으로 200여 명의 미국 여성들이 AEF는 물론 영불 연합군과의 통신을 가능케 하기 위하여 프랑스 전선에 파견되었다. 이를 위하여 미

---

47) David F. Burg and L. Edward Purcell, *Almanac of World War I*, The University Press of Kentucky, 2003, p. 236. 1918년 8월 이래 미군은 316,089명이 독감에 걸렸으며, 이 가운데 53,449명은 폐렴에 걸렸다. 미국과 유럽에서 독감으로 사망한 미 원정군은 12,423명으로 알려지고 있다.

국 전화회사는 불어를 구사하는 미국 여성을 선발하여 교환업무를 훈련하였으며, 그들은 프랑스에 파견되어 제복을 착용하고 근무하였고, 일부는 전선에 근접한 지역에서도 근무하였다.[48] 이렇게 파견된 여성들은 'Hello Girls'로 불렀다.

다른 민간 여성들은 계약직 사무직 직원과 자원 봉사자로 육군에서 일하였다. 그들은 프랑스에서 파견된 원정군 지휘 아래 민간인 신분으로서 6,000여 명이 사무원, 타이피스트, 속기사, 번역사, 매점 판매원 등으로 근무하였다.[49]

1916년 해군 장관 다니엘스(Josephus Daniels)는 미국이 전쟁에 참전하여 남성이 유럽전선으로 파병될 경우, 여성이 남성이 하였던 일을 할 수 있을지에 대하여 문의를 하였다. 그는 1917년에 "내 생각에는 미국 여성들이 전쟁에 성공적으로 기여할 부분이 많으며, 이는 과대평가될 수 없다"고 하면서 여성의 전쟁 지원 가능성에 대한 공개 발언으로 해군에서 여성의 필요성을 공론화하였다.

해군장관의 요구에 따라 13,000여 명이 입영하였다. 그들 대부분은 워싱턴 D.C.에서 일하였지만, 일부는 군수공장에서 일하였고 일부는 무선 기술자로도 업무를 하였다. 특별 임무에 배정된 여성들은 전쟁 비용을 조달하는 데 도움이 되도록 자유채권(Liberty bonds)을 판매하는 업무에도 종사하였다.[50]

---

48) http://www.socialstudies.org/sites/default/files/publications/se/5802/580206.html (검색일: 2019.3.22)

49) https://history.delaware.gov/exhibits/online/WWI/Women-roles-ww1.shtml (검색일: 2019.3.22)

50) http://www.socialstudies.org/sites/default/files/publications/se/5802/580206.html (검색일: 2019.3.22)

〈그림 3-56〉 미 여성 해군 및 해병 모집 홍보 포스터

왼쪽 사진은 "호외: 미 해군은 지금 여러분을 필요로 합니다. 징집소에 지금 지원하세요", 오른쪽 사진은 "우리의 명예를 드높입시다. 미국을 위하여 싸웁시다. 육군, 해군 및 해병대에 지원하세요"라는 문구가 보인다.

〈그림 3-57〉 미 여성 해병대원 모집 홍보 포스터와 대원

왼쪽 사진은 "만약 여러분이 적과 싸우기를 원한다면 해병대에 지원하기 바랍니다"라는 문구가 보인다. 오른쪽은 미 여성해병대원들이다.

해병대도 해군과 비슷한 시기인 1917년 8월, 공식적으로 여성들을 모집하기 시작하여 305명의 여성 해병대 예비역을 받아들여 해병대원들을 전선에 보낼 수 있도록 사무원 및 전화교환원 등의 업무를 수행하였다.

〈그림 3-58〉 무기공장의 여성 노동자

무기공장에서 일하는 여성들의 모습이다. 왼쪽 위 사진은 기관총 제조공장, 오른쪽 위 사진은 메사추세츠 병기공장, 왼쪽 아래 사진은 콜 권총 제조공장, 오른쪽 아래 사진은 코네티컷의 기관총 제조공장이다.

남성들이 동원되면서 산업현장에서 여성들의 고용도 늘어나기 시작하였다. 예를 들면 1913년에는 코네티컷주의 경우 169,677명이 공장에 일하고 있었으며, 이 중 43,380명은 여성이었다. 이후 1917년까지 코네티컷에 고용된 사람들의 수는 355,994명으로 증가했고, 그 가운데 86,991명이 여성이었다. 이렇게 증가한 여성들은 대개 30세 이하의 젊은 나이였다.[51]

유럽지역에서는 전쟁이 진행되면서 식량 생산이 급격히 감소되었다. 여기에 농토마저 황폐화되어 가면서 미국의 지원이 필요한 상황이

51) https://library.ccsu.edu/dighistFall16/exhibits/show/industry-ct-ww1/women-in-the-factories (검색일: 2019.3.22)

〈그림 3-59〉 Victory Garden 홍보 포스터

영농활동을 권장하는 포스터이다. 왼쪽 사진은 “전시 영농을 통하여 가정에서 채소를 재배할 것을 권한다”, 오른쪽 사진은 “전시 영농운동에 등록해 주세요. 식량이 전쟁의 승리에 기여합니다”라는 문구가 보인다.

되었다. 이에 따라 미국에서는 1917년 3월 팩(Charles L. Pack)이 ‘승리 정원(Victory Garden)’ 캠페인을 시작하였다. 이 캠페인에 따라 가용한 공원이나 주택지역의 가용 공간 등 토지를 이용, 농산물 생산을 늘리기 위한 운동을 전개하여 1918년에는 520만 회원이 가입하였으며 농산물 생산량도 전쟁 말기에는 12억 달러를 초과하였다. 윌슨 대통령은 “식량이 전쟁의 승리에 기여한다(Food will win the war)”[52]고 하여 이 노력을 지원하였으며, 대통령 지시에 의하여 전쟁성(War Department)에서는 이 캠페인을 재정적으로 지원하였다.[53]

다음은 영농현장에서의 여성의 역할이다. 영국에서 여성영농군이 활동하였던 것처럼 미국에서도 Women’s Land Army in America(WLAA)

52) “식량이 전쟁의 승리에 기여한다;” 이것은 제1차 세계대전 동안 더 많은 식량을 생산하도록 장려하기 위해 사용된 구호였다. 제2차 세계대전 중에도 식량의 중요성에 같은 모토가 되풀이되었다.

53) https://www.history.com/news/americas-patriotic-victory-gardens (검색일: 2021.3.22)

활동이 전개되었다. 이들은 1917년부터 1919년까지 42개 주에서 조직되었고 2만여 명 이상의 여성이 참여하였는데 이는 영국에서 'Land Girls'로 알려진 여성영농군으로부터 영감을 받은 것이다. 미국에서 WLAA의 여성들은 '파머레트(Farmerette)'로 알려졌으며, 그들의 활동은 애국심과 여성의 전쟁 노력에 연관되어 있다. WLAA의 많은 여성은 대학 교육을 받았고, 대학과도 연계되어 있으며, 그들 중 대부분은 전에 농장에서 일한 적이 없는 대학생과 교사 및 비서, 계절적인 직업이나 직업을 가진 사람들로 구성되었다.

WLAA는 지역 및 주 차원에서 운영되었다. 초기 농업 분야에서 여성에 대한 편견과 성차별 때문에 많은 중서부와 남부 농부들과 지역사회들은 WLAA의 도움을 거절하였다. 그러나, 1918년까지 20개 주에 걸쳐 15,000명의 여성이 농업 훈련과 교육 프로그램에 참여하였으며 캘리포니아와 코네티컷, 컬럼비아, 메릴랜드, 미시간, 네브래스카, 뉴햄프셔, 뉴저지, 뉴욕, 로드아일랜드, 버지니아, 뉴햄프셔 등에서는 농업을 위한 훈련을 제공하였다.

WLAA는 정부 자금이나 지원을 받지 못하였다. 대신, WLAA는 비영리 단체나 대학의 도움으로 활동하였다. 1918년 2월, 미국의 여성 영농군의 농부를 위한 제2판을 출판했는데 그 팸플릿은 농부들이 여성 농장 노동자들을 고용하는 것에 대해 가지고 있는 일반적인 질문에 답하는 것을 목표로 하였다. 또한 'Help for the Farmer'는 여성들이 할 수 있는 농업 기술 목록을 제공하였다. 제1차 세계대전 후 정부의 자금과 지원의 부족으로 WLAA는 1920년에 해체되었다.

〈그림 3-60〉 WLAA 홍보 포스터(위)와 활동 모습(아래)

4. 전쟁 비용의 조달

다음은 제1차 세계대전 기간 중 미국의 전비조달에 관한 것으로, 먼저 조세제도를 통하여 조달한 것이다. 정부는 전쟁이 발발하기 전년도인 1913년에 소득세를 도입하였다. 1913년의 세법에서는 법인소득세를 부과하도록 하였고, 미혼자는 2,000달러, 기혼자는 3,000달러를 기준으로 1%의 소득세를 부과하였다.

유럽에서 전쟁이 발발하면서 연방정부의 관세징수 차질로 정부 운영에 문제가 발생하자 조세제도 개편을 통한 전비조달의 필요성이 제기면서 긴급소득세법이 1914년 10월 시행되어 은행가, 중개업자, 위락시설 소유자, 중개상인, 담배판매상 등에 부과되었으며, 아울러 전신사용료 및 전화통화료, 향수 및 화장품 구입, 껌 같은 곳에도 새로운 세금이 부과되었다. 포도주와 술의 세금도 50% 인상됐으며 탄산수에도 새로운 세금이 부과되었다.

1915년 점차 상황이 악화되면서 군비증강 목적으로 면세기준을 기혼자는 4,000달러에서 3,000달러로 낮추었고, 미혼자는 3,000달러에서 2,000달러로 인하하였으며, 자동차와 휘발유 등의 제품에는 물품세를 부과하였다.

1916년 9월에 새로운 소득세법이 시행되었다. 이 법은 육군과 해군 군사력 증강을 위해 제정된 법으로 부동산세, 상속세, 탄약제조업자에 대한 과세 등 세금을 부과하는 항목과 화폐발행에 관한 사항을 포함하였다.

탄약생산업자들에게는 탄약생산 및 납품에 따라 막대한 이익이 남는 만큼, 고율의 세금을 부과하여 이를 통해 전비의 대부분을 기업들이 부담토록 하자는 주장으로 이른바 'Pay-go' 즉, 부담이 가능한 조항을 적용하여 전비를 조달하도록 하였다.

1917년 4월 참전하면서 법인에게는 이익의 8%를 초과이익세로 징수하였고, 재산상속에 따른 세율로 50%를 부과하였다. 소득세는 개인당 종전의 2,000달러에서 1,000달러(결혼 시 2,000달러)로 하향 조정하면서 그 이하는 면제하고 추가로 어린이 1명당 200달러의 면세점을 부여하였으며 소득 수준에 따라 세율을 차등 적용하였다. 이러한 조치들로 납세자는 500만여 명이 증가하였다.

특별세 항목신설에 따라 물품세가 사업가, 중개인, 극장소유주, 곡예단, 볼링장 등에 부과됐으며, 술을 만들거나 주류반입이 금지된 지역에 사업목적으로 술을 반입하다 적발된 사람에 대해서도 1,000달러의 벌금을 부과하였다.

보석이나 시계, 상아제품 등의 사치품에도 고율의 사치세가 부과되었고, 종전에는 아편을 제조하거나 분배하는 사람들에게 포괄적으로 연 1달러씩 받던 것을 도매상에게는 연 120달러, 수입상이나 제조자와 생산자에게는 24달러, 소매상에게는 6달러, 의사와 직업상 이를 다루는 사람에게는 3달러를 부과하였다. 한편 개인이나 법인에게는 일정한 소득 이상의 이익이 발생하였을 경우 초과이익세가 부과되었는데 이는 커다란 성공을 거두면서 정부에 많은 수입을 안겨 주었다.

1916년의 상속재산 관련법으로부터 개정을 거쳐 법에서 정한 세율을 보면 재산 상속액에 따라 상속세율을 달리하여 상속세액이 높아질수록 상속세율도 인상하였다.

1919년 연방정부의 조세 수입 가운데 75% 정도가 소득세와 초과이익세, 재산세로부터 징수되었다. 연방정부의 조세수입은 1916년 10억 달러가 안 되던 것이 1920년에는 50억 달러에 달하였으며 이는 부유층이나 기업에 대한 높은 수준의 세금부과는 물론, 많은 국민이 세금을 부과하였다는 것을 의미하였다.[54]

다음은 채권을 발행하여 전비를 조달한 것으로, 정부는 전비를 조달하기 위해 4차례에 걸쳐 자유채권(Liberty Bonds)을 발행하는 '자유채권법(Liberty Bonds Act)'을 제정하였다. 1차 자유채권은 1917년 5월 14일 3.5%의 이율로 50억 달러를 발행하였으며, 이것만으로 충분하지 못하자 2차 자유채권을 그해 1917년 10월에 30억 달러를 4%의 이율로 발행하였다. 그래도 부족하자 제3차 자유채권으로 30억 달러를, 4차 자유채권으로 60억 달러를 각각 4.25% 이율로 발행하였으며, 여기에 그치지

---

54) Robert D. Hormats, *The Price of Liberty: Paying for America's Wars from the Revolution in the War on Terror*, New York: Time Books, 2007, op. cit., p. 121.

〈그림 3-61〉 전시채권 판매 홍보 포스터

"당신은 100% 확실한 미국인인가요? 그렇다면 이를 증명하기 위하여 미 정부 채권을 구입하기 바랍니다!"라는 등의 문구가 보인다.

않고 승리채권도 발행할 수 있도록 법(Victory Liberty Loan Act)을 제정하고 45억 달러를 3.75~4.75%로 발행하였다.

채권을 판매하기 위하여 당국에서는 다양한 문구를 만들어 국민에게 호소하였다. 예를 들면, "당신은 100% 확실한 미국인인가요? 그렇다면 이를 증명하기 위하여 미 정부 채권을 구입하시기 바랍니다!(Are you 100% Americans? Prove it! Buy U.S. Government Bonds!)?"라든가 또는 "참전하거나 아니면 채권을 구입해 주시기 바랍니다!(Fight or Buy Bonds!)"라는 등 다

〈그림 3-62〉 제1차 세계대전 당시 미국의 전시채권

1917년에 발행한 액면가 50달러 자유채권(왼쪽)과 1919년에 발행한 액면가 100달러 자유채권(오른쪽).

양한 문구가 새겨진 포스터를 제작하여 국민에게 호소한 것이다.55)

다음의 〈그림 3-63〉은 미국의 뉴잉글랜드 지역에서 자유채권을 판매하여 모집한 전비를 보여준다. 이를 보면 뉴잉글랜드에 할당(New England Quotas)된 1~4차 자유채권의 양과 이를 초과하여 달성한 판매액 및 판매에 참여한 국민의 수와 1인당 평균적으로 구입한 금액을 보여주면서, 지금까지 달성한 자랑스러운 기록으로 자부심을 가져도 좋을 것이라고 하고 있다.

미국은 전쟁 기간 중 4차에 걸쳐 자유채권 및 1회 승리채권을 발행하였으며, 각각의 발행조건 및 판매목표와 판매액, 이를 구입한 시민의 수 등을 보면 다음의 〈표 3-4〉와 같다.

55) Ibid, p. 122.

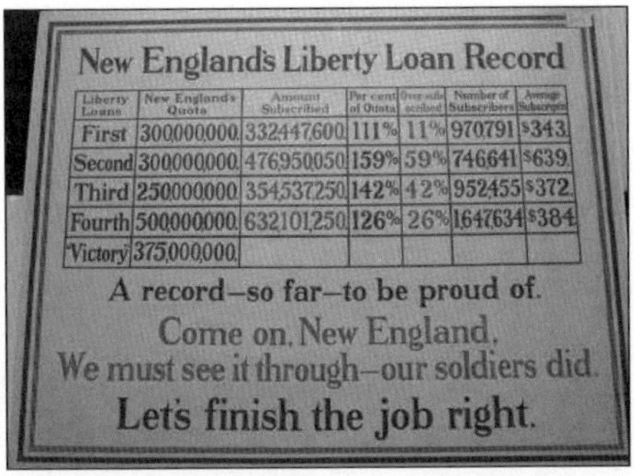

〈그림 3-63〉 뉴잉글랜드 지역의 자유채권 판매기록

뉴잉글랜드에 할당된 금액(Quota)과 총 구입액(Amount Subscribed) 및 할당대비 구입비율(Percent of Quota), 구입인원(Number of Subscriber), 1인당 평균 구입액(Average Subscription)을 볼 수 있다. 이와 같이 미국이 5차에 걸쳐 자유채권 및 승리채권을 발행하였다.

〈표 3-4〉 제1차 세계대전 기간 중 미국의 자유 및 승리채권 판매[56)]

구 분	자유채권				승리채권
	1차	2차	3차	4차	
발행일시	1917. 5. 14	1917. 10. 1	1918. 4. 5	1918. 9. 28	1919. 4. 21
이율(%)	3.5	4.00	4.25	4.25	3.75~4.75
상환개시(년)	15	10	-	15	3
상환기간(년)	30	25	10	20	4
판매목표($)	20억	30억	30억	60	45억
판매액($)	30.35억	46.18억	41.77억	69.59억	52.5억
목표대비초과(%)	52	54	39	16	16.7
구입인원(명)	400만	940만	1837.7만	2277.8만	1180.3만
평균구입액($)	759	491	227	306	445

〈표 3-4〉를 보면 정부는 자유채권 등의 판매를 통해 약 240억 달

56) Hugh Rockoff, *AMERICA'S ECONOMIC WAY OF WAR: War and US Economy from the Spanish-American War to the Persian Gulf War*, New York: Cambridge University, 2012, pp. 120~121.

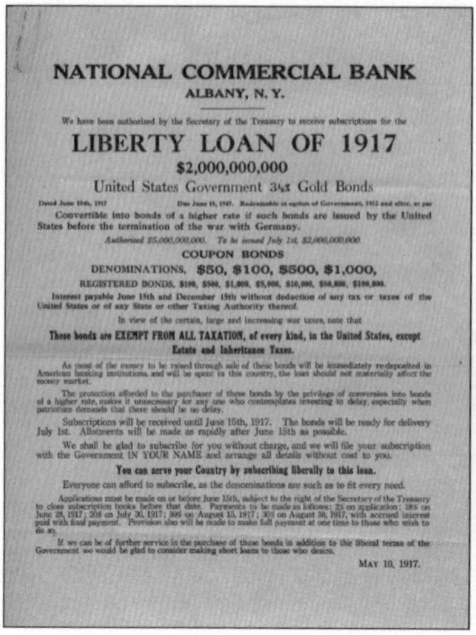

NATIONAL COMMERCIAL BANK
ALBANY, N. Y.

We have been authorized by the Secretary of the Treasury to receive subscriptions for the

LIBERTY LOAN OF 1917
$2,000,000,000
United States Government 3½% Gold Bonds

Dated June 15th, 1917 Due June 15, 1947. Redeemable at option of Government, 1932 and after, at par

Convertible into bonds of a higher rate if such bonds are issued by the United States before the termination of the war with Germany.

Authorized $5,000,000,000. To be issued July 1st, $2,000,000,000

COUPON BONDS
DENOMINATIONS, $50, $100, $500, $1,000,
REGISTERED BONDS, $100, $500, $1,000, $5,000, $10,000, $50,000, $100,000.

Interest payable June 15th and December 15th without deduction of any tax or taxes of the United States or of any State or other Taxing Authority thereof.

In view of the certain, large and increasing war taxes, note that

These bonds are EXEMPT FROM ALL TAXATION, of every kind, in the United States, except Estate and Inheritance Taxes.

As most of the money to be raised through sale of these bonds will be immediately re-deposited in American banking institutions and will be spent in this country, the loan should not materially affect the money market.

The protection afforded to the purchaser of these bonds by the privilege of conversion into bonds of a higher rate, makes it unnecessary for any one who contemplates investing to delay, especially when patriotism demands that there should be no delay.

Subscriptions will be received until June 15th, 1917. The bonds will be ready for delivery July 1st. Allotments will be made as rapidly after June 15th as possible.

We shall be glad to subscribe for you without charge, and we will file your subscription with the Government IN YOUR NAME and arrange all details without cost to you.

You can serve your Country by subscribing liberally to this loan.

Everyone can afford to subscribe, as the denominations are such as to fit every need.

Applications must be made on or before June 15th, subject to the right of the Secretary of the Treasury to close subscription books before that date. Payments to be made as follows: 2% on application; 18% on June 28, 1917; 20% on July 30, 1917; 30% on August 15, 1917; 30% on August 30, 1917, with accrued interest paid with final payment. Provision also will be made to make full payment at one time to those who wish to do so.

If we can be of further service in the purchase of these bonds in addition to the liberal terms of the Government we would be glad to consider making short loans to those who desire.

MAY 10, 1917.

〈그림 3-64〉 전시채권 판매촉진을 위한 홍보(1)[58]

1917년 5월, 채권판매를 알리는 국립상업은행의 팸플릿(왼쪽)과 1917년 뉴욕에서 채권판매 촉진을 위한 시가행진 모습(오른쪽)이다.

러를 모았으며, 채권판매는 항상 정부의 판매목표를 초과하여 달성하였음을 볼 수 있다. 이는 그만큼 국민의 전쟁 참여 또는 승리에 대한 의지로 볼 수 있을 것이다. 전쟁 기간 중 미국 전 가구의 50%가 대부분 5달러부터 100달러의 액면가를 갖는 소액의 자유채권을 구입하였다.

당시 재무장관은 채권을 판매하면서 "프랑스의 참호에서 싸울 수 없는 사람은 조국의 전쟁비용 전선에서 싸울 수 있다(Man who could not serve in the trenches of France might nevertheless serve in financial trenches at home)"고 하여 채권구입을 호소하였다.[57]

---

57) Robert D. Hormats, *The Price of Liberty: Paying for America's Wars from the Revolution in the War on Terror*, New York: Time Books, 2007, p. 123.

58) http://www.archives.nysed.gov/education/liberty-loan-poster-world-war-i-albany-ny-may-10-1917

〈그림 3-65〉 전시채권 판매촉진을 위한 홍보(2)
1918년 뉴욕에서 채플린 등 유명 연예인이 참여한 채권판매 활동(왼쪽)과 1919년 종전 이후 전시채권 판매를 위한 뉴욕에서의 퍼레이드 모습(오른쪽)으로, 영국제 탱크도 참여하였다.

정부는 채권판매를 촉진하기 위하여 유명 영화배우로 몇 개의 팀을 구성, 전국을 순회하면서 홍보하였는가 하면, 포스터를 만들어 대중들이 모이는 곳에 부착하였으며, 영화도 만들어 국민을 대상으로 상영하였다.

이렇게 다양한 수단을 이용하여 전방위적으로 시민들의 애국심에 호소, 채권을 구입할 것을 요청하였으며, 전국적으로 채권구입을 위한 단합대회도 열렸다. 할리우드의 유명한 배우인 졸슨(Al Jolson), 피크포드(Mary Pickford), 페어뱅크스(Douglas Fairbanks), 콜버트(Claudette Colbert), 채플린(Charlie Chaplin) 등은 자유채권을 구입하도록 전국적으로 홍보활동을 전개하였다. 3차 채권을 판매할 당시에는 전국적으로 900여만 장의 포스터와 1,000여만 개의 배지가 생산되기도 하였다.

전시채권 발행과 동시에 저소득층과 어린이들을 참여시키기 위해 전시 저축증서(War savings certificates)와 우표(Saving Stamps)사기 운동도 창안하였다. 이는 20센트 우표를 25장 구입하면 5달러 저축증서와 교환해 주는 방식으로, 1917년 12월부터 1919년 10월까지 시행되었다. 보이스카

〈그림 3-66〉 보이스카우트 대원의 전시채권 판매 활동

공보위원회가 주최한 집회에 참석하여 전시채권 판매 촉진행사를 하는 보이스카우트 대원

우트(Boy scout)와 걸스카우트(Girl scout) 같은 청소년 단체도 채권판매 활동에 참여하였다.

미국은 이렇게 세금 인상과 전시채권을 판매하여 조성된 비용을 이용, 자국의 군수산업을 일으켰고, 프랑스 전역에서 작전하는 미군의 비용을 조달하였는가 하면 협상국인 영국과 프랑스도 지원하였다.

전쟁 기간 중 소득세를 포함하는 다양한 조세제도의 개편과 전시채권 판매를 통한 방법으로 전비를 조달하였지만, 공평한 조세부담을 통해 전쟁 수행에 대한 국민의 지지 및 지원 획득과 채권을 판매함으로써 애국심을 고취하기도 하였다.

5. 식량 절약과 배급제

미국이 제1차 세계대전에 참전하기 전 1914~1917년의 3년간은 중립국으로 있었지만, 사실상 영국이나 프랑스가 전쟁을 하는 데 필요한 무기는 물론 식량을 수출하면서 많은 이익을 남기고 있었다. 당시 이들 나라는 생산량 부족이나 영농인력의 부족 등의 이유로 식량 때문에 고통을 받고 있었다. 이런 상황에서 미국은 영국이나 프랑스에 막대한 양의 밀과 육류 등 일상생활에 필요한 식품을 미국 사람에게 공급량을 축소하지 않으면서도 수출을 하였다.

전쟁에 참전하면서 미국은 1917년 10월의 '식량 및 연료통제법(Food and Fuel Control Act)'을 제정하였다. 이 법은 군사 및 경제적 · 인도적 이유로 미국인에게 적당한 양의 식량을 공급하면서도 우방국에도 식량을 공급하기 위한 법이었다. 이 법에서는 연방정부에 식량의 생산과 분배에 관한 권한은 물론 곡물생산에 필요한 연료 및 농기구에 대한 통제, 동물의 도축에 관한 권한까지 부여하였다. 전시정원위원회(War Garden Commission)도 창설되어 국민에게 농작물 생산에 대한 동기부여를 위한 활동을 하였다.[59)]

제1차 세계대전 당시 미국이 배급제도를 시행해야 할 정도로 식량으로부터 각종 물자의 생산이 부족하였던 것은 아니다. 그럼에도 미국 역시 영국처럼 식량 증산을 위한 활동과 물자 절약을 강조하였으며, 배급제도를 도입하였고 이를 위하여 홍보활동을 전개하였다.

제1차 세계대전이 시작된 이후 거의 3년간의 치열한 전투 끝에, 유럽에 있는 미국의 동맹국들은 기아에 직면하고 있었다. 농장은 전쟁터로 변모하면서 생산량이 급감하였고 식량 운송에 차질이 빚어지면서 수입식품 유통이 극도로 어려워졌다. 협상국이 이러한 어려움을 겪고

59) Habnnah Marshall, *Voluntary Food Conservation: The United States Home Fronts in ww1,* History Department Western Oregon University, 2010, p. 3.

있을 때인 1917년 봄, 제1차 세계대전에 참전한 미국은 윌슨 대통령이 식량청의 후버에게 식량난을 겪고 있는 협상국을 위해 식량을 제공할 수 있도록 대책을 강구할 것을 지시하였다. 1917년 8월 10일, 미국 식품국이 전시 식량 공급, 보존, 유통, 운송을 관리하기 위해 설립되었다. 후버는 더 큰 전쟁 노력을 지원하기 위해 미국인들의 연민과 애국심에 의존하는 프로그램을 개발하였다. 이를 위하여 대국민 홍보활동이 전개되면서 "식량은 전쟁의 승리를 보장한다(Food will win the war)"라는 슬로건이 나왔다.

〈그림 3-67〉을 보면, "식량은 탄약입니다, 낭비하지 맙시다", "첫째, 옥수수를 더 먹고 밀을 절약합시다. 둘째, 고기와 콩을 더 먹고 육류를 절약합시다. 셋째, 육류를 적당하게 사용합시다, 넷째, 시럽을 더 많이 쓰고 설탕을 절약합시다. 그러면 자유를 위해 기여할 것입니다", "식량이 승리를 보장합니다. 동맹국을 위하여 밀이 필요합니다" 등 다양한 문구로 식량 절약을 강조하고 있음을 볼 수 있다.

더불어 '전시 정원(War Garden, 후일 Victory Garden)'으로도 불리는 운동이 전개되었다. 이는 제1차 세계대전과 제2차 세계대전 동안 미국, 영국, 캐나다, 호주 등에서 개인 주택이나 공원 등을 활용하여 채소와 과일 등을 재배한 정원이었다. 정부가 채소 등을 생산하여 국민의 부족한 식량을 보충하는 것은 물론 사기를 높여 전쟁에서 승리할 수 있도록 하는 목적으로도 이용되었으며, 전쟁 기간 중 가정생활의 일상이 되었다.

정부는 승리 정원의 식량가치가 1917년에 3억 5,000만 달러, 1918년에 5억 2,500달러였다고 추정하였다. 위원회는 가정 정원사들이 1917년에 야채와 과일 통조림을 5억 쿼트(1쿼트는 0.95리터), 1918년에 14억 5,000만 쿼트를 생산하였다고 추정하였다.

〈그림 3-67〉 식량 절약을 강조하는 홍보 포스터

승리정원 운동을 촉진하기 위하여 국민적인 홍보활동이 전개되었다. 이 포스터에서는 사람들의 눈길을 끌기 위해 "승리의 씨앗을 뿌립시다(Sow the Seeds of Victory)"라든가 "모든 정원이 탄약공장(Every Garden a Munition Plant)"이라는 표어가 강조되었다.

학교에서도 이 캠페인은 어린이들에게 절약, 산업, 봉사, 애국심, 그리고 책임감을 가르치기 위해 전개되었다. 전국 전시정원위원회(National War Garden Commission)는 전국 각 주 박람회에서 '전쟁정원의 통조림 채소 전시 우수품'에 1등 상장을 수여하였다. 미국이 전쟁 중에 있는

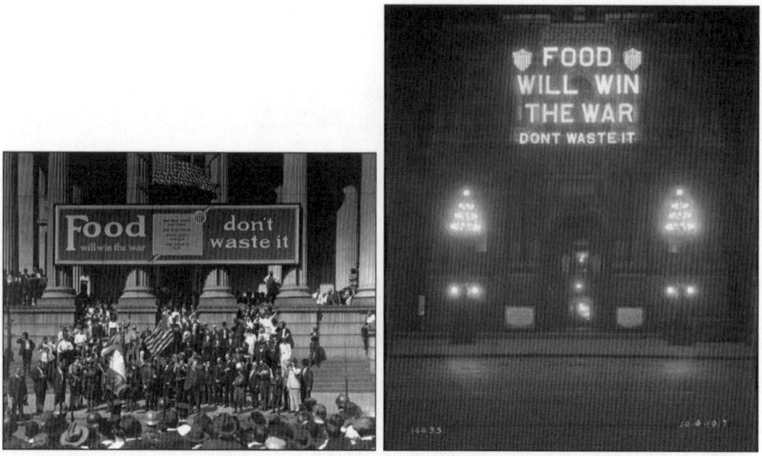

〈그림 3-68〉 식량 절약을 강조하는 홍보물

1917년 10월 집회의 식량절약을 강조하는 문구(왼쪽)와 1917년 필라델피아 시청사에서 "식량은 전쟁의 승리를 보장한다"면서 낭비를 하지 말라고 하는 전광판(오른쪽)이 있다.

〈그림 3-69〉 승리정원의 다양한 모습

유럽 사람들에게 식량을 보낼 수 있도록 정원을 가꾸는 활동이 장려되었다.

미국에서는 협상국에게 필요한 지원을 제공하기 위해 시민들이 육류와 밀, 지방, 설탕의 소비를 줄일 것을 촉구하는 포스터가 지역사회 곳곳에 부착되었다. "식량이 전쟁 승리를 보장한다"와 같은 구호는 시민들이 식료품을 낭비하는 것을 방지하도록 요청하였고 해외 운송이 어려웠던 신선한 과일과 채소를 많이 먹도록 장려하였다. 마찬가지로,

“고기 없는 월요일(Meatless Monday)”과 “밀 없는 수요일(Wheatless Wednesday)”과 같은 구호로 미국인들이 자발적으로 식습관을 바꿔서 자유를 수호하는 우방국에게 식량을 지원해 줄 것을 호소하였다.

다양한 노력의 결과로, 유럽으로의 식량 수송은 1년 내에 두 배로 증가했고, 미국에서 소비는 1918년에서 1919년 사이에 15% 감소되었다. 전쟁이 끝난 후에도 후버는 유럽에서 굶주리는 수백만 명의 사람들에게 식량의 수출을 계속하여 “위대한 인도주의”라는 별명을 얻었다.

처음에 농사꾼이나 언론에서는 여성들이 영농작업을 하는 것에 대하여 우호적이지 않았다. 많은 사람은 여성들이 일터에서 어려운 작업환경에 대하여 잘 적응하지 못할 것이라고 하였다. 그렇지만 여성들은 미국 농사에 있어 능력 있고 성공적이었음을 보여주었다.

제1차 세계대전은 협상국 대 동맹국의 전쟁이었지만 유럽의 영국이나 독일로부터 지속적으로 이민이 유입되고 있었던 미국으로서는 미국이 협상국으로 전쟁을 참여하기에는 다양한 국가 출신으로 구성되어 있어 한곳으로 의사 결집을 하기에 어려운 상황이었다.

그렇지만 독일에 대한 선전포고를 하기 1년 전인 1916년, 장차의 전쟁 개입 가능성에 대비하여 ‘국가방위법’을 제정하고 대통령에게 광범위한 동원명령권을 부여하면서 전쟁에 대비하여 준비하기는 했지만 준비가 덜 된 상태에서 독일군의 무제한 잠수함전으로 대독선전포고에 이어 병력을 동원하고 부대를 확장하여 종전까지 약 200만여 명을 파병하였다.

한편으로 미국의 여성들은 영국보다는 그 규모나 범위에 있어 적기는 하였지만 전쟁지원 활동에 참여하였으며 전쟁 기간 중 전쟁비용이 급증하자 세금의 인상으로부터 채권의 발행까지 다양한 방법을 통하여 조달하였다. 또한 물자가 풍부한 미국이지만 농작물 생산량 증가를 위한 노력과 더불어 식량 절약을 강조하였고 배급제를 실시하는 등 다양한 방법을 통하여 물자를 절약하였다.

이러한 모든 활동을 함에 있어 국민 참여 활동을 촉진하기 위하여 포스터를 활용하였으며, 필요에 따라 유명 연예인도 동참하였다. 이러한 활동을 위하여 정부는 '공보위원회(Committee on Public Information, CPI)'를 창설하여 미국 정부가 왜 전쟁에 참전하는지 국민에게 정부의 주장을 널리 유포시키면서 의회를 설득하는 등 승리를 위한 활동을 옹호하였다. 또한 포스터를 만들어 가정에 배포하고 학교나 사무실 등 여러 곳에도 부착하였다.[60]

1917년의 징병법은 6월에 통과되었다. 징집병들은 군복 착용과 무기 소지, 기본 임무 수행 및 군 당국의 지시에 대한 복종 거부 등의 경우에 군법 회의에 회부되었다. 유죄판결을 받은 거부자들은 군법회의에서 20년이라는 긴 형을 받곤 하였다. 징병 과정에서 종교적 · 정치적 이유로 약 64,700여 명의 남자가 양심적 병역 거부자 신분을 주장하여 지역징병위원회에서는 57,000명을 승인하였다. 여기에는 퀘이커 교도, 여호와의 증인 등이 있었다. 1918년 전쟁장관은 양심적 병역 거부자들의 진정성에 의문을 제기하기 위해 조사위원회를 만들었다. 군법회의에서는 조사위원회의 징병거부에 대한 조사 결과를 바탕으로 재판을 거쳐 17명 사형, 142명 종신형, 345명 노동수용소형을 선고하였다. 이 처벌 중 다수는 전쟁이 끝난 후 감형되었다.[61]

전쟁 기간 중 일부에서는 승리에 대한 희망적인 기사를 게재하도

60) https://www.thoughtco.com/committee-on-public-information-4691743

61) https://en.wikipedia.org/wiki/Conscription_in_the_United_States (검색일: 2021.4.13)

〈그림 3-70〉 징집반대 집회

제1차 세계대전 기간 중의 징병 반대 운동. 등록 거부를 주장하고 있다.

록 요청하는 과정에서 언론사 검열에 대한 반발이 있었다. 정부의 정책에 반대하고 이적행위를 단속하기 위하여 1917년 6월 '방첩법(Espionage Act)'이 통과되었고 1918년 5월 '선동죄법(Sedition Act)'이 통과되었다. 이러한 법에 의하여 정부의 전쟁 노력을 반대할 경우 최고 10,000달러의 벌금과 20년 징역형도 받을 수 있게 되는 등 전쟁에 반대하는 어떤 행위도 불법적인 행위로 간주하여 처벌하였다.

'미국보호연맹(American Protective League)'에서는 25만여 명의 조직원들이 노상에서 병역수첩을 요구한다든가 전화를 도청한다든가 이웃 사람들에 대한 사상파악과 동정을 확인하는 등의 비합법적인 활동들로써 미국의 안전을 보장하기 위한 활동과 감시자 역할을 하였다. 이 외에도 국가안전보장동맹, 미국방위협회가 있어 이와 유사한 역할을 하였다. 이렇게 미국은 합법적이거나 비합법적인 수단과 방법을 사용하여 국내의 안전을 지키면서 대외적으로는 전쟁을 수행하였으며, 이 과정에서 이에 대한 반발도 없지 않았다.

미국은 전쟁이 종반기에 접어들 무렵에 협상국으로 참전하여 승리의 주축이 되었다. 전쟁 참여 기간 중 116,000여 명의 전사자와 205,700명의 부상자가 발생하는 등의 인명피해가 발생하였지만, 종전 이후 국제연맹의 창설을 주도하였으며 경제적으로는 전쟁 기간 중 형성된 국가적인 부로 세계 제1위의 강대국으로 부상하면서 영향력을 행사하기 시작하였다.

〈그림 3-71〉 제1차 세계대전 승리를 기념하는 미군의 시가행진

제4절 교훈

제1차 세계대전은 총력전 양상이 본격적으로 전개된 전쟁이었다. 이 전쟁은 범세계적 전쟁으로 협상국 대 동맹국의 진영대결로 진행되었으며 협상국의 승리로 종결되었다. 전쟁 기간 중 국가는 물론 국민의 총력이 동원되었다. 남성들은 전투원으로서 대규모로 동원되었으며, 남성들의 동원으로 산업현장이나 영농현장 등에서 일손이 부족해지자 많은 여성이 그 자리를 채워 농사를 짓고 무기와 탄약을 만드는 일에 종사하였다.

전쟁이 장기화되면서 전쟁비용이 눈덩이처럼 증가하자 어느 국가 할 것 없이 세금을 대폭 올리거나 새로운 항목의 세금을 만들었으며, 그래도 부족하자 전시채권을 발행하여 부족한 비용을 보충하였다. 이 과정에서 많은 국민이 자발적으로 채권을 구입하는 데 참여하여 정부의 전쟁 수행 노력을 지원하였으며, 여기에는 남녀노소가 따로 구별이 없었다. 또한 전쟁 기간 중 막대한 자원이 장비와 탄약과 물자를 만드는 데 소요되자 자원재활용 운동을 통하여 부족한 자원을 보충하였다. 정부 차원에서 배급제는 물론 각 가정에서는 식량 등의 낭비를 방지하기 위하여 다양한 홍보활동이 전개되었다. 군인들이 전선에서 전투하는 동안, 후방지역에서도 전투 현장과 다름없는 후방전선(Home Front)으로서 승리를 위하여 대규모의 병력을 동원하거나 농산물 생산량을 확대하기 위한 운동의 전개, 전쟁비용의 조달 등 다양한 노력을 기울였으며 이러한 노력이 전쟁의 승리에 기여하였다. (Home Front에서의 승리를 위한 노력은 제2차 세계대전에서는 더 광범위하게 전개되었다.)

제1차 세계대전에서 영국과 미국의 사례를 통하여 몇 가지 교훈을 보면, 국가적 비상시에 대비한 병력동원의 준비와 여성들의 전쟁 지원을 위한 역할, 전시 국민생활의 안정을 위한 식량의 안정적 공급대책, 군사작전 지원을 위한 후방전선에서의 지원 역할 등을 들 수 있다. 첫째, 전쟁이 발발할 경우 가장 먼저 당면하게 될 과제가 부대가 필요로 하는 병력의 확보이고 이는 동원을 통하여 해결해야 할 부분이 크기 때문에 적시에 대응할 병력동원 관련 계획이 준비되어 있어야 한다. 둘째, 전시 여성 인력의 활용으로 총력전 체제에서 여성의 역할도 매우 중요한 만큼 적절하게 여성이 전쟁 노력에 지원할 부분을 평시 비상대비계획의 발전을 통하여 식별해 놓을 필요가 있을 것이다. 셋째, 국민

생활의 안정을 위하여 국민을 먹여 살리는 일이 중요한 만큼 안정적 도입계획과 더불어 각종 불법행위의 엄정한 단속, 그리고 전쟁이 장기화될 경우에 대비하여 식량 증산계획도 필요하다.

제4장
제2차 세계대전 당시 영국과 미국의 Home Front 활동

제1절 제2차 세계대전 개요

1. 당시의 일반상황

제1차 세계대전은 19세기 말~20세기 초에 영국과 독일 등 유럽의 강대국 사이에 잠재되어 있었던 식민지를 둘러싼 팽창주의와 발칸반도에서 게르만족과 슬라브족의 민족적 대립, 해군력 강화에 따른 영국과 독일의 갈등 등 복합적 요인 속에 오스트리아-헝가리 제국의 페르디난트 황태자 암살사건이 직접적인 도화선이 되어 3국 협상(연합)국과 3국 동맹국 간 진행된 범세계적인 전쟁이었다. 이 전쟁은 1917년 7월 말에 시작하여 4년 3개월 지속되다가 1918년 11월 11일 전투가 중단된 이후 이듬해 6월 베르사유 조약을 체결함으로써 종결되었다.

제1차 세계대전의 결과는 유럽의 세력균형에 있어 많은 변화를 초래하였다. 독일제국이 몰락하고 바이마르 정권이 등장하였으며, 오스트리아-헝가리 제국이 해체되어 각각 오스트리아와 헝가리로 분리되었고 폴란드가 독립하였으며 체코슬로바키아와 유고슬라비아 등의 국가들이 탄생하였고, 리투아니아와 라트비아 및 에스토니아 등 발트 3국이 독립하였다.

그러나 베르사유 조약은 독일 관점에서는 패전국에 막대한 부담을 부과한 불평등 조약으로 간주되었고 이는 연합국의 입장에서도 마찬가지였다. 특히 프랑스군의 포슈(Ferdinand Foch) 원수는 1,320억 마르크라는 막대한 전쟁배상금과 독일에 대한 군비제한의 불평등 때문에 "이것은 평화가 아니라 단지 20여 년의 휴전일 뿐이다(This is not peace. It is an armistice for 20 years)"고 하였고, 영국의 처칠 역시 전쟁배상금이 "악의적이고 우매한 것"이라고 지적하면서 강한 우려를 나타냈다. 케인즈(J. M. Keynes)는 "독일의 배상능력이 20억 파운드에 불과하며 이 배상조약이 도덕적으로 잘못된 것이고 정치적으로 어리석으며 경제적으로도 무의미한 일이다"[1]라고 비난하였다.

미국의 국무장관인 헐(Codell Hull)도 1933년 미국 워싱턴 주재 독일대사에게 유럽에서 군비협상의 난항과 평화를 유지할 만한 어떤 일도 발생되지 않아 향후 2~20년 사이에 전쟁이 발발할 가능성을 경고하였다.[2] 이렇듯 베르사유 조약에 대한 비판과 비난은 머지않아 미국발로 시작된 대공황과 이를 이용한 희대의 선전선동가이자 독재자인 히틀러의 등장으로 또 다른 대전쟁을 향하여 나가고 있었다.

---

1) Peter Calvocoressi and Guy Wint, *Total War: Cause and Courses of the Second World War*, New York: Penguin Books, 1981, p. 32.

2) Robert Goralski, *World War II Almanac: 1931~1945,* United States: Bonanza Books, 1981, p. 24.

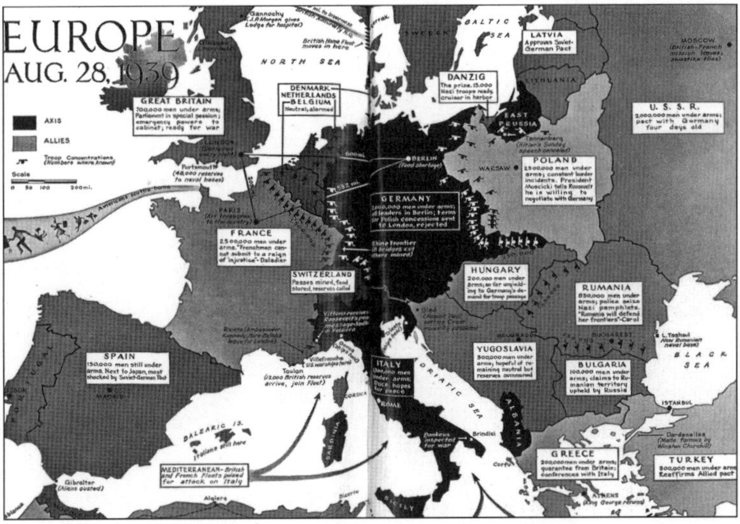

〈그림 4-1〉 제2차 세계대전 직전 유럽의 군사력 대치를 보도한 타임지[3)]

1939년 8월 28일, 즉 독일군이 폴란드를 침공하기 3일 전 타임지가 보도한 기사이다. 프랑스 250만 명, 독일 200만 명, 소련 200만 명, 이탈리아 130만 명, 영국 70만 명, 폴란드 250만 명이 각각 전쟁 준비상태에 있다고 보도하였다. 또한 독일과 프랑스 및 독일과 폴란드 국경에 많은 부대가 대치하고 있음을 보여주고 있다.

제2차 세계대전은 제1차 세계대전과는 비교할 수 없을 정도로 더 많은 국가가 참여하여 더 넓은 지역에서 더 많은 병력을 동원하고 더 많은 전비를 투입하는 처절한 전쟁으로 진행되었다.

제2차 세계대전은 제1차 세계대전보다 더 광범위한 지역에서 전개되었다. 유럽에서는 폴란드와 베네룩스 3국, 프랑스와 영국, 소련, 발칸반도, 독일 등 대부분의 지역과 지중해와 대서양 등이 주 전쟁터가 되었다. 아시아에서는 서태평양 지역 대부분과 동남아시아의 필리핀과 인도, 버마, 싱가포르 등 광범위한 지역이 전쟁터가 되었다. 북아프리

3) https://time.com/3182658/world-war-ii-map/ (검색일: 2021.4.3)

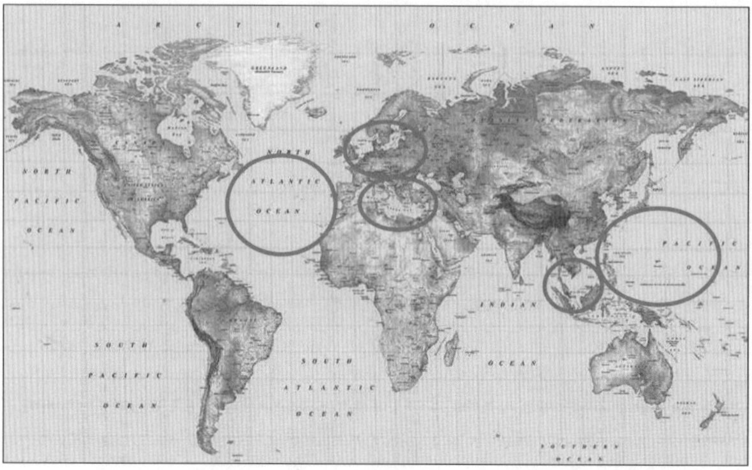

〈그림 4-2〉 제2차 세계대전의 주요 전쟁터

카 지역도 전쟁터가 되었다. 참여한 국가도 제1차 세계대전 당시의 32개국보다도 두 배나 많은 60여 국가들이 연합국과 추축국으로 양분되어 싸웠다.

전쟁이 발발하면서 연합국(Allied Powers)이나 추축국(Axis Powers) 등 전쟁에 참여한 모든 국가는 승리를 위하여 총력을 기울여 전쟁을 수행하였다. 과학기술의 발전으로 제1차 세계대전 당시 사용된 무기인 항공기와 전함 및 잠수함과 항공모함 등이 대폭 발전된 형태로 출현하여 전장을 주도하였고, 이를 이용한 전격전과 By-pass와 같은 새로운 전략과 전술도 등장하였으며, 마침내 인류 최초로 핵무기가 사용되는 전쟁으로 발전되었다. 이러한 총력전쟁의 결과로 승자나 패자 할 것 없이 제1차 세계대전과는 비교할 수 없을 정도의 인적 · 물적 피해가 발생하였다.

〈그림 4-3〉 제2차 세계대전에서 사용된 주요 무기
제1차 세계대전에서 처음 등장한 탱크는 대폭 발전된 형태로 지상전의 주력이 되었으며, 역시 제1차 세계대전에서 처음 등장한 항공기는 전투기 및 폭격기 등으로 발전되어 공중전 및 지상 폭격의 주력이 되었다. 또한 제1차 세계대전에서 처음 사용되기 시작한 항공모함은 더욱 발전되어 해상전의 주력으로서 역할을 하였으며, 독일이 발명한 V-1・2는 로켓 무기의 새로운 기원을 열었다. 한편 원자탄이 발명되어 인류 역사상 처음으로 사용되었다.

그렇다면 전쟁 직전 당시 주요 강대국의 상황은 어떠하였는지 살펴보자. 먼저 미국이다. 미국은 제1차 세계대전이 종반전에 접어들 무렵 협상국의 일원으로 참전하면서 승리한 결과로 국제적으로 그 영향력이 확대되었다. 종전 이후에는 윌슨 대통령 주창에 따라 국제연맹이 창설되었지만 제안국임에도 불구하고 미국 내 의회와 고립주의자들의 반대로 불참하였다.

1929년 뉴욕 주식시장의 주가폭락을 계기로 촉발된 대공황(Great Depression)으로 1,500만여 명에 달하는 실직자가 발생하였다. 1933년 루스벨트 대통령의 뉴딜정책에 의거 대공황을 점진적으로 회복하였지만 국제정치 무대에서는 여전히 고립주의를 유지하였다. 그러나 당시 미국의 경제력은 1937년만 보더라도 국민총생산액(GDP)이 680억 달러로 추축국인 독일(170억 달러)과 일본(40억 달러), 이탈리아(60억 달러) 3국의 합보다도 많았으며, 강철 생산량(미국 2,880만 톤)에서는 독일(2,320만 톤)과 일본(700만 톤)과 비슷한 정도의 양을 생산하고 있었다. 이것은 평시에는 경제력의 규모를 보여주는 것이지만, 전시에는 화포나 전차, 항공기와 전함 등의 생산력을 확대하는 것은 물론 전쟁이 장기화될수록 그만큼 전쟁지속능력이 크다는 것을 의미하며, 실제 전쟁 기간 중 막대한 생산력으로 나타나 자국의 전쟁수행은 물론 연합군을 지원함으로써 승리의 주역이 되었다.

영국은 제1차 세계대전에서 승전국이기는 하였지만 전쟁 기간 중 발생한 300만여 명(사망 99.7만, 부상 210만)의 인명피해 및 대미 부채 46억 달러 등 사회 및 정치 · 경제적으로 입은 타격은 엄청났다. 1929년 미국에서 시작된 대공황으로 미국이 빌려준 돈을 회수하는 등으로 영국도 타격을 받아 전반적으로 경제력이 약화되는 가운데 국제무역의 쇠퇴와 더불어 수출비중도 하락하는 등으로 어려움에 처하였다.

1933년 히틀러가 등장하여 재무장을 선언하고 재군비를 선언하고 군비강화를 추진함에도 영국은 국내 정치나 재정 · 경제상의 어려움으로 인하여 군사력 증강에 전력을 기울일 수가 없었다. 유럽에서 위기가 가중되면서 1937년 이후 국방비를 조금씩 증액하였지만 여전히 다가올 전쟁에 대비하기 위한 준비가 미흡하였다.

히틀러가 베르사유 조약을 폐기하고 재무장을 하며 라인란트에 군대를 진주시키는 등 야욕이 점차 노골화되자 수상 체임벌린은 유화정책을 추진하면서 뮌헨 협정을 체결하는 등 전쟁을 예방하고자 노력하였으나 무위로 끝났다.

프랑스는 제1차 세계대전의 승전국이었다. 그러나 전쟁 당시 국토가 주 전쟁터가 되면서 384만여 명의 인명손실(사망 134만, 부상 200만, 그 외 실종)과 국토가 폐허화되는 등 최대의 피해국이 되었다. 따라서 승전국으로서 프랑스는 피해를 보상받으면서 독일의 재부상을 막아야 할 강력한 요구가 제기되었다. 따라서 프랑스는 베르사유 조약을 통해 보불전쟁에서 빼앗긴 알자스-로렌 지방을 되돌려 받고, 막대한 배상금을 요구하면서 독일의 부상을 막고자 하였다.

나폴레옹 전쟁이나 보불전쟁 및 제1차 세계대전 등을 겪은 프랑스는 항상 독일의 위협을 의식하면서 어려운 경제상황에서도 스위스 국경으로부터 벨기에 국경까지 막대한 국방비를 들여 약 750km의 마지노선(Maginot Line)을 구축하였다. 그러나 프랑스군은 마지노선을 구축한 뒤 어떠한 독일군의 공격도 물리칠 수 있다는 마지노 정신에 함몰되면서 군사력 증강이나 변화되는 전쟁 양상에 맞는 전략 및 전술 개발을 소홀히 한 끝에 전쟁이 발발하자 6주 만에 항복하였다.

독일은 제1차 세계대전에서 패하면서 체결한 베르사유 조약에 따라 해외 식민지의 상실과 군비축소 등 엄중한 상황에 놓였다. 이런 가운데서도 독일은 언제인가 굴욕을 갚기 위한 준비를 하였으며 그것은

〈그림 4-4〉 마지노선

스위스 국경으로부터 벨기에의 몽메디 지역까지 독-불 국경을 따라 건설된 마지노선과 그 내외부 모습. 프랑스 군부는 마지노선을 믿고 군비나 전략 및 전술의 발전을 소홀히 하면서 독일군 침공 6주 만에 항복하는 비운을 맞았다.

젝트(Hans von Seeckt)의 비밀재군비 계획으로 나타났다. 1929년에 미국발로 시작된 대공황에서 미국의 자금에 대한 의존이 특히 심했던 독일에서 더 큰 타격을 받아 좌절감을 주는 가운데 히틀러라는 새로운 독재자가 독일 국민에게 잠재된 베르사유 조약에 대한 수치심과 극단적인 인종 민족주의를 교묘히 이용하여 1933년 선거를 통해 집권하였다.

히틀러는 정권을 잡은 뒤 국내적으로는 법을 제정하고 비밀경찰을 만들어 정적을 제거하는 등으로 권력을 공고히 하면서 대외적으로는 1933년 10월 국제연맹을 탈퇴하고 베르사유 조약의 파기와 재군비를 선언하였다. 군사적 위협과 호전적인 외교를 적절히 활용하여 정치적 야욕과 영토를 확장하였는바 1936년 3월에는 중립지대인 라인란트에 군대를 진주시키고 1938년 3월에는 오스트리아, 이듬해 3월에는 체코를 합병하는 등으로 유럽지역에서 위기를 조성하였다. 이어 1939년 9월에는 폴란드, 1940년 5월에는 네덜란드와 벨기에에 이어 프랑스를 침공함으로써 세계는 다시 대전쟁에 휘말렸다.

소련은 제1차 세계대전 중이던 1917년 10월 레닌이 주도하는 볼셰비키 혁명이 발생하면서 전선에서 이탈하였다. 레닌 치하의 러시아는 공산주의 체제와 경제정책을 추진하다가 부작용으로 '신경제정책

〈그림 4-5〉 위기 상황으로 치닫는 1936~1939년 유럽

독일군에 의해 유럽지역에서 위기가 고조되는 상황을 담은 사진으로, 1936년 3월 중립지대인 라인란트(왼쪽), 1938년 3월 오스트리아(가운데), 1939년 3월 체코 진주 모습(오른쪽)이다.

(NEP)'을 도입하는 등 자본주의 정책을 일부 실시하였다. 그러나 레닌이 죽자 신경제정책은 폐기되고 1926년 스탈린이 정권을 잡은 뒤 중공업 위주의 정책으로 군수산업 분야가 빠른 속도로 발전하였다.

스탈린은 비밀경찰(NKVD)을 이용하여 무자비한 숙청과 처형 등 독재정치로 강력한 통치체제를 확립하면서 공산주의를 유럽지역에 확산시키고자 하였다. 이 과정에서 독일과 이탈리아 등을 중심으로 반발이 심하여 대립이 격화되었다.

일본은 청일(1894~1895) 및 러일전쟁(1904~1905)에서 승리하면서 동아시아에서 패권국가로 등장하였다. 제1차 세계대전에서는 뒤늦게 협상국의 일원으로 지중해에 함대를 파견하여 참전하였다. 전쟁 후에는 승전국으로 아시아의 독일령이었던 산둥(山東)반도와 마리아나 군도 등을 점유하는 등 점차 그 팽창야욕을 노골화하였다. 1931년 만주사변과 1937년 중일전쟁을 일으키자 미국은 영국이나 네덜란드 등과 같이 일본에 대한 수출통제 등 경제적인 압박을 가하기 시작하였고, 일본이 이에 반발하면서 태평양 지역에서도 전쟁의 그림자가 다가오기 시작하였다.

제1차 세계대전 이후 윌슨 대통령의 제안으로 창설된 국제연맹은 태생적인 문제로 인하여 그 역할을 하지 못하였다. 미국이 불참하였고 독일과 소련은 영국과 프랑스 등의 반대로 참여가 거부되었다가 뒤에 참여하였다. 1932년 만주국에 대한 불법침략을 국제연맹이 규탄하자 일본은 바로 탈퇴하였다.

1935년 10월 이탈리아가 에티오피아를 침공하자 국제연맹 이사회는 50여 회원국이 참가한 결의에서 이탈리아에 군수물자 수출금지, 이탈리아로부터의 수입금지와 고무 및 양철 등의 물자 수출 거부 권고를 결정하였지만 이탈리아가 이를 거부하면서 국제연맹은 그 역할의 한계를 노출하였다.

2. 전쟁 원인

제2차 세계대전의 원인을 이야기함에 있어 독일의 비밀재군비 계획과 히틀러의 등장과 재군비, 일본 군국주의자들의 팽창정책, 국제연맹의 분쟁 발생 시 조정역할 미흡 등을 이야기하지 않을 수 없다.

먼저 독일은 1919년 6월 체결된 베르사유 조약에 의해 군비축소와 동시에 영토가 상실되는 등 여러 조항으로 어려운 상황에 있었다. 1919년 국방군 참모총장으로 취임한 젝트는 베르사유 조약 군비조항의 허점을 이용하여 향후 독일이 군사력을 확장할 시에 대비하였다. 주요 내용을 보면 독일군을 이중의 목적을 가진 간부화된 정예군으로 만들고, 정부의 여러 기관에 향후 군사력 확장에 대비하여 군조직을 숨겨놓아 비밀리에 활동하며, 동원 및 예비군제도를 비밀리에 유지하고, 소련과 비밀리에 군사협력을 추진하는 것이다.

마침내 1933년 선거에서 다수당이 된 나치당의 히틀러가 수상으로 취임하였고 이듬해 힌덴부르크 대통령이 죽자 수상 겸 총통으로서 그의 야욕을 실천해 나갔다. 히틀러의 이러한 첫 번째 행동은 1933년 10월 국제연맹과 그 산하의 군비축소위원회 탈퇴로 나타났다. 히틀러는 폴란드에 의도적으로 접근하여 1934년 1월에는 불가침 조약도 체결하였다.

1935년 1월에는 프랑스에 귀속된 '자르(Saar)' 탄전지대를 국민투표로 독일로 귀속시켰으며, 1935년 3월 이탈리아가 에티오피아를 침공하자 이 틈을 이용하여 베르사유 조약의 군비제한조항 폐기를 일방적으로 선언하면서 독일군의 확장을 공식화하였다.

1936년 3월 7일에는 중립지대였던 라인란트에 군부의 반대를 무릅쓰면서 독일군을 진주시켜 영국과 프랑스의 행동을 떠보았지만, 그들의 행동이 미적지근하고 특별한 반응이 없자 히틀러는 자신감을 갖고 다음 단계로 나갔다.

1936년 7월 스페인에서 내란이 발생하자 '콘도르 군단(Condor Legion)'을 보내 독일이 개발한 항공기와 전차의 장비성능과 전술을 시험하면서 프랑코 총통을 지원하였다. 이어 1938년 3월 13일에는 오스트리아

〈그림 4-6〉 독소불가침 조약을 풍자한 그림[4)]

1939년 8월, 독소불가침 조약을 체결하면서 히틀러와 스탈린은 마치 부부가 된 듯 다정해 보였다. 히틀러에게 있어 공산주의자는 절멸의 대상이지만 잠시 서유럽지역을 점령할 때까지 동쪽의 소련을 조용히 만들어 놓을 필요가 있었다. 이러한 화해 분위기는 1941년 6월 독일군이 소련을 침공하면서 산산이 깨진다.

---

4) https://historyofyesterday.com/hitler-and-stalins-alliance-at-the-beginning-of-wwii (검색일: 2021.4.8)

를 합병하였고, 이듬해 3월에는 체코마저 합병하였다.

1939년 8월 23일에는 소련과 '독소불가침조약(German-Soviet Non-Aggression Pact)'도 체결하였다. 그리고 1939년 9월 1일, 폴란드군으로 위장한 독일군의 친위부대가 독일-폴란드 국경지역의 방송국을 습격하고 이를 폴란드군이 한 것처럼 책임을 전가시키면서 이에 대한 반격작전을 실시한다는 미명 아래 폴란드를 침공하면서 제2차 세계대전이 본격적으로 시작되었다. 이에 9월 2일 영국과 프랑스가 독일에 최후통첩을 보낸 뒤 3일 선전포고를 함으로써 제2차 세계대전이 유럽지역으로 확대되기 시작하였다.

다음은 일본 군국주의 팽창정책이다. 일본 관동군은 1931년 9월 만주를 침공하면서 만주사변을 일으켰고 1937년 7월에는 중국군을 공격하면서 중일전쟁이 발발하였다. 1940년 들어 일본은 '대동아 공영권'을 주장하면서 중국은 물론 동남아시아 지역으로 세력을 확대해 나가자 미국이 이를 저지하기 위하여 수출금지를 취하였다. 일본은 소련과 1941년 4월 '일-소 불가침조약(Japan-Soviet Non Aggression Pact)'을 체결하여 북방에서 소련군의 위협을 제거함으로써 남방으로 군사력을 집중할 수 있는 여건을 만들었다.

일본의 침략이 노골화되자 미국은 일본상품 수입을 금지하고 미국 내 일본인 자산을 동결하였으며, 일본을 정치 · 경제 · 군사적으로 봉쇄하기 위해 이른바 'ABCD(America-British-China-Dutch)' 라인을 연결하여 전쟁수행에 필수적인 고무나 석유, 니켈과 주석 등을 확보할 수 없도록 하였다.

1940~1941년 유럽에서 동맹국인 독일이 승승장구하여 전세가 추축국에게 유리하게 돌아가자 일본은 태평양 지역에서 미국이 주도하는

연합국이 전쟁을 수행할 수 있는 준비태세를 갖추기 전에 기습으로 전쟁을 시작하여 공세적 작전을 유지하면서 속전속결에 입각한 단기결전을 택하는 것이 바람직할 것으로 판단, 1941년 12월 7일 연합함대가 진주만(Pearl Harbor)의 태평양 함대를 기습공격함으로써 태평양전쟁이 시작되었다.

국제연맹(League of Nations)이 제대로 국제분쟁에서의 중재역할을 하지 못한 것도 전쟁의 주요한 원인의 하나이다. 국제연맹은 1920년 창설 이후 10여 년은 국제평화와 안전을 위하여 나름대로 그 역할을 하였다. 독일의 배상금 부담을 경감시켜주기 위하여 '영안(Young Plan)'을 입안하였고, 그리스와 불가리아의 분쟁을 해결했으며 1921년에는 미국과 영국, 일본이 해군군비 감축을 위한 워싱턴 회담을 성사시켰다. 또한 1928년에는 회원국의 전쟁을 불법화하는 '켈로그-브리앙(Kellogg-Briand)' 조약도 체결하였다.

그러나 1931년 국제연맹이 일본의 만주 침공을 규탄하자 이에 일본이 1933년 국제연맹을 탈퇴하였고, 독일은 히틀러가 정권을 잡은 1933년 그해 10월에 일방적으로 탈퇴하였다. 1935년 이탈리아의 에티오피아 침공을 국제연맹이 규탄하자 이탈리아도 1936년에 탈퇴하였으며, 소련은 1939년 핀란드 침공을 이유로 국제연맹에서 제명되었다. 이렇게 국제연맹 회원국들이 국제연맹으로부터 제명되거나 탈퇴하는 등으로 제대로 기능을 발휘하지 못하다가 제2차 세계대전 이후 1946년에 공식적으로 해체되었다.

결국 제2차 세계대전은 유럽에서는 히틀러라는 희대의 독재자가 출현하여 자신의 정치적 의도를 관철할 목적으로 인접국을 침공하고, 동아시아에서는 일본 군국주의자들의 영토 팽창욕이 전쟁을 일으켰으며, 여기에 이런 분쟁을 조정하여야 할 국제연맹이 제대로 역할을 하지 못하면서 전쟁이 발발하는 한 원인이 된 것이다.

3. 전쟁 경과

제1차 세계대전이 유럽과 대서양의 일부 지역 위주로 전개되었다면, 제2차 세계대전은 유럽과 북아프리카, 대서양 외에 아시아 및 태평양 지역과 인도양, 지중해 등 광범위한 지역에서 전개되었다. 제1차 세계대전이 유럽지역에서 소모전과 참호전 위주로 진행되었다면 제2차 세계대전은 육지에서는 항공 및 기갑전력 등을 이용하여 빠른 속도로 진행되었으며 해상에서는 항공모함이 주력으로 역할을 하였고, 종전 시기에는 원자탄도 사용되는 전쟁이 되었다.

전쟁 기간 중 직접 전투에 참전한 국가 외에도 다수의 국가가 병력과 전투 장비와 탄약 및 식량 등의 물자를 연합국에 지원하였고, 독일과 일본은 점령한 곳에서 인적자원은 물론 장비나 물자를 약탈하여 전쟁을 하였다. 제2차 세계대전이 어떻게 발발하여 전개되었는지 주요 전투가 발생하였던 지역 위주로 살펴본다.

먼저 유럽에서의 주요 전쟁이다. 히틀러는 1939년 8월 소련과 불가침 조약을 체결한 바 있다. 이렇게 소련과 일시적으로 안정 관계를 만들어 놓고 폴란드를 침공하였다. 히틀러는 '나의 투쟁(Mein Kampf)'에서 "국경은 인간이 만드는 것이고 인간이 바꾸는 것이다"라고 말한 바 있는데, 군사력을 동반한 국경선의 인위적 변경이 1939년 9월 1일 폴란드를 침공함으로써 시작된 것이다.

폴란드군은 용감하게 저항하였으나 공격을 저지하기에는 중과부

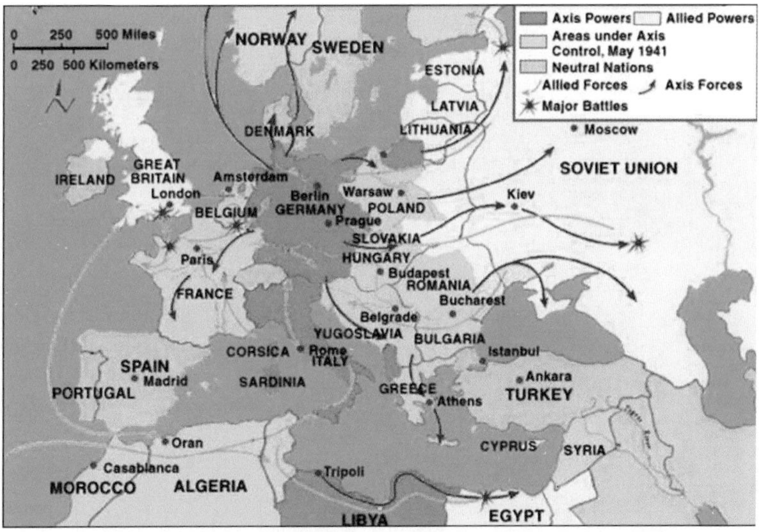

〈그림 4-7〉 제2차 세계대전 유럽지역의 연합군-추축군 전투 전개지역[6)]

적(衆寡不敵)이었다. 이 시기에 소련군도 "우크라이나와 벨라루스를 지키기 위한 방어 목적"이라는 미명 아래 독소비밀조약에 의거 폴란드를 침공하였다. 동서 양면에서 협공을 받은 폴란드는 9월 19일에 항복하였다.[5)] 독일이 폴란드를 침공하자 영국은 독일에 대하여 9월 2일에 선전포고를 함으로써 독일군의 폴란드 침공은 제2차 세계대전으로 비화되었다.

---

5) 독일군의 침공 가능성이 높아지면서 폴란드군에서는 총동원령을 내리고 전투준비를 하였다. 그러나 조기의 동원령이 히틀러에게 공격 구실을 준다는 영국과 프랑스의 경고에 따라 이를 취소하였다가 30일 다시 동원령을 내렸다. 폴란드는 독일군이 공격 시 독소비밀조약에 의거 소련군도 공격할 것이라는 것을 알지 못하였기 때문에 동쪽의 소련군에 대해서는 방어를 소홀히 하였다. 그러다가 양면공격을 받으면서 항전 끝에 항복한 것이다. 스탈린이 폴란드를 침공하게 된 원인의 하나는 1919~1921년의 소련~폴란드 전쟁에서 벨라루스와 우크라이나 등의 일부 지역이 폴란드에 빼앗겼기 때문이다. 제2차 세계대전 직전 스탈린은 소련에 거주하는 폴란드 사람들을 비밀경찰(NKVD)에 지시하여 제거하면서 "폴란드 쓰레기를 소련의 이익을 위해 제거하라"고 하였다.

〈그림 4-8〉 독일군의 폴란드 침공

1939년 9월 1일 독일군이 폴란드를 침공하면서 제2차 세계대전이 발발하였다. 왼쪽 사진은 히틀러가 폴란드로 향하는 독일군 대열을 바라보는 모습이며, 오른쪽 사진은 폴란드를 폭격하는 독일군 항공기이다.

폴란드를 점령한 독일군은 전쟁지속에 필요한 철광석을 스웨덴과 노르웨이로부터 확보할 목적으로 북유럽을 점령하고자 먼저 덴마크를 점령한 뒤 이어서 노르웨이에서는 영국과 프랑스 연합군을 교전 끝에 격퇴하였다. 노르웨이와 스웨덴을 점령한 독일군은 철광석을 확보함은 물론 이곳에 항공기와 잠수함 기지를 설치하고 연합군 수송 선단을 공격하였다.

독일군의 다음 목표는 프랑스 점령이었다. 독일군은 1940년 5월 10일 벨기에와 네덜란드에 대한 무차별 폭격으로 공격을 시작하여 베네룩스 3국을 점령한 뒤 프랑스를 침공하였다. 당시 독일군은 기갑부대가 통과하기 어려울 것으로 예상하였던 벨기에의 아르덴느 삼림지대를 이용함으로써 프랑스가 그토록 믿었던 마지노선을 무용지물로 만들었다. 프랑스에는 프랑스군 외에도 영국원정군이 파견되어 있었지만 프랑스 정치 및 군사 지도자들의 무능과 국민의 비협조 등으로 제대로 전투다운 전투를 하지도 못한 채 독일군의 전격전(電擊戰, Blitzkrieg)에 의하

---

6) https://slideplayer.com/slide/9466318/ (검색일: 2021.4.3)

〈그림 4-9〉 프랑스의 항복

제1차 세계대전 당시 4년 3개월여의 기간 동안 독일군과 싸워 승리한 프랑스는 제2차 세계대전에서는 정치지도자와 군부의 무능으로 개전 6주 만에 허무하게 항복하였다. 사진은 1940년 6월의 프랑스로, 독일군이 파리의 개선문을 통과하여 행진하는 장면과 시민들의 공포와 울분에 젖은 모습이다. 왼쪽 아래 사진은 프랑스의 항복을 받기 위하여 파리에 온 히틀러가 참모들과 에펠탑을 배경으로 사진을 촬영한 모습이며, 오른쪽 아래 사진은 히틀러 등 독일군 수뇌부와 프랑스군 수뇌부가 항복을 협상하고 있는 장면이다.

여 무너졌다.

독일군이 프랑스를 침공하여 파리에 근접하자 파리시는 독일군의 폭격에 폐허가 되는 것을 피하기 위해 6월 14일 '무방비 도시(Open City)'임을 선언하였고 독일군은 파리를 무혈점령하였다. 프랑스는 제1차 세계대전의 영웅인 페탱(Henri Philippe Pétain)이 주도하여 항복 논의를 하고 독일군과 협상 끝에 개전 이후 6주 만인 6월 22일에 항복함으로써 프랑스 전역은 끝났다.

프랑스 항복 이후 독일군의 다음 목표는 영국이었다. 독일군의 압력에 따라 1940년 5월 26일, 영국원정군이 덩커크 일대에서 철수

(Operation Dynamo)에 성공하기는 하였지만, 대부분의 전투 장비를 유기하였다. 철수 병력을 호위하고자 파견된 함정 10여 척과 항공기 다수도 잃었기 때문에 독일군이 영국을 침공한다면 본토방위에 위태로울 수밖에 없는 상황이었다. 독일군도 프랑스가 함락된 뒤에는 제공권 장악을 전제로 영국 상륙작전을 계획하였었다.

그러나 독일군은 육군이 영국 본토에 상륙하는 대신 폭격을 선택하였다. 독일 공군기들은 1940년 7월 10일부터 8월 18일까지 영국의 수송선단과 도버에서 프리머스에 이르는 남쪽의 여러 항구 및 해안도시에 대하여 폭격을 하였고, 8월 24일부터 9월 27일까지 영국공군과 그

〈그림 4-10〉 독일군의 영국 본토 폭격

1940년 8월 런던을 폭격하기 위하여 상공을 비행 중인 독일공군 폭격기(왼쪽)와 공습으로 불타고 있는 런던, 폭격 이후 파괴된 런던 시내를 찾은 처칠 수상 일행(오른쪽).

와 관련된 부수 시설을 제거하고자 런던을 맹폭하였다.[7] 9월 7일부터 11월 3일까지 매일 평균 200여 기의 폭격기들이 야간에 주요 도시를 공습하였으며, 11월 14일의 코벤트리 공습에서는 500여 기의 폭격기가 600여 톤의 폭탄과 소이탄을 투하하여 400여 명이 사망하는 등 역대급 피해가 발생하였다.[8] 독일군의 피해도 점증하면서 10월 초순 이후 주로 야간 공습 위주로 폭격을 하기는 했으나 영국이 위기를 극복하면서 영국과의 전투는 일단락되었다.

한편, 독일군이 1941년 4월 6일, 20개 사단으로 발칸반도의 유고와 그리스에 대한 공격을 시작하자 유고는 4월 17일에 항복하였고, 그리스군은 완강한 저항 끝에 4월 23일 항복하였다. 그리스가 항복하자 이 지역에서 작전 중이던 영국군이 지중해의 중요한 보급기지이자 해군 함정의 정박지인 크레타섬으로 철수하였다. 영국군이 크레타섬을 방어하자 독일군은 크레타섬을 점령할 목적으로 공수작전을 실시하여 교전 끝에 점령하였고 영국군이 철수함으로써 발칸 전역은 4월 27일 끝났다.

1941년 6월 22일, 독일군이 독소불가침 조약을 무시하면서 소련을 침공함으로써 바바로사 작전(Operation Barbarossa)이 시작되었다. 1차 세계대전에서 동시에 2개 전선을 유지하기 어려운 경험을 한 독일은 영국과의 전투를 중단한 채 동쪽으로 부대를 전환하여 소련을 공격하기 시작한 것이다. 스탈린은 미국과 영국 정보기관, 소련의 해외 첩보원들이 독일군의 침공 가능성 경고 무시와 독소 국경지역으로 독일군 이동 상황을 무시하는 등 독일군의 기만에 당하면서 그 아래 칼날에 놓이는 신세가 되었다.[9]

---

7) 윈스턴 처칠 지음, 차병직 옮김, 『제2차 세계대전』, 서울: 까치글방, 2016, p. 519.

8) 위의 책, p. 548.

〈그림 4-11〉 독일군의 소련 공격

1941년 6월 22일, 새벽에 전격적으로 시행된 독일군의 소련 공격(바바로사 작전)과 당시 붙잡힌 소련군 포로들. 왼쪽 아래 사진은 우크라이나에서 독일군에 저항하다 체포되어 교수형을 당한 빨치산 대원들이며, 오른쪽 아래 사진은 폐허가 된 스탈린그라드이다.

비록 독일이 소련과 불가침조약을 체결하였지만 히틀러에게 있어 슬라브족은 열등한 민족으로 절멸의 대상이었고 소련의 광대한 영토는 게르만족을 이주시켜 아리안족의 천년 제국을 건설해야 할 광대한 땅에 불과하였기 때문에 언제인가 점령해야 할 곳이었다.

6월 22일 시작한 독일군 공격은 소련군의 완강한 저항 속에서도 대승을 거두면서 작전의 주도권을 장악하고 유리하게 전개하였다. 대소 전역 전반기인 1941년 6월로부터 12월에 이르기까지 독일군은 소련군 260만여 명을 사살하였고 330만여 명을 포로로 획득할 정도로 그 성과는 눈부셨다. 당시 소련이 독일군의 침공을 저지할 수 있는 것이라

9) Peter Calvocoressi and Guy Wint, op. cit., pp. 166~168.

고는 혹한의 날씨, 러시아 민족 불굴의 의지, 광활한 국토뿐이었을 정도로 소련군의 대응은 무방비에 가까웠다. 그러나 독일군도 작전이 장기화되고 병참선이 길어지며 연료와 피복 등 동계작전 준비도 안 된 상황에서 빨치산 등의 공격마저 가중되자 1942년 들어 작전한계점에 서서히 도달하기 시작하였으며, 모스크바 공격에서 실패하면서 패배의 그림자가 서서히 다가왔다.[10]

1942년 8월 24일 스탈린그라드 전투에서는 독일군 제6군이 소련군에 포위된 가운데 전투 끝에 이듬해 2월 2일 항복하면서 포로 9만 명을 포함하여 33만 명의 전사자와 포로가 발생한 채 실패로 끝났다. 1943년 7월 쿠르스크 일대에서는 독일군 56개 사단 151만여 명의 병력과 전차/돌격포 5,000여 대와 소련군은 76개 보병사단 264만여 명의 병력과 전차 8,200여 대와 격돌하는 사상 최대의 전차전을 벌였다. 그 시기에 연합군이 시칠리아에 상륙작전을 실시함에 따라 히틀러가 작전의 중지를 결정하여 전투는 종결되었으나 결과적으로는 독일군의 패배로 끝났다.[11]

북아프리카에서는 영국군과 이탈리아군이 리비아 일대에서 충돌하여 영국군이 13만여 명의 포로와 85문의 포, 380여 대의 전차를 획득하였다. 북아프리카의 상황이 영국군에 유리하게 전개되자 독일군은 롬멜(Ervin Rommel) 장군의 지휘 아래 2개 사단을 파견하면서 독일군과 영국군이 토부룩~벵가지 일대에서 격전을 하였다.

엘 알라메인 일대에서 롬멜군이 영국군의 계속된 공격과 독일군

10) 히틀러는 소련을 공격함에 있어 4개월의 신속한 작전으로 붕괴시킬 수 있을 것으로 1940년 12월 18일 작전명령 21호를 통하여 밝힌 바 있다. 그랬기 때문에 동계피복, 연료, 부동액 등 동계작전 준비를 제대로 하지 않았다.

11) 정하명 외, 『세계전쟁사』, 서울: 도서출판 황금알, 2004) pp. 336~338.

의 전차손실 확대 및 유류 부족으로 작전을 중지하고 철수하자 영국군이 전과확대를 실시하면서 튀니지 국경까지 도달함으로써 작전은 종결되었다. 1942년 여름 몽고메리(Bernard Montgomery) 장군과 아이젠하워(Dwight D. Eisenhower) 장군이 지휘하는 연합군이 북아프리카에서 주도권을 장악하였다.

1943년 7월 9일 아이젠하워가 지휘하는 16만여 명의 병력과 항공기 3,700여 대가 시칠리아를 공격하여 17일 전역을 점령하였다. 이후 이탈리아에 상륙작전을 실시한 연합군은 독일군 저항을 무력화하면서 6월 4일에 로마를 점령하였고 북쪽을 향하여 진격하면서 1945년 5월에는 북부의 포강 일대에서 독일군으로부터 항복을 받으면서 이탈리아 전역은 끝났다.

연합군이 프랑스 상륙작전을 하기로 하면서 이를 위해 연합군 '최고참모본부(COSSAC)'를 런던에 설치하고 상륙작전을 1944년 5월경에 실시하기로 잠정 결정하면서 작전명칭을 '오버로드 작전(Overload Operation)'으로 하였다.

작전을 위하여 아이젠하워를 총사령관으로 임명하고 준비 끝에 1944년 6월 6일 287만여 명의 병력과 5,300여 척의 함정 및 12,000여 대의 항공기 지원 아래 노르망디 상륙작전을 실시하였다.[12)]

이후 연합군은 전 방향에서 독일군을 추격하면서 1945년 5월 4일 베를린을 점령하였고, 이에 앞서 히틀러는 자살로 생을 마감하였다. 동부전선에서도 소련군이 4월 16일부터 베를린을 향하여 총공세를 개시, 5월 2일에 모든 저항을 종식시켰다. 독일군은 5월 6일 항복문서에 서명

12) Robert Goralski, *World War II Almanac: 1931~1945,* pp. 322~324.

〈그림 4-12〉 노르망디 상륙작전
1944년 6월, 287만여 명의 병력과 5,300여 척의 함정 등이 참가한 이 작전은 '사상 최대의 작전'으로 불린다.

하면서 유럽에서의 제2차 세계대전은 공식적으로 끝났다.

다음은 아시아-태평양 지역 전투이다. 1940년 초가 되면서 일본과 미국의 충돌 가능성이 점증하는 가운데 미국은 일본군이 중국에서 철수하지 않으면 석유를 포함한 물자의 일본 수출금지와 미국 내 일본인 자산 동결을 경고하였다.

상황이 악화되자 미국은 영국과 네덜란드, 중국과 더불어 ABCD 라인을 구축하여 일본을 정치 · 경제 · 군사적으로 봉쇄하기 위한 조치를 취하면서 전략물자인 석유와 주석, 니켈 및 고무의 수입이 막혔다. 이를 타개하기 위해서는 인도네시아나 말레이시아의 자원지대를 점령하기 위하여 전쟁을 하든지 아니면 자급자족하든지 그것도 아니면 대동아공영권을 포기하든지 택일을 해야만 하는 상황으로 몰리면서 결국 군부가 주도하여 전쟁을 택하였다.

당시 일본은 240만여 명의 상비군 외에 300만여 명의 예비전력과 7,500여 대의 항공기 및 220척의 주력함선과 600만여 톤의 수송선 등을 보유하고 있었지만, 미군은 하와이 일대에 병력 150만여 명과 항공기 및 전함, 수송선 등의 보유에도 불구하고 태평양 지역의 전쟁준비 상태는 높은 수준이 아니었다.

일본은 미국을 상대로 전쟁을 신속히 종결할 수 있는 방법으로 할 수 있다면 승리할 수 있을 것으로 판단하여 대본영(大本營)에서는 기습적으로 전쟁을 시작하여 공세적 및 속전속결로 작전을 하기로 하였다.

1941년 12월 7일, '야마모토 이소로쿠(山本 五十六)'의 연합함대가 진주만(Pearl Harbor)의 태평양 함대를 기습공격하여 전함 7척 등 함정 18척에 피해를 주고 항공기 357대를 파손시켰으며 해군수병 2,403명이 전사하는 등 3,581명의 인원손실이 발생하는 피해를 입히면서 태평양 전

〈그림 4-13〉 일본군의 진주만 기습

1941년 12월 7일, 일본군의 진주만 기습을 보도한 신문(왼쪽 위)과 일본군의 기습으로 불타고 있는 미 해군 전함(오른쪽 위, 왼쪽 아래). 오른쪽 아래는 애리조나호가 격침된 곳에 설치된 기념관이다.

쟁이 발발하였다.[13]

진주만 기습 당시 항모 3척이 훈련차 외해로 출동하여 피해를 모면하였으며 항공기나 함정 정비시설과 450만 배럴의 유류 저장고도 피해를 받지 않았다. 진주만 기습 이후 일본군은 12월 10일에 괌(Guam)섬, 25일에는 웨이크(Wake)섬을, 26일에 홍콩을 점령하였으며, 1942년 2월 15일에는 싱가포르도 점령하였다. 일본군은 필리핀도 12월 8일부터 공격을 시작하여 5개월여의 전투 끝에 점령하였다.

여기에 그치지 않고 일본군은 중국군의 보급로인 '버마통로'를 차단하고 인도양으로 진출하고자 1942년 1월 16일 버마를 공격하여 5월 20일 무렵에는 대부분을 점령하였으며, 인도네시아를 공격하여 네덜란드군의 항복을 받고 유전지대를 장악하였다.

1942년 4월 18일, 두리틀(James H. Doolittle) 중령이 지휘하는 미 육군 항공대의 B-25 폭격기 16대가 항모 호넷(Hornet)에서 이륙하여 도쿄를 폭격 후 중국으로 비행하였다. 이에 충격을 받은 일본은 본토에 대한 안전을 확보하고자 중부 태평양의 미드웨이(Midway)섬을 점령하기로 하였다.

일본군은 미드웨이 공격에 아카기(赤城) 등 항모 4척과 함재기 250여 대 등 대규모의 해군전력을 투입하였다. 암호해독으로 일본군의 공격을 미리 알고 있었던 미 해군도 엔터프라이즈호 등 항모 3척과 순양함 8척 등의 전함을 투입하였다.

1942년 6월 4일의 미드웨이 해전에서 미 항모에서 발진한 항공기가 일본군 항모를 기습하여 4척을 침몰시키는 등 대승을 거두었으며,

---

13) 폴 콜리어, 『제2차 세계대전』, pp. 471~473.

14) https://slideplayer.com/slide/7769791/ (검색일: 2021.4.3)

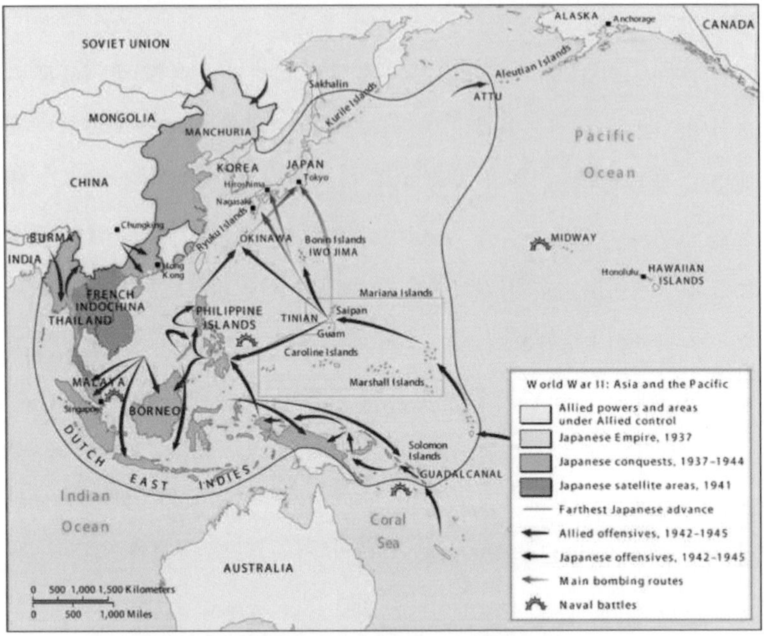

〈그림 4-14〉 제2차 세계대전 아시아-태평양 지역의 연합군-일본군 전쟁터[14)]

〈그림 4-15〉 미드웨이 해전

1942년 6월 4일, 미드웨이 해전에서 미 해군기의 공격으로 화염에 휩싸인 일본군 항모 카가(加賀)

이를 계기로 미군이 태평양에서의 제공권과 제해권을 장악하였다.

한편, 1943년 2월 9일까지 6개월여 기간에 걸쳐 미군과 일본군은 태평양 일대에서 지상전과 해상전, 공중전이 반복되는 지루한 양상으로 전개되었다. 미군은 남서태평양 도서지역의 일본군 모두를 소탕하기에는 많은 시간이 소요될 것으로 판단, 'By pass' 전술을 구사하여 강한 곳은 우회하고 후방의 방어준비가 덜 된 곳을 점령한 뒤 고립된 일본군을 미 해군이나 공군을 이용하여 무력화하는 방법으로 최소의 손실로 일본군을 공략하였다.

미군의 작전이 점차 일본 본토로 근접해 가면서 군부는 이른바 '아호(ア號)작전'과 '첩호(捷號)작전'으로 본토를 방어하고자 하였으나 실패하면서 더욱 본토가 노출되는 상황이 되었다. 일본군은 필리핀 및 이오지마, 오키나와 등의 섬에서 이른바 옥쇄(玉碎)전술과 가미카제(神風) 등으로 극렬하게 저항하였지만 막대한 피해만 남긴 채 미군이 점령하면서 이제 본토만 남는 상황으로 발전되었다.

당시 도쿄를 포함하는 일본의 도시 주택은 목재로 지어져 화재에 취약하였다. 이를 인지한 미군은 1945년 3월부터 시작한 전략폭격(Strategic Bombing)에서 도쿄를 비롯하여 오사카, 나고야, 요코하마, 가와사키 등의 시를 중심으로 10여만 톤 이상의 네이팜탄을 포함한 폭탄을 투하하여 26만여 명이 목숨을 잃고 200만여 호의 주택이 불타면서 900~1,300만여 명이 집을 잃었다.

미군은 전쟁이 끝나갈 무렵, 일본 본토에 대한 상륙작전 계획(沒落작전, Operation Downfall)을 수립하면서 이 과정에서 대규모의 미군이 희생될 것으로 예상되자 '맨해튼 프로젝트(Manhattan Project)' 계획으로 발명된 '원자탄(Atomic Bomb)'을 8월 6일 히로시마(廣島)와 9일 나가사키(長崎)에 투하

함으로써 8월 15일 일본은 무조건 항복하였고, 태평양 전쟁은 끝났으며, 제2차 세계대전도 완전히 끝났다.

6년여의 기간에 걸쳐 전개된 제2차 세계대전에서는 6,000만여 명의 사망자가 발생하였으며, 유럽을 포함하는 전쟁터가 되었던 지역은 참혹하게 폐허가 되는 결과를 초래하였다.

〈그림 4-16〉 공습으로 불타는 도쿄

1945년 3월 9일, 미 육군항공대의 B-29 폭격기 330여 대가 도쿄에 네이팜탄을 투하하면서 목재가옥이 많았던 시가가 화염에 휩싸인 모습. 이 폭격으로 9~10만여 명이 죽고 100만여 명이 집을 잃은 것으로 알려졌다.

〈그림 4-17〉 히로시마 원폭 투하

히로시마에 투하된 원폭 '리틀 보이(Little Boy)' 폭발 장면 및 원폭 투하 이후 폐허로 변한 히로시마. 이 원폭투하로 당일 7~8만여 명, 1945년 말까지 14만여 명이 사망한 것으로 알려졌다.

The Philadelphia Inquirer
PUBLIC LEDGER
LATE CITY EDITION

Atomic Bomb, World's Most Deadly, Blasts Japan; New Era in Warfare Is Opened by U. S. Secret Weapon

Today

Bong Killed Testing New Jet Plane

Terrific Missile Unleashes Basic Force of Universe

The Evenin Star

HIROSHIMA DEAD CITY, JAPANESE REPORT; VICTIMS 'TOO NUMEROUS' TO BE COUNTED

Enemy Calls Use of Atomic Bomb Violation of International Law

〈그림 4-18〉 히로시마 원폭투하를 보도한 신문

세계에서 가장 치명적인 원자폭탄이 일본을 강타하였다는 내용을 보도한 1945년 8월 7일의 신문(왼쪽)과 히로시마가 죽음의 도시가 되었다는 일본의 보도를 인용한 신문(오른쪽). 희생자를 헤아리기에는 너무 많다는 내용을 보도하고 있다.

4. 전쟁 결과

제2차 세계대전은 그 이전의 전쟁과는 비교할 수 없을 정도로 범세계적으로 격렬하게 파괴적으로 진행되었다. 이 전쟁은 재래식 무기로부터 핵무기가 사용된 전쟁으로, 대규모의 전략폭격으로부터 인종학살에 이르기까지 다양한 모습으로 전개되었다.

제2차 세계대전에서 영국과 미국, 프랑스, 소련 등은 연합국으로, 독일과 이탈리아 및 일본은 추축국으로 3국 동맹을 체결하여 명운을 걸고 총력전으로 전쟁을 하였으며, 독일의 항복(1945.5)에 이어 일본도 항복(1945.8)함으로써 끝났다.

연합국 수뇌들은 전쟁 기간 중 회담에서 전쟁이 끝나면 국제적인

The New York Times.

JAPAN SURRENDERS, END OF WAR!
EMPEROR ACCEPTS ALLIED RULE;
M'ARTHUR SUPREME COMMANDER;
OUR MANPOWER CURBS VOIDED

EXTRA The Evening Star 5 Cents

WHITE HOUSE ANNOUNCES
THE WAR IS OVER

MacArthur to Receive
Surrender of Japanese

〈그림 4-19〉 일본이 항복하였다는 백악관의 발표를 보도한 신문과 트루먼 대통령

분쟁을 해결하기 위한 보다 강력한 '국제연합(United Nations, UN)'을 창설하기로 합의하였다. 이런 합의를 바탕으로 1945년 10월 24일 미국 뉴욕에 국제연합본부를 창설함으로써 분쟁이 발생하면 이를 무력이 아닌 평화적인 방법으로 해결하는 국제적 기구를 갖게 되었다.

한편, 미국과 영국, 소련의 수뇌들은 전쟁 기간 중 테헤란 회담(1943.11), 얄타 회담(1945.2) 등을 하면서 전후처리에 관한 협의를 하였다. 그러나 종전 이후 상황은 급변하여 소련이 공산주의 팽창을 추구하자 자유세계 국가와 갈등을 야기하는 상황으로 전개되었다.

소련은 발트 3국과 폴란드, 체코, 루마니아, 헝가리, 불가리아 등

〈그림 4-20〉 제2차 세계대전 후 냉전시기의 유럽[15]

1945년 5월 7일, 독일군이 항복하면서 유럽에서의 전쟁은 끝났으나 동독 및 폴란드, 체코, 헝가리, 루마니아 등 동구권 국가들이 차례로 공산화되면서 NATO(북대서양 조약기구, 1949)와 WTO(바르샤바조약기구, 1955)가 창설되어 냉전이 격화되었다.

동유럽 국가를 차례로 공산화하였으며, 그리스와 터키마저 공산화하려고 했으나 이는 미국과 영국의 개입으로 실패하였다. 프랑스와 이탈리아에서도 공산주의자들이 정권을 잡으려고 하였으나 실패하였다. 이런 소련의 팽창에 대하여 처칠은 1947년 '철의 장막(Iron's curtain)'이라는 유명한 연설로 이를 경고하였다.

아시아에서도 소련군이 북한에 주둔하여 한반도 이북을 공산화하였으며, 중국은 오랜 국공내전 끝에 공산화되었고, 북베트남과 라오스 등 동남아 국가들도 공산화되면서 본격적으로 자유진영과 공산주의 진영의 대립이 시작되었다.

미국은 전쟁으로 피폐해진 서유럽 국가들의 공산화를 막고 경제발전을 위하여 '마셜 플랜(Marshall Plan)'을 수립하여 지원하였으며, 공산주의 세력의 확장에 대응하여 '북대서양조약기구(North Atlantic Treaty Organization, NATO)'도 창설하였다. 6 · 25전쟁이 발발하자 국제연합군 파견도 주도하였다. 전쟁 기간 중 연합국으로 힘을 합쳤던 국가들이 전쟁이 끝나기가 무섭게 소련의 공산주의 팽창정책이 노골화되면서 자유진영 대 공산진영으로 분열되어 냉전이 확산되기 시작한 것이다.

15) https://www.google.co.kr/ (검색일: 2021.4.3)

제2절 영국

1. 전쟁 당시의 영국

제1차 세계대전에서 협상국의 핵심으로서 승리한 영국이기는 하지만 종전 이후 남은 것이라고는 전쟁 기간 중 사용한 막대한 비용으로 인하여 국가재정은 바닥났고 미국에는 46억 달러라는 당시로서는 엄청난 채무만 남았다. 여기에 전쟁 당시 발생한 많은 인명손실로 사회에는 염전(厭戰)사상과 반전 분위기마저 만연하였다. 이런 상황에서 1929년 미국에서 시작된 대공황이 전 세계로 확산되면서 영국도 경제적으로 어려운 가운데 국방비 편성에 압박을 받았다. 그런 여파로 히틀러 집권 이후 재군비가 진행됨에도 불구하고 군사력 강화를 위한 조치를 제대로 하지 못하였다.

그 당시 영국 수상은 체임벌린(Neville Chamberlain)이었다. 그는 유화론자로 1938년 9월 독일의 뮌헨에서 프랑스의 달라디에(Édouard Daladier), 이탈리아의 무솔리니(Benito Mussolini), 독일의 히틀러(Adolf Hitler)와 함께 뮌헨 협정을 체결하여 체코의 주데텐란드를 독일에 할양해주기로 합의하고 영국으로 돌아가 "이 시대에 평화가 왔다(I believe it is peace for our times)"고 선언하였다.

독일이 1938년 3월 오스트리아를 합병하고 이어서 체코를 1939년 3월 합병한 뒤 9월에는 폴란드마저 침공하자 영국은 프랑스와 함께 독일에 선전포고(1939.9.3)를 함으로써 제2차 세계대전이 본격적으로 시작되었지만, 전쟁을 수행할 준비는 병력이나 전투 장비와 탄약 등 여러모로 미흡하였다.

1939년 9월 독일군의 폴란드 침공에 이어 '가짜 전쟁 기간(Phony War, 1939.9~1940.5)'을 거쳐 1940년 5월 22일, 프랑스 침공 시까지 체임벌린이 수상, 처칠이 해군장관으로 직책을 수행하고 있었다. 독일군의 프랑스 침공으로 당시 영국원정군은 덩커크에서 철수 시 대포 2,300여 문, 대전차포 400여 문, 기관총 8,000여 정, 탄약 7,000여 톤, 차량 120,000여 대 등 수많은 장비와 탄약을 유기한 채 병력(33.8만여 명)만 철수하였고, 이에 대한 책임으로 체임벌린이 사임하자 6월 10일 처칠이 수상으로 취임하였다.

프랑스 항복 이후 독일군의 침공에 대비하여 영국은 본토 방어를 위해서는 다량의 장비와 탄약이 필요하였으나, 이미 덩커크 철수 시 수

〈그림 4-21〉 뮌헨 회담과 유화주의자 체임벌린

왼쪽 사진은 1938년 9월 30일 뮌헨 협정의 당사자들로, 왼쪽으로부터 영국의 체임벌린, 프랑스의 달라디에, 독일의 히틀러, 이탈리아의 무솔리니이다. 뮌헨 협정은 약자의 입장은 철저히 무시된 채 강자들이 자국의 이익을 추구하기 위한 대표적인 협상이었다.
오른쪽 사진은 히틀러의 요구대로 체코의 주데텐란트를 독일에 넘기는 내용의 뮌헨 협정에 서명한 영국의 체임벌린 수상이 귀국하여 공항에서 군중들에게 협정문을 보여주면서 "이 시대에 평화(Peace for our time)"를 말하고 있다. 이 장면은 적에게 유화적으로 평화를 구걸하면 오히려 비극을 초래한다는 유명한 교훈을 남긴 대표적인 사진이다.

많은 장비와 탄약을 유기한 채 병력만 철수하였기 때문에 어려운 상황이었다. 군수산업시설도 아직 전시생산체제로 전환되어 있지 않아서 국내의 생산력도 제한적이었다.

수상으로서 처칠은 "영국의 목표는 승리에 있고, 여하한 희생을 치르더라도 영국은 승리할 것이며, 영국은 어떠한 폭력과 공포에도 굴하지 않고 승리를 쟁취할 것이며, 또한 아무리 길고 험난한 여정이라도 기필코 승리를 할 것이다"[16]라고 하여 국민에게 승리에 대한 강한 의지를 표명하였다.

처칠은 프랑스군이 독일군에게 무기력하게 대응하는 모습을 보면서 프랑스에 전투기 지원을 중단하고 영국 본토방어 준비에 만전을 기

LATE LONDON EDN

Daily Mirror

WE NEVER SURRENDER

DUNKIRK —LAST MEN GO

IRONSIDES FOR HOME DEFENCE

FRY'S

254 DEAD IN PARIS RAID

〈그림 4-22〉 영국의 항전의지를 보도한 Daily Mirror의 1940년 6월 5일자 신문

"우리는 결코 항복하지 않는다(We Never Surrender)"라는 위의 신문 제목이 보여주듯 독일군의 침공 가능성에 대응하여 처칠은 국민에게 "피와 고통과 눈물과 땀(Blood, toil, tears and sweat)"을 요구하면서 결코 굴복하지 않을 것이라고 하였다.

16) Hugo Bicheno, "*Total War*", Oxford Companion to Military History, Oxford, 1995, p. 916.

〈그림 4-23〉 프랑스 항복 이후 영국해군의 프랑스 해군 공격
1940년 7월 3일, 영국해군 전함이 알제리 오랑 항에 정박해 있던 프랑스 해군 전함을 공격하여 Bretagne함과 Mogador함이 불타고 있다. 이 공격으로 프랑스 해군장병 1,297명이 사망하였고 전함도 다수 피해를 입었다.

하였다. 프랑스가 독일군에 제대로 대항도 하지 못하고 항복하자 해군도 함께 독일군에게 넘어갈 것을 우려하여 1940년 7월 3일 알제리의 오랑에 있던 프랑스 해군함대를 과감하게 공격(Operation Catapult)하도록 지시하였다.[17)]

영국이 전쟁 기간 중 당면한 주요한 문제의 하나는 '어떻게 하면 재정부족으로 야기되는 문제를 해결하느냐?'였다. 특히 무기나 탄약, 식량 문제의 해결은 전쟁 승패에 있어 대단히 중요한 문제였으며, 이를 해소하고자 미국을 끌어들이기 위하여 각고의 노력을 기울였다.

이를 위하여 첫째, 루스벨트 대통령과 긴밀한 관계를 만들고자 전쟁기간 동안 950여 통의 전문을 보내 자신의 의사를 전달하는 방법으로 두 지도자가 긴밀한 관계가 되도록 하였고, 둘째, 미국인과 미국의 지도층을 감동시키기 위한 노력으로 라디오 연설을 자주 활용하였으

17) Peter Calvocoressi and Guy Wint, op. cit., pp. 128~129; 폴 콜리어, 앞의 책, pp. 336~339. 당시 처칠은 프랑스 해군이 영국으로 망명한 자유프랑스군과 합류하여 독일과 싸우거나 중립지대로 가서 머물거나 아니면 스스로 침몰하기를 원하였다. 그러나 영국과 프랑스의 협상이 실패하면서 프랑스 해군을 공격한 것이다.

〈그림 4-24〉 1942년 8월 처칠과 스탈린의 모스크바 회담

며, 셋째는 영국과 미국의 협력을 제도화하기 위하여 합동연합참모본부나 합동정보부, 작전지휘 합동조직 등을 만들었다.

처칠은 미국에게 무기와 탄약 및 식량을 지원해줄 것을 요청한바, 루스벨트 대통령은 1941년 4월, 무기대여법(Lend- lease Act)을 제정하여 영국을 포함하는 연합국이 전쟁을 수행하는 데 필요한 전투 장비로부터 탄약, 식량 등을 지원할 수 있도록 하였다.

전쟁 기간 중 영연방 국가도 영국의 승리에 기여하였다. 캐나다는 영 연방군이 사용한 물자의 일부를 담당하였고, 인도와 남아프리카 공화국, 오스트레일리아와 뉴질랜드 등은 전투부대를 파견하였다.

처칠은 승리를 위해 1942년 8월과 1944년 10월 모스크바를 방문, 스탈린과 회담을 하였다. 공산주의자를 철저히 배격하였던 처칠이지만, 당면하는 독일군 격멸을 위해 협조할 필요성이 있었기 때문에 스탈린을 만난 것이다.

〈그림 4-25〉 독일공군기의 폭격으로 지하철로 대피한 런던 시민

1940년 7~10월, 독일공군의 폭격기가 영국의 주요 도시를 폭격하는 동안 수많은 사람은 지하철을 대피처로 이용하였다. 사진은 런던의 지하철로 피신한 런던 시민들의 모습이다.

독일군의 폭격기들이 영국 본토를 폭격하기 시작한 1940년 7월 이래 1945년 독일군이 항복할 때까지 영국은 폭격으로 수많은 희생자가 발생하였다.[18] 공습경보가 울리면 시민들은 지하철이나 지하시설로 대피하였고, 독일공군의 폭격기들은 시민 거주지나 산업시설 등을 무차별적으로 폭격하였다.

제2차 세계대전 기간 중, 미국과 남미, 호주 등으로부터 식량을 비롯한 수입물품은 영국의 생존과 전쟁지속에 매우 중요하였으며 상선은 생명줄이었다. 영국은 안전한 수송을 위하여 영국해군 및 미 해군, 영연방 해군 등의 군함 호위를 받으며 물자를 수송하였지만 이 과정에서 독일해군의 U-boat는 상선을 무차별적으로 공격하였다. 영국은 전쟁기간 중 3,500여 척의 상선과 더불어 1,500만여 톤의 식량을 포함하는 전쟁지속에 긴요한 수입물자들이 대서양의 물속으로 사라지는 피해를 입었으며, 3만여 명의 선원도 목숨을 잃었다.[19]

18) 1940년 7월부터 시작된 독일공군의 영국 본토에 대한 폭격으로부터 1945년 5월 V-1 · 2포격에 이르기까지 발생한 인명피해는 사망 60,595명과 부상 86,182명에 달한다(Robert Goralski, op. cit., p. 429).

19) British and Commonwealth Merchant Ship Losses to Axis Submarines, 1939-1945: Submarines 1939~1945.

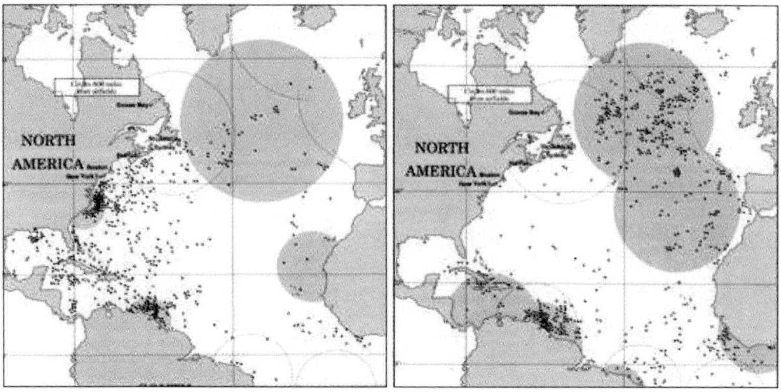

〈그림 4-26〉 대서양에서의 상선 손실[21]
독일군 잠수함의 무차별적인 공격으로 상선이 침몰한 위치를 나타낸 그림으로, 왼쪽 사진은 1942.1.1.~7.31, 오른쪽 사진은 1942.8.1~1943.5.31 기간 중 상선 침몰 위치이다.

영국은 1940년과 1941년 2년간 각 400만 톤에 달하는 상선이 U-boat에 의해 격침되었고, 1942년 8월 1일부터 1944년 5월 15일까지는 영국 상선 214만 톤, 그 외 국가의 상선 214만 톤 등 428만 톤이 피해를 입었다.[20] 다행인 것은 1943년 이후 미국의 선박 건조량이 상실되는 선박톤수를 능가하면서 서서히 고통의 시간을 벗어날 수 있었다는 것이다.

2. 병력모집

1939년 봄, 유럽의 정세는 한창 악화되면서 전쟁으로 치닫고 있었다. 이에 따라 체임벌린 내각의 영국 정부에게는 나치 독일의 전쟁도발 가능성에 대한 대비를 요구하였으며, 무엇보다도 병력의 확보는 시급

20) 윈스턴 처칠, 앞의 책, pp. 1004~1007.
21) https://www.pinterest.co.kr/pin/308426274461773513/ (검색일: 2021.4.6)

〈그림 4-27〉 제2차 세계대전 영국의 병력모집 홍보 포스터

영국이 위중한 상황에서 병력모집은 중요한 문제였다. 포스터를 보면, 18~61세의 남성들은 오늘 등록하라는 문구, 국가가 여러분을 필요로 하는 만큼 해군에 등록하라는 등의 문구가 보인다.

한 문제였다. 이에 정부에서는 5월, 20세에서 22세 사이의 독신 남성에게 적용되는 제한적 징집 계획인 '군훈련법(Military Training Act)'을 제정하였으며 이에 따라 6개월간의 군사훈련을 받아야 했고, 약 24만 명이 입대하였다.

제2차 세계대전이 발발한 3일 뒤인 1939년 9월 3일, 영국이 독일에 선전포고를 한 날, 의회는 국가복무(국군)법(National Service(Armed Forces) Act)을 통과시켰다. 이 법에서는 영국에 거주하는 18세에서 41세 사이의 남성이 군에 입대하도록 의무화하였으며, 영국이 독일에 선전포고한 그날부터 바로 효력을 발휘하였다. 이 법에 따라 현역에 복무할 남성의 수가 급격히 증가하였다. 이 법은 완전한 징병 시행을 목표로 했지만, 양심적 반대자와 의학적으로 군 복무에 부적당한 것으로 간주되는 사람들, 엔지니어 부분에서 일하는 사람은 예외적으로 하였다.

1939년 9월 1일 독일이 폴란드를 침공한 후 영국 정부는 영원정군을 프랑스에 10월 158,000여 명을 파병하였으며 이듬해 3월에도 추가하여 그 규모는 316,000명으로 증가하였다. 국군법이 시행되면서 1939년 말까지 영국 육군의 규모는 110만 명으로 증가하였으며, 이후에도 전쟁이 진행되면서 병력 규모는 계속 증가하여 그 현황은 다음의 〈표 4-1〉에서 보는 바와 같다.

〈표 4-1〉 제2차 세계대전 기간 중 영국의 병력의 확대[22)]

구분	1939	1940	1941	1942	1943	1944	1945
인원(만 명)	106.8	181.2	328.5	388.0	445.2	469.1	490.6
비고	매년 4월 1일 기준, 제2차 세계대전(1939.9~1945.5)						

전쟁 기간 중 병력 수요가 급증하면서 정부는 다양한 글귀로 국가가 장정이 필요함을 호소하면서 입대할 것을 홍보하였다. 제1차 세계대전 당시 창설되었다가 해체된 공보부(Ministry of Information)가 다시 창설되어 정부 차원에서 영화, 방송, 포스터, 리플릿, 신문 등을 이용하여 국민에게는 징병, 배급제, 자원낭비 방지 등 전쟁 노력에 대한 홍보와 더불어 독일에 대한 저항 고취 등의 선전업무를 하였다.

1939년 영국에는 전체 가구의 70%에서 900만여 개의 허가된 라디오가 있어서 각 가정에서는 이를 통하여 정부의 징병은 물론 배급제에 관한 홍보라든가 요리 방법 등의 소식을 알려주었다. 전쟁 기간 중 양심적 병역 거부자(Conscientious Objector)로 병역의무가 약화되는 일도 발생하였다.

22) https://www.theguardian.com/news/datablog/2011/sep/01/military-service-personnel-total

3. 여성의 전쟁 지원

영국은 여성을 전시 노동인력으로 처음 도입한 문명국가(Civilized Nation)라고 할 정도로 히틀러의 독일보다는 더 많은 여성을 활용하였고, 영국을 초월하여 여성을 더 많이 활용한 나라는 소련이라고 할 정도로 그 역할은 중요하였다.

이미 제1차 세계대전에서 육군이나 해군 및 공군과 산업현장에서 전투 장비와 탄약의 생산 및 영농작업을 위하여 많은 여성이 참여하였던 경험이 있는 영국은 제2차 세계대전이 발발하면서 제1차 세계대전보다 더 많은 여성이 각 분야에서 참여하여 전쟁을 지원하였다. 〈표 4-2〉는 전쟁이 발발하면서 여성 인력의 연도별 고용 증가상황을 보여준다.

〈표 4-2〉 연도별 여성 인력의 고용인원[23)]

구분	1939	1940	1941	1942	1943	1944	1945.6
인원(만 명)	509.4	557.2	611.0	691.5	725.3	710.7	676.8
비고	기준	+47.8	+101.6	+182.1	+215.9	+201.3	+167.4

먼저 군에서 여성의 역할로, 여기에는 지원지역복무(Auxiliary Territorial Services 이하 ATS)와 여성지원공군(Women's Auxiliary Air Force, 이하 WAAF), 여성왕립해군복무(The Women's Royal Naval Services, 이하 WRNS) 등이 그것이다.

ATS는 제1차 세계대전 당시인 1917년 여성의 자원으로 창설된 여

23) Stephen Broadberry and Peter Howleft, *Blood, Sweat, and Tears: British Mobilization for World War II, A World At Total War: Global Conflict and the Politics of Destruction, 1937~1945*, Cambridge University Press, p. 171에서 부분 발췌.

〈그림 4-28〉 ATS 대원 모집 홍보 포스터

여성대원을 모집하기 위한 ATS 홍보 포스터이다. "ATS에 지원해 주세요. 대원복무를 통하여 모험을 할 수 있을 것입니다", "그들은 우리가 없으면 대공포를 운용할 수 없습니다. 새로운 ATS에 지원해 주세요", "여러분을 위한 ATS입니다. ATS를 위하여 10만 명의 여성이 긴급히 필요합니다"라는 문구가 보인다.

성지원육군부대(Women's Auxiliary Army Corps, WAAC)가 다른 이름으로 개명하여 1939년 8월 9일에 창설되었다. ATS는 처음에는 장병의 가족이나 딸로서 구성되었으며 요리사, 점원 등으로 그 임무를 수행하였다. 영국이 본격적으로 전쟁에 참여하면서 더 많은 장정이 전쟁에 동원됨에 따라 ATS 대원의 규모를 확대하기로 결정되면서 1941년 9월까지 그 수는 65,000여 명에 달하였다. ATS에 많은 대원이 참여할 수 있도록 규정이 완화되면서 17세에서 43세 사이의 여성들 가입이 허용되었다.[24)]

의회에서는 1941년 12월 개정된 국가복무법(National Services Act)을 통과시켰다. 이 법에서는 미혼의 20~30세 여성들은 ATS, 여성왕립해군복무(WRNS), 여성지원공군(WAAF), 항공수송지원(Air Transport Auxiliary, ATA) 등의 군사 분야의 보조 활동에 참여토록 하는 규정을 포함하였다. (후일

---

24) https://www.forces-war-records.co.uk/units/131/auxiliary-territorial-service/ (검색일: 2019. 3.22)

〈그림 4-29〉 대공관측 임무를 수행하는 ATS 대원
ATS에서 여성들은 다양한 역할을 하였다. 쌍안경을 들고 대공 관측임무를 수행하거나 탐조등을 이용하여 관측임무를 수행하는 등으로 대공방어에 기여하였다. 이들은 당시 'ACK-ACK GIRL'로 불렸다.

기혼의 여성도 포함하였으며, 임신한 여성이나 어린이가 있는 여성은 제외하였다.) 또한 여성들이 군수공장에서 일하는 것이 포함되면서 이에 따라 여성들은 탱크와 항공기 제조공장, 민방위, 간호, 수송 및 기타 주요 직업에서 일하도록 허용되었다.[25]

1943년까지 10명의 여성 중 9명이 전쟁지원 활동에 참여하고 있었다. 여성은 전장에서 복무하는 것이 금지되었지만, 남성 부족 때문에 ATS 멤버는 물론 다른 여성 대원도 레이더나 대공포 운용, 헌병 대원의 일부로서 임무를 수행하기도 하였다.[26] ATS는 1943년 8월 들어 대원이 212,500명에 달하였으며, 전쟁이 끝날 무렵에는 250,000여 명의 여성이 ATS에 복무하였다.

ATS의 여성들은 또한 'ACK-ACK GIRL'로 알려진 왕립포병의 대공

25) https://spartacus-educational.com/Lnational1941.htm (검색일: 2019.3.22)
26) https://www.forces-war-records.co.uk/units/131/auxiliary-territorial-service/ (검색일: 2019.3.22)

포 사령부에서도 복무하였다. 그들은 비록 공식적으로 대공포 사격을 하지는 않았지만, 독일공군기를 찾고 대공포의 사격방향을 통제하는 등 이전에 남성들이 수행하였던 임무 중 일부를 인수하여 혼합 방공포대에서 복무하였으며, 일부에서는 탐조등(Searchlight)도 운용하였다. 일부 ATS 대원들은 일정한 지역에 주둔하는 대공포 부대는 물론 이동 대공포 부대에서도 근무하였으며, 특히 이동식 부대는 1944년 여름 영국 남부를 포격하는 독일군의 V-1과 V-2 로켓도 요격하였다.[27)]

또한 ATS의 일부에서는 비상용 오토바이를 이용하여 문서를 전달하는 전령업무, 자동차 정비업무 등도 하였다. 1944년 6월 연합군의 노르망디 상륙에 이어 일부 혼성 대공포부대가 프랑스로 파견되기도 하였다.[28)]

ATS 대원 가운데는 처칠 수상의 딸인 메리(Mary Churchill)와 현재 영국의 여왕인 엘리자베스(Elizabeth Alexandra Mary) 2세도 있었으며 당시 운전병으로 활동하였다.[29)] 전쟁 기간 중 731명의 ATS 대원이 복무하다가 목숨을 잃었다.

여성왕립해군복무(WRNS)는 제1차 세계대전 당시인 1917년에 창설되었다가 종전 이후 해체되었으나 제2차 세계대전이 발발하면서 다시 여성들이 영국 왕립해군을 지원해야 한다는 이유로 1939년에 창설되면서 그해 12월에 3,000여 명의 대원이 있었으며, 그들은 '렌즈(Wrens)'라

---

27) http://www.bbc.co.uk/history/ww2peopleswar/timeline/factfiles/nonflash/a6650237.shtml (검색일: 2019.3.22)

28) http://www.bbc.co.uk/history/ww2peopleswar/timeline/factfiles/nonflash/a6650237.shtml (검색일: 2019.3.22)

29) https://www.gov.uk/government/news/the-women-of-the-second-world-war (검색일: 2019.2.26)

는 별명으로 불렸다.

〈그림 4-30〉 ATS 대원의 다양한 활동

위의 사진들은 1942년 10월 ATS 여성대원들이 왕립육군병기부대에서 처칠 탱크를 정비하고 있는 모습(왼쪽)과 자동차 정비대 소속의 여성들이 차량 정비를 위하여 훈련하는 모습(가운데) 및 오토바이를 이용하여 문서 연락임무를 수행하는 ATS 대원들(오른쪽)이다. 아래 사진들은 1941년 9월 북아일랜드의 대공포대를 방문한 ATS 대원들(왼쪽)과 1943년 군용차량정비대에서 정비업무를 하는 ATS 대원(가운데) 및 여성 조종사(오른쪽)이다.

〈그림 4-31〉 ATS 대원으로서의 엘리자베스 2세

영국 여왕 엘리자베스 2세는 제2차 세계대전 당시 ATS의 운전병이자 차량정비병으로 임무를 수행하였다.

〈그림 4-32〉 WRNS, Wrens 대원 모집홍보

여성왕립해군대원을 모집하기 위한 포스터이다. "여성왕립해군복무에 지원해 주기 바랍니다, 그러면 남성들이 더 해군함정에서 전투에 전념할 수 있도록 할 수 있습니다", "여성왕립해군에서 왕립해군과 함께 복무를!" 등의 문구가 보인다.

1941년 12월, 의회가 전쟁과 관련되는 업무나 군대에서 필요한 곳에 징집을 허용하는 국가복무법을 통과시키면서 여성들은 WRNS나 WAAF 등을 선택하여 가입할 수 있게 되었다. 처음 WRNS 가입대상은 19세에서 30세 사이의 아이가 없는 미혼 여성과 과부들이었으나 나중에는 43세로 확대되었으며, Wrens를 비롯한 제1차 세계대전에 참전했

〈그림 4-33〉 여성해군대원의 복무

여성왕립해군대원의 활동으로, 왼쪽 사진은 잠수함에 어뢰를 장착하기 위하여 이동, 오른쪽 사진은 해군정비소에서 함포를 정비하는 모습이다.

〈그림 4-34〉 WAAF 대원 모집홍보 포스터

"승리의 길로 나갑시다, 여성지원공군 지원해 주기 바랍니다", "왕립공군을 도와주세요, 여성지원공군에 지원해 주기 바랍니다", "남성 조종사들과 함께 여성지원공군에서 복무합시다"라는 등의 문구가 보인다.

던 여성들은 50세까지로 확대되었다.

Wrens 대원의 모집 슬로건은 "오늘 여성해군복무역(Wrens)에 가입하여 해군장병이 함대에서 자유롭게 하라(Join the Wrens and free a man for the fleet)"였다. 이 말은 여성이 여성해군복무부대에 참여함으로써 더 많은 해군장병이 전투임무에 전념할 수 있도록 하자는 말이다. WRNS 업무에는 운전과 요리 및 사무, 레이더 및 통신 장비 운용, 기상예보 제공, 잠수함 어뢰 탑재, 해군기지에서 함정 정비 및 수리 등이 포함되었다. 1944년 6월 노르망디 상륙작전 시는 많은 대원이 해군작전을 수립하는 데도 참여하였다.

언어 능력을 보유한 대원들은 적의 신호를 탐지하고 번역하는 업무도 하였다. 일부 대원은 상륙작전 당시 소형 선박을 타고 도버해협을 건너가 고장 난 선박을 다시 영국의 항구로 견인하는 업무를 하도록 훈련받았으며, 종종 이 업무를 수행하였다. 대원들은 국내뿐만 아니라 해외의 부대에서도 복무하였다. 그들은 또한 함대나 왕립해병을 포함한 왕립해군의 다른 부서에서도 업무를 하였다. WRNS는 1944년에 74,000명의 여성대원이 200종류가 넘는 다양한 분야에서 업무를 하였으며, 전쟁기간 중 303명이 순직하였다.

WAAF은 제1차 세계대전 당시인 1918년 4월 영국공군의 편성과 함께 창설되었다가 종전되면서 1920년에 해체되었다. 그러다가 전쟁이 임박해지자 1939년 6월에 다시 창설되었으며,[30] 절정기인 1943년에는 대원이 180,000여 명을 넘었다. 이들은 영국 공군대원들이 전선

〈그림 4-35〉 여성공군 복무대원 활동

위의 사진은 1942년 7월, 허리케인 비행기의 롤스-로이스 엔진을 정비 중인 여성공군복무대원(왼쪽)과 1944년 공군 앰뷸런스로 임무수행차 선발된 여성공군 간호사 대원들(가운데) 및 교환임무 수행 중인 여성공군복무 대원들(오른쪽)의 모습이다. 아래는 왕립공군 정비사들의 MARK-4 비행기와 항공기의 프로펠러를 정비하는 WAAF 정비사 대원(왼쪽)과 Cransfield에서 WAAF 대원(가운데), 폭격기에 탄약적재를 돕고 있는 WAAF 대원의 모습(오른쪽)이다.

30) http://www.bbc.co.uk/history/ww2peopleswar/timeline/factfiles/nonflash/a6649932.shtml (검색일: 2019.3.22)

에서 임무를 수행하는 데 기여할 수 있도록 기상 관련 업무와 항공기 및 활주로 정비, 정보 처리 등의 분야에서 근무하였다.

WAAF는 승무원 역할을 하지 않았다. 여성 조종사의 운용은 민간인 ATA(Air Transport Auxiliary)로 제한되었다. 그들은 전투에는 참여하지는 않았지만 "국내 전선"의 군사시설에서 일하는 사람들과 동일한 위험에 노출되었다. 그들은 급식, 기상학, 레이더, 항공기 유지 보수, 운송, 무선 전화 및 전신 작업을 포함한 통신 업무를 수행하는 것 외에도 낙하산 포장 및 풍선기구의 운용요원으로 적극적으로 참여했으며, 암호해독 관련 작업과 정찰 사진을 분석하는 등의 정보 작전업무도 수행하였다.

1938년 영국 풍선사령부(British Balloon Command)는 산업시설 지역, 항구, 항구와 같은 주요 목표물과 도시를 보호하기 위해 설치되었다. WAAF의 가장 어려운 업무 중의 하나는 풍선사령부의 풍선기지(Balloon Site) 운영이었다. 이 업무는 독일군 폭격기들의 폭격을 저지하기 위해 고안된 기폭풍선(Barrage Balloon)을 올리고 내리는 것을 포함하였는데, 이는 남성들

〈그림 4-36〉 Barrage balloon 부대와 런던 상공의 기구
WAAF 대원들이 근무를 시작하기 전 집합한 장면(왼쪽)과 런던 상공에 배치되어 운용 중에 있는 풍선기구(오른쪽). 아래 버킹엄 궁이 보인다.

이 보다 더 많이 전투원으로 나갈 수 있도록 하는 데 도움이 되었다.

여기서 운용한 기폭풍선은 길이 66ft와 높이 30ft로 20,000ft^{3}의 수소를 채우고 강철 케이블로 지면에 묶여서 운용되었으며 5,000ft(1,500m) 높이까지 올라갈 수 있도록 고안되었다. 그 무게 때문에 WAAF 여성들의 체력으로 이 작업이 가능할 것인가에 의구심이 있었지만 여성들은 이를 견뎌내면서 운용하였다. 풍선은 항공기에 심각한 충돌 위험이 있는 높이까지 올라가 독일군 폭격기 등 공군기의 접근을 어렵게 함으로써 지상의 시설물을 보호하기 위해 사용되었다. 풍선은 독일 고공 폭격기에는 효용가치가 적은 것으로 판명되었으나, 그럼에도 1944년에 거의 3,000대가 될 때까지 계속 제작되었다.

이 은색 풍선의 3분의 1은 런던 지역 상공에 있었다. 6년간의 전쟁기간 동안 풍선기구는 약 100대의 항공기를 추락시켰지만, 이 중 4분의 3은 연합군 비행기였다. 독일공군의 항공기는 24대만이 이 풍선에 의해 추락된 것으로 알려졌다. 그들은 또한 지상의 민간인들에게도 위협적이었다. 6월 13일, 독일공군의 하인켈기가 뉴포트 상공에서 풍선 케이블을 들이받고, 건물지역으로 추락하면서 두 명의 어린이가 사망하였으며, 10월에는 풍선기구가 폭발하여 두 명의 소방관이 순직하였다. 그럼에도 풍선기구는 의심할 여지없이 시민의 사기를 진작시키면서 영국의 대공방어에 일정부분 기여하였다.

특별한 기술을 가진 WAAF의 일부 대원들은 특수작전집행부(Special Operations Executive, SOE)에서 유럽으로 파견될 요원으로서 훈련을 받았다. 그중 한 사람은 인도 태생 칸(Noor Inayat Khan)으로서 프랑스에 무선운용사로 비밀리에 파견되었으나 독일의 비밀경찰인 게슈타포에 체포되어 1944년 9월에 처형되었으며,[31] 또한 다른 60여 명의 여성은 낙하산이

〈그림 4-37〉 탄약공장에서 근무할 여성모집 홍보활동

지역의 탄약공장에서 일할 남성 2,000명과 여성 8,000명을 긴급히 모집하기 위한 홍보활동. 탄약 모형을 전시한 것이 이채롭다.

나 어선 등으로 침투하여 레지스탕스를 지원하거나 연합군의 상륙에 대비하는 임무를 수행하였다.[32]

다음은 산업현장, 특히 전투 장비와 탄약 생산공장에서의 여성의 역할이다. 영국은 당시 전 세계에서 가장 고도로 기술적으로 산업화된 국가였기 때문에 전쟁에서 역시 가장 첨단화된 무기체계를 사용하였다. 따라서 가장 정밀한 무기를 생산해야 하였고, 이를 위해 전문적인 기술자들이 필요한 상황이었다. 그런 산업현장에서 기술을 가진 많은 남성이 전선으로 동원되면서 숙련된 기술자가 부족한 상황으로 몰렸고, 이 자리에 숙련도는 낮았지만 여성이 일정 기간의 교육을 거쳐 생산활동에 투입된 것이다.

---

31) http://www.bbc.co.uk/history/ww2peopleswar/timeline/factfiles/nonflash/a6649932.shtml (검색일: 2019.3.22)

32) https://www.gov.uk/government/news/the-women-of-the-second-world-war (검색일: 2019.2.26)

처칠 수상은 1940년 1월 "수백만 명 이상의 여성이 노동자가 새로 필요할 것이다. 백만 명 이상의 여성이 용기를 내어 군수공장에 나가야 한다"[33]고 연설한 바 있으며, 전쟁 기간 중 95만여 명의 여성들이 전투장비와 탄약 생산공장에서 무기와 포탄과 총알을 만들었다. 이 일은 보수는 좋았지만 오랜 시간, 때로는 일주일 내내 일하는 일도 있을 정도로 어려운 작업이었음에도 불구하고 여성도 기꺼이 작업에 참여하였다. 이 여성들은 선반 등 각종 기계를 운용하면서 안전사고를 당하거나 폭발성이 높은 화약 작업을 하면서 때로는 위험에 처하기도 하였다.

1944년 2월 랭카셔의 왕립 탄약공장에서 19명의 여성이 대전차 지뢰 신관(Fuse) 작업을 하는 도중에 한 발이 터지면서 심각한 사고가 발생하였다. 당시 데일리 텔레그래프에서는 다음과 같이 사고를 보도하였다.

> "그 작업을 하던 소녀는 죽었고 그녀의 몸은 산산조각 났다. 그녀의 뒤에 서 있던 다른 두 명의 소녀는 죽은 소녀의 몸에 의해 부분적으로 보호되었지만 모두 중상을 입었으며, 한 명은 치명적이었다. 공장은 지붕이 날아가는 등 심각하게 파손되었다."

일부 탄약 노동자들은 매일 독성 화학물질을 취급하였다. 유황을 다루는 여성들은 피부와 머리카락이 화학물질과 접촉하여 노랗게 변했기 때문에 '카나리 걸(Canary Girls)'이라는 별명을 얻었다.[34] (제1차 세계대전에서도 동일한 현상이 있었다.)

세 번째, 영농현장에서 여성의 역할이다. 제1차 세계대전 당시처

---

33) 레오나드 모즐리 지음, 한국일보 타임-라이프 옮김, 『제2차 세계대전(World War II): 영국 본토 공방전』, 서울: 한국종합물산, 1981, 40~41쪽.

34) https://www.mylearning.org/stories/women-at-war-the-role-of-women-during-ww2/743 (검색일: 2019.3.22)

〈그림 4-38〉 탄약공장에서 탄약을 만들고 있는 여성 노동자들의 모습

럼 영국은 수입 식량에 크게 의존하는 가운데 만약 전쟁이 발발하면 독일군의 해상 차단으로 수입이 차질이 생기면서 식량부족이 발생할 것을 우려하였다. 식량증산이 필요한 상황에서 많은 남성이 동원되면서 노동력 부족도 예상되었다. 이와 같은 여건에서 부족한 노동력 보충을 위하여 제1차 세계대전처럼 여성 인력의 활용이 필요하였다. 이러한 필요에 의하여 정부는 여성영농군(Women's Land Army, 이하 WLA)을 제1차 세계대전에 이어 다시 창설하였다.

제2차 세계대전 당시 영국은 자국이 필요로 하는 식량의 30%에 불과할 정도로 생산량이 부족한 상황에서 남성마저 동원되면서 일손이 부족해지자 여성 인력이 이를 대체하기 시작한 것이다.

처음에 여성들은 WLA에서 자원봉사를 하도록 요청받았다. 그러나

〈그림 4-39〉 제2차 세계대전 당시 여성영농군 대원

여성영농군의 영농작업. 그들은 풀을 베고 씨앗을 뿌렸으며 밭을 갈았고 농작물을 재배하는 등으로 영국이 당면하는 식량부족 현상을 극복하는 데 도움을 주었다.

1941년 12월 의회가 국가복무법을 통과시키면서 처음에는 20세에서 30세 사이의 미혼 여성들과 아이가 없는 과부만을 대상으로 WLA에서 복무하였으나 나중에는 19세에서 43세 사이의 여성으로 확대하였다. 여성들은 군대에 입대할지, 아니면 농사일을 할지 선택할 수 있었다.

WLA는 몇 가지 특이한 사항이 있었다. 이 조직에는 런던 등의 도시 여성들이 지원하였으며 많은 여성이 지원할 수 있도록 포스터를 제작하여 부착하였다. WLA 대원들은 농촌지역에서 거주하면서 영농작업에 참여하였으나 당시 그들이 기거할 마땅한 곳이 없어 대부분 호텔 같은 곳에서 기거하였다. 그들은 영농작업 시간에 지정된 제복을 입었으며, 영농작업 외에 토지 매립과 같은 개간 작업과 심지어는 쥐 잡기, 목재용 삼림 절단 등의 작업도 하였다.[35] 이렇게 영농현장에서 일하는 여성들은 '랜드 걸(Land Girls, 영농여성)'이라 불렸다.

이 외에도 여성들은 여성자원복무(Women's Voluntary Services, 이하 WVS)라든가 국립소방업무(National Fire Service, 이하 NFS), 항공수송지원(Air Transport Auxiliary, 이하 ATA) 등에서 역할을 하였다. WVS의 여성들은 독일공군의 폭격 등으로 시민들이 무언가 도움이 필요한 상황에서 "WVS는 도움이 있는 곳을 절대 거절하지 않는다"는 좌우명 아래 폭격을 받은 지역에서 이동급식소를 운영하거나 급수 등의 업무를 지원하였으며, 피해를 입은 시민에게 옷과 가재들을 나누어 주는 역할도 하였다.[36]

NFS는 소방업무를 담당하였는데 여기서 여성대원들은 소방관들과 함께 화재 발생에 대한 감시나 소방차 운전, 통신업무 지원 등을 하였으며, 70,000여 명이 여기에 참여하였다.[37] ATA는 항공기 공장에서

35) https://www.iwm.org.uk/history/what-was-the-women's-land-army (검색일: 2019.2.20)

36) http://caber.open.ac.uk/schools/stanway/WVSandWI.html (검색일: 2019.3.22)

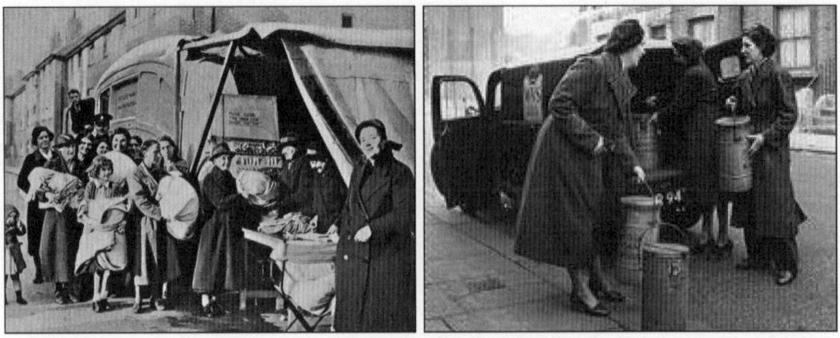

〈그림 4-40〉 여성 자원복무대원들의 활동

여성자원복무대원들의 자원봉사 활동으로, 그녀들은 피해 시민에게 의류 및 식사 등의 제공에서부터 어린이 피신 등에 이르기까지 다양한 봉사 활동을 전개하였다.

왕립공군과 해군에 항공기와 물자를 인도하는 등의 업무를 수행하였다.[38)]

영국 여성들은 남성 인력의 부족을 보충하는 데 그 역할을 한 것만은 아니다. 전쟁을 하려면 많은 자원이 필요하며 여기에는 전투장비와 탄약 등을 생산하기 위한 각종 금속은 물론 종이, 폭약재료 등도 필요하게 마련이다.

영국 본토 항공전이 시작될 무렵인 1940년 7월, 영국 신문에 항공기를 생산할 책임이 있는 항공성 장관의 담화문이 게재되었다. 여기에는 영국공군이 독일공군에 맞서 싸울 항공기가 필요한바 이를 만드는 데 알루미늄이 긴급히 필요하다고 하면서 여기에는 오래된 것이든 새로운 것이든 어떤 상태의 알루미늄에 상관없이 필요한 만큼 국민의 협조가 필요하다는 내용을 포함하였다. 금속 수요가 급증하면서 가정에

37) https://www.london-fire.gov.uk/museum/history-and-stories/firefighters-of-the-second-world-war/ (검색일: 2019.3.22)

38) https://www.rafmuseum.org.uk/research/online-exhibitions/air-transport-auxiliary.aspx (검색일: 2019.3.22)

〈그림 4-41〉 자원재활용을 위한 수거 활동
가정에서 식기로 사용하던 알루미늄 제품을 항공기를 제조하는 데 사용하기 위하여 수거하는 모습

서 사용하지 않은 알루미늄 같은 금속과 폐휴지 등을 수거하는 데 협조해 달라고 요청한 것이다.

이러한 자원재활용 호소에 호응하여 버킹엄 궁(Buckingham Palace)으로부터 각 가정에 이르기까지 알루미늄으로 된 식기를 제공하였으며 일부 도시에서는 알루미늄을 너무나 많이 수거하여 교통이 막힐 정도였다. 이렇게 수거된 알루미늄은 어린아이들이 수집하여 가져온 알루미늄과 합쳐 제련 후 항공기 공장으로 곧바로 보냈으며 이는 영국 왕립공군의 비행기로 다시 태어나 영국방위에 사용되었다. 이 시기에 "튀김을 그만 만들고, 비행기를 만들자(Stop'em frying, keep'em flying)라는 구호도 나와 자원재활용을 국민 정서에 호소하였다.

〈표 4-3〉은 전쟁 기간 중 영국의 알루미늄 및 비행기의 생산량이다. 여기서 보는 바와 같이 항공기의 생산량이 급증할 수 있었던 이유는 알루미늄 생산공장의 설비를 확대하거나 수입량을 늘렸기 때문이기도 하지만, 이에 못지않게 국민의 자원재활용 노력으로 수거된 알루미늄도 적지 않았기 때문이다.

〈표 4-3〉 제2차 세계대전 당시 영국의 알루미늄 및 항공기 생산[39]

구분	1939	1940	1941	1942	1943	1944	1945
알루미늄 (100톤)	25.0	19.0	22.7	46.8	55.7	3.5	31.9
항공기 생산(대)	7,940	15,049	20,094	23,672	26,263	26,641	-

맨스필드 지역에서는 "폐휴지를 마구 버리는 것은 낭비다. 낭비를 방지하는 것은 전시 의무이다. 가정주부는 전쟁에서 승리하기 위하여 국가를 도와야 한다. 폐휴지와 잡지 등을 아껴야 한다. 종이는 깨끗하게 묶어서 보관하며, 수거일에 맞춰 제출해야 한다. 천연자료가 곧 전쟁대비용 물자임을 기억하기 바란다"[40]라는 캠페인이 전개되었다. 이러한 캠페인에 따라 여성들이 금속과 휴지 등 전쟁수행에 기여할 만한 물자들을 수거하여 정부에 제출하였다. 이 외에도 고철이나 난간의 철제제품 등도 수거되어 전차와 군함을 만드는 데 사용되었다. 이렇게 해서 1939년 969대에 머물렀던 전차 생산이 1942년에는 8,600여 대로 확대되었다. 이와 같은 다양한 역할로 영국은 소련을 제외한 다른 어느 나라보다도 남성을 포함한 여성까지 정부가 정한 규정을 따라 전쟁지원 노력을 제공하였다.

4. 전쟁 비용의 조달

영국은 제1차 세계대전 이전 '해가 지지 않는 나라(The empire on which

39) Stephen Broadberry and Peter Hoeleft, op. cit., p. 160.

40) 레오나드 모즐리, 앞의 책, 39쪽.

the sun never sets)'라고 하였고, 제1차 세계대전에서도 승리하여 전승국이 되었다. 그러나 경제적으로는 전쟁기간 중 사용한 비용으로 종전 이후 46억 달러의 대미채무가 있는 채무국으로 바뀌었다. 그랬기 때문에 히틀러가 군비를 강화하는 동안에도 제대로 군비를 확장한 여력이 없었고, 제2차 세계대전이 발발하자 어려운 상황에서도 다시 전쟁비용을 마련해야만 하였다.

당시 영국은 전쟁비용을 조달하기 위하여 조세의 인상과 전시채권 판매는 물론, 국내외에서 금과 같은 자산의 판매와 특히 미국의 지원이 중요하였다. 영국은 1939년부터 1945년까지의 전쟁 기간 중 국내에서 166억 4,700만 파운드(약 671억 달러)를 세금으로 조달하였다. 또한 152억 3,700만 파운드(약 378억 달러)를 새로 차입하였다. 이 외에도 10억 파운드(약 25억 달러) 이상의 해외자산이 매각되었다. 미국의 무기대여법에 의거 67억 파운드(약 270억 달러)를 지원받았다.

먼저 조세를 통한 전비 조달로, 소득세는 전쟁 기간 내내 전비조달에 있어서 중요한 역할을 하였다. 1937~1938년도에 25%로부터 1943~1942년에 50%로 증가되었다. 1943년에는 수입에 따라 세금을 내는 제도를 도입하면서 인원이 대폭 확대되었다. 또한 초과이익세 제도를 도입하여 초기에는 60%를 부과하였으나 1940년에는 100%로 증가하였다. 우표와 담배에 간접세가 부과되었으며, 강제저축도 시행되었다. 이와 같은 조세제도의 개편을 통해 1940년의 세금은 11억 500만 파운드에 달하였으며, 1941년도에는 15억 7,500만 파운드, 1942년도에는 21억 6,600만 파운드, 1943년에는 26억 6,400만 파운드, 1944년에는 30억 100만 파운드, 1945년도에는 31억 3,000만 파운드로 증가하였다.

다음은 국내에서의 차입을 통한 전비의 조달로, 재무장관은 1938년

7억 파운드의 예산을 의회에 보고하였지만, 전쟁이 발발하면서 수입이 5,400~8,800만 파운드 감소될 것으로 예상하였다. 따라서 이러한 부족을 보충하기 위하여 국방채권(Defence Bonds)과 국가저축채권(National Saving Certificates)의 발행을 검토하였다. 이러한 조치를 통하여 영국은 1940년 14억 5,900만 파운드, 1941년에는 27억 2,700만 파운드, 1942년에는 26억 5,500만 파운드, 1943년에는 28억 9,900만 파운드, 1944년에는 27억 4,200만 파운드, 1945년에는 25억 7,200만 파운드 등 총 150억 5,400만 파운드를 조달하였다.

영연방 국가인 캐나다는 전쟁 기간 중 총액 약 35억 달러에 달하는 전비를 지원하였으며, 이 가운데 10억 달러는 무상으로, 12억 달러는 장기로 제공하였다. 영국은 이 비용으로 식량과 전쟁에 필요한 물자를 구입하였다.

전쟁이 진행되면서 영국은 1940년 말, 보유하고 있었던 달러가 거의 고갈되어 가고 있었지만 전쟁을 하는 데 필요한 장비와 물자는 더욱

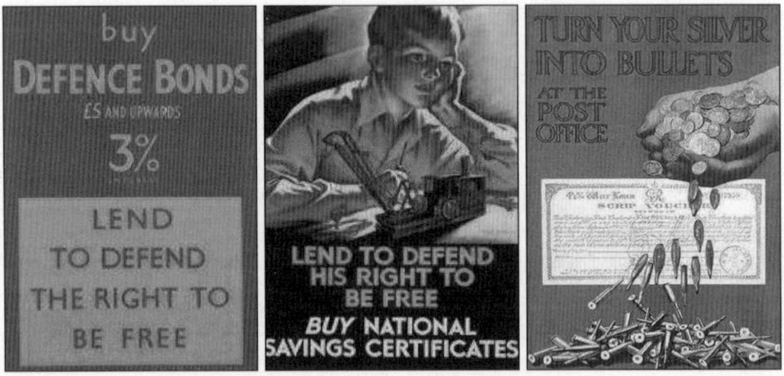

〈그림 4-42〉 영국의 전시채권 판매 홍보

국방채권, 국가저축채권 등을 구입함으로써 자유를 지킬 권리를 옹호하고, 개인이 보유한 은화를 우체국에 가서 총알로 바꿔 달라는 등의 문구가 보인다.

소요가 증가하고 있었다. 막대한 장비와 물자, 식량 등이 필요한 상황에서 달러가 필요하였으나 심각한 무역역조마저 발생하면서 달러와 금 보유량이 급감하였다. 영국이 자체적으로 해결하고자 노력하였으나 그 능력을 초과하였다. 1930~1940년 기간 중 영국은 미국으로부터 물품을 구입하기 위하여 달러가 필요하였지만 미국의 중립주의로 인하여 영국이 달러를 지불하고 물품을 수송해야 하는 이른바 '캐시 앤 캐리(Cash-and- carry)' 원칙을 철저히 준수하면서 더욱 어려운 상황이었다.

이 시기에 영국은 사치품과 영국에서 생산이나 공급이 충분히 가능한 물품들에 대한 수입의 금지와 전쟁에 필요한 물자를 수입하기 위한 조치를 할 수 있도록 '수입 및 수출관세법(Import and Export Power(Defence) Act)을 제정하였다. 이 법을 제정한 이후 미국으로부터 수입을 제한하였다. 이에 미국 관리들이 영국의 조치를 비방하자 영국대사가 나서서 영국이 전쟁수행을 위하여 달러가 필요한 조치임을 설명하여 양해를 구하였다. 영국은 한편으로 달러를 획득하고자 고무와 주석, 위스키, 가축제품 등의 수출을 독려하였다.

1940년 6월, 독일군의 전격전으로 인하여 덩커크에서 영국원정군이 철수하였다. 당시 원정군이 철수하면서 유기한 장비는 영국군의 최신 장비였다. 따라서 본토를 방위하기 위하여 새로운 장비를 준비하기 위해서는 시간상의 제약은 물론 막대한 비용이 필요하였고, 이를 해결하기 위해서는 막대한 달러가 필요하였다. 덩커크에서 철수한 이후 처했던 실상은 처칠의 다음의 글에서 잘 표현되고 있다.[41)]

41) Rosella Cappella, *The Political Economy of War Finance*, University of California, 2012, p. 245.

"우리는 육군의 모든 장비와 탄약을 잃었다. 그것은 7,000여 톤의 탄약과 90,000정의 소총, 2,300여 문의 야포, 120,000여 대의 차량과 8,000여 문의 브렌포, 400여 문의 대전차포…. 우리는 야전포병은 물론, 정규군조차도 거의 없다. 남아 있는 것이라고는 4.5인치와 6인치 포, 252대의 경전차… 등이다. 적 앞에서 그렇게 발가벗겨진 나라는 없었다."

이 무렵 재무장관은 미국으로부터 무기 구매가 확대되면서 달러 유출이 급격히 증가하여 재정상황이 악화되자 지속적으로 경고하고 있었다. 이 시기인 1940년 7월부터 1941년 6월 1년 동안 영국의 무역적자는 15억 달러에 이르고 있었으며, 그동안 누적된 적자만 해도 32억 달러에 달하여 이는 재무부가 취할 수 있는 능력의 범위를 초과할 것이라고 하면서 지난 6주간에도 3억 5,200만 달러의 지출이 발생하였다고 하였다. 또한 이러한 추세대로 가면 12월 말이 되면 금 보유가 바닥에 달할 것이라고 하였다.[42] 이렇게 전쟁은 장기화되는데 영국은 자체적으로 전쟁비용을 조달할 수 없는 상황으로 가고 있었다.

1940년 12월 들어 미국의 루스벨트 대통령이 영국이 처한 어려운 상황을 감안하여 영국을 지원할 필요성과 더불어 이에 따른 비용의 지불은 전쟁이 끝난 뒤 할 것이라는 발표가 있었다. 루스벨트는 무기대여법을 제정하면서 이는 '미국의 방위를 향상시키기 위하여 필요한 조치'라고 하였다. 미국인의 다수는 1941년 1월에 의회가 무기대여법을 통과시켜야 한다고 하였으며, 정부의 고위관리나 재무장관도 영국이 거의 파산 직전이라 무기대여법을 통과시켜 지원해야 한다고 주장하였다. 이 과정에서 재무장관은 영국이 보유하고 있는 미국 내의 자산과 남아프리카 공화국에 있었던 금, 캐나다에 보관하던 프랑스 소유의 금

42) Ibid., p. 251.

등을 미국에 이전할 것을 주장함으로써 처칠이 부당함을 제기하는 일도 발생하였다.

1941년 3월 들어 미국이 무기대여법을 시행하면서 영국에 장비와 탄약은 물론, 식량 등에 이르기까지 지원함으로써 어려움이 점차 해소되기 시작하였다. 무기대여법을 시행함으로써 영국에 달러가 유입되고 영국의 달러 보유량이 조금씩 증가하자 미국은 무기대여법이 계속 필요한지 의문을 갖기 시작하였다. 1943년 들어 영국 정부가 당시 10억 달러 정도를 보유하자 미국은 무기대여법이 더 이상 필요한지 의문을 제기하였다. 미국은 영국이 달러를 지불하고 영국의 배로 무기와 탄약 등을 수송하기를 요망하였지만, 영국은 아직 상황이 호전되지 않았음을 강조하면서 무기대여법을 그대로 시행할 것을 요청하였다. 전쟁이 끝났을 때까지 영국은 상품을 구입하기 위하여 미국에 44억 470만 달러를 지불하였지만, 무기대여법에 의하여 270억 2,300만 달러에 상당하는 무기와 탄약, 식량 등의 물자를 지원받았다.

1945년 영국의 달러 및 금 보유 등 이러한 상황에 대하여 케인즈는 "조금도 과장함이 없이, 우리는 현재의 상황을 극복할 능력이 없는 재정 및 경제적인 덩커크 상황에 처해 있다"고 하였다.

5. 식량증산과 배급제

제1차 세계대전에 이어 제2차 세계대전에서도 영국 국민을 먹여 살리는 것은 국민생활의 안정에 있어 매우 중요한 문제였으며, 이를 위하여 생산량의 증가는 물론 어떻게 하면 식량수입을 원활하게 하는가는 핵심적인 문제였다. 당시 많은 양의 식량을 포함하는 물자가 독일해군의 잠수함 공격으로 사라지는 상황에서 이를 해소할 방책이 필요하였다. 전쟁 이전 영국은 매년 5,500만 톤의 각종 식료품을 수입할 정도로 식품의 해외의존도는 높았으며, 이는 제1차 세계대전 당시처럼 독일군이 잠수함 공격이 시작되면 식량 사정이 다시 악화될 수 있음을 의미하는 것이었다. 독일은 제1차 세계대전에 이어 이러한 영국의 취약점을 알고 잠수함을 이용하여 상선의 물자수송을 차단하기 위한 작전을 실시하였다. 이러한 상황에서 영국 본토에서 식량증산을 위한 방안이 필요하였다.

정부는 1939년 10월부터 '승리를 위한 농사짓기(Dig for Victory)' 캠페인을 시작하여 각 가정이 농사를 짓기 위한 운동을 장려하면서 개인의 정원이나 꽃밭이나 채소를 재배하기 위한 농지로 전환되었으며, 전국의 많은 목축지와 공원 심지어 런던 타워 밖에 있는 잔디밭도 경작지로 변하였다. 닭이나 토끼, 돼지, 염소 등의 가축도 도시의 정원이나 공원에서 사육되었다.

그러한 결과로 〈표 4-4〉에서 보는 바와 같이 곡물이나 토마토 등의 생산량은 급증하였지만 육류의 생산량은 감소하였다.

〈표 4-4〉 제2차 세계대전 당시 영국의 주요 식량 및 육류 생산 변화43)

구분	1939	1940	1941	1942	1943	1944	1945
곡물 (100톤)	4,264 (100)	5,231 (123.7)	5,942 (139.3)	7,113 (166.8)	7,737 (181.4)	7,445 (174.6)	7,132 (167.2)
토마토 (100톤)	4,354 (100)	5,375 (123.4)	6,783 (155.7)	8,162 (187.4)	8,537 (196.0)	8,026 (184.3)	8,702 (199.8)
육류 (100톤)	1,180 (100)	1,072 (90.8)	902 (76.4)	772 (65.4)	754 (63.8)	783 (66.3)	812 (68.8)

43) Stephen Broadberry and Peter Hoeleft, op. cit., p. 160.

다음은 사람들이 충분히 먹을 수 있고, 사기가 높게 유지되도록 정부가 벌였던 식량 증산 캠페인을 위한 포스터이다. 이러한 노력의 결과로 1939년에서 1945년 사이에 식품의 수입은 절반으로 줄었고 식량 생산용 토지 이용은 80% 증가하였다.

〈그림 4-43〉 '승리를 위한 농사짓기' 캠페인 포스터

영국 본토에서 생산되는 식량만으로는 턱없이 부족한 상황에서 식량의 증산은 생존의 문제였다. 따라서 정부는 식량증산을 위하여 '승리를 위한 농사짓기' 캠페인을 전개하여 가용한 공간에 농사를 짓도록 권장하였다.

이와 병행하여 배급제가 시행되었다. 전쟁은 1939년 9월 독일군의 폴란드 침공으로 시작되었지만,[44] 당시 정부는 제1차 세계대전의 경험을 토대로 전쟁이 시작되면 '총력전'이 될 것으로 예상하였으며, 이는 사회의 모든 자원을 동원해야 한다는 것으로 국민도 당연히 전쟁의 영향을 받는 것을 의미한다.

이런 상황에서 배급제를 시행하기 위하여 모든 영국 시민에게는 배급책과 쿠폰이 주어졌으며, 개인은 등록과 동시에 지정된 상점에서

44) https://www.history.ox.ac.uk/rationing-in-britain-during-world-war-ii

식품을 사야만 하였다. 사람들은 슈퍼마켓이 없어서 육류나 채소, 빵 등 각각의 식품을 구입하기 위하여 여러 상점을 다녀야만 하였다.

전쟁이 시작되면서 휘발유가 처음 배급제로 전환되었다. 1940년 1월에는 베이컨과 햄, 버터, 설탕 등 식료품이 그 뒤를 따랐다. 이어서 육류, 치즈, 마가린, 계란, 우유, 차, 시리얼, 쌀, 비스킷과 같은 식품이 뒤따랐다. 1942년 중반에는 채소와 과일, 생선, 빵을 제외한 대부분의 식품이 배급되었다.

〈표 4-5〉 식품별 배급 시기[45)]

품목	베이컨, 버터, 설탕	육류	식용유	차	잼	치즈
배급시기	1940.1.8	1940.3	1940.7	1940.7	1941.4	1941.5
품목	계란	쌀	건과일	통조림 토마토	콩	비스킷
배급시기	1941.6	1942.1		1942.2		1942.8

이와는 별도로 피복은 1941년 6월 1일 배급이 시작(종료: 1949.3.15)되었으며, 석탄은 1941년 7월, 비누는 1942년 2월(종료: 1950.9), 가스와 전기는 1942년 3월부터 배급이 시작되었다.

배급제를 피하여 쿠폰 없이 배급품을 얻을 수 있는 방법은 암시장(Black Market)에 있었다. 정부는 암시장에서의 물품 거래를 단속하였으며 1941년 3월까지 2,300여 명이 기소되어 처벌을 받았다. 전쟁이 진행됨에 따라 배급제는 식품의 공정한 배분을 보장하기 위한 제도로 인식되었다. 배급제를 실시하면서 개인에 대한 배급량은 연령과 직업에 따라 달리 구분되었다. 중노동을 하는 노동자들은 열량이 많이 필요한 만큼

45) http://www.primaryhomeworkhelp. co.uk/Britain.html (검색일: 2021.5.7)

사무원이나 노약자 등 다른 성인들보다 더 많은 식량을 배급받았고 아이에게는 적은 양의 식품이 배급되었다. 다음의 <표 4-6>은 성인을 기준으로 한 1주당 배급량이다(일부는 월별 기준).

<표 4-6> 성인 기준 1주당 배급량[46]

품목	버터	베이컨	마가린	설탕	차	우유
배급기준	50g	100g	100g	225g	50g	1800ml
품목	치즈	계란	육류	잼	건계란	당류
배급기준	50g	신선란 1개	1실링 6펜스	450 (2개월당)	4주당 1패킷	350g

1945년 5월 전쟁이 끝났지만 이는 배급제의 종료를 의미하지는 않았다. 1946년 7월부터 2년 동안 전쟁 중에 자유롭게 구할 수 있었던 빵이 부족하여 배급을 하였다. 치즈, 베이컨, 햄, 고기, 지방, 설탕과 같은 동물성 제품도 부족하였다. 따라서 정부는 이러한 상황을 감안, 전쟁이 끝났지만 배급제를 연장하였다. 1948년 5월에는 밀가루, 1950년 5월에는 건과일과 초콜릿 및 비스킷 등의 종류와 1952년 10월에는 차 종류, 1953년에는 설탕과 당류 순으로 배급을 종료하였으며, 1954년 6월에 가서 모든 배급제를 종료하였다.

6. 향토방위와 국민 참여

프랑스가 독일군에 항복한 이후 영국이 두려워한 것은 탱크를 앞세운 육군의 본토에 대한 상륙작전이었다. 당시 영국은 덩커크 철수이

---

46) http://www.primaryhomeworkhelp. co.uk/Britain.html (검색일: 2021.5.7)

후 본토를 방위할 탱크 등의 중화기가 없었으며 다른 전력도 극히 제한적이었다. 이러한 상황에서 국민은 독일육군의 본토 침공에 대비하여 지방에서 '향토방위대(Home Guard)'를 편성하였다. 이 부대는 처음 지역 방위자원봉사자(Local Defence Volunteer, LDV)로 구성된 영국군을 지원하는 무장 시민 민병대였다. 1940년부터 1944년까지 운영된 이 향토방위대는 일명 '아빠 부대(Dad Units)'로, 170만여 명의 자원봉사자들로서 군 복무를 하기에는 너무 어리거나 나이가 많은 사람(당시 영국군 복무는 18~41세) 또는 예비 직종에 있는 사람 등 군 복무를 할 자격이 없는 사람들로 구성됐으며, 독일군이 침공할 경우 지역을 방위하는 역할을 하는 것이었다.

독일공군의 영국 본토에 대한 폭격이 시작되자 수많은 향토방위대원이 영국의 전 해안선에 철조망이나 대전차호를 설치하였으며, 엽총과 스포츠용 라이플 소총 및 골프채나 농기구용 가래, 창 등을 들고 경계임무를 수행하기 위해 배치되었다.

그들은 독일군 상륙침공 시에 대비하여 기동타격 임무를 수행하는 훈련도 하였다. 그들은 신속히 기동하기 위하여 자동차를 이용하고자 해도 유류가 극히 제한되었기 때문에 독일군이 시가지에 낙하할 경우에 대비하여 롤러나 스케이트를 탄 채 신속히 출동하여 제압하는 훈련도 하였다.

독일군이 상륙할 만한 곳에는 위장된 드럼통 안에 석유와 석회타르를 채워 넣어 대전차 방어용으로 사용할 준비를 하였으며, 해안에는 파이프를 설치하고 안에는 석유를 채워 이를 점화하면 커다란 불덩어리가 되도록 준비하였다. 인조용 해상보루를 제작하여 도버 해협 등에 설치하고 대공초소로 사용할 준비도 하는 등 영국 본토에 대한 요새화 작업도 하였다.[47]

〈그림 4-44〉 향토방위대원들의 향토방위 훈련

향토방위대원들의 훈련 장병과 이들을 방문한 처칠 수상 및 이들이 만든 즉석무기. 병에 휘발유를 넣거나 3인치 박격포를 만들어 사용하였다.

향토방위대원들은 마을을 지키기 위하여 보초를 서면서 경비에 나서기도 하였으며, 마을에 확인이 되지 않은 사람이 나타나면 즉시 여기저기서 나타나 신원을 확인하였다. 마을과 마을을 연결하는 도로의 길목에도 향토방위대원이 배치되어 가시철망과 바리케이드를 설치하고 검문을 하면서 독일군의 침공에 대비하였다. 그들에게는 어떤 특별한 무기가 주어진 것도 아니고, 그렇다고 그들에게 보상이 주어진 것도 아니었다. 그들은 다만 독일군 침공 시 영국을 지키기 위해 자발적으로

47) 레오나드 모즐리, 앞의 책, pp. 22~23.

〈그림 4-45〉 향토방위대원의 독일군 침공대비 도로 표지판 제거[48)]

헌신하였던 것이다.

또한 독일군의 상륙침공에 대비하여 도로의 표지판을 모두 제거하였는가 하면, 모든 차량이나 건물은 등화관제용 커튼을 설치해야 했고 도처에 방공호를 설치하였다. 독일군 공습에 대비하여 방공호에서의 생활은 거의 일상화되었다. 가정에서 사용하던 식기류 중에서 무기나 탄약을 만드는 데 이용할 수 있는 금속은 수집되어 공장으로 보내져 무기와 탄약으로 다시 탄생하였고 다수의 국민이 여기에 참여하였다. 전쟁 기간 중 1,206명의 향토방위대원이 순직하였다.

성직자들도 향토방위대에 자원 입소하여 훈련을 받았고, 그중에는 70세를 넘는 고령의 성직자도 있었다.

시민들이 자주 모이는 공공시설이나 지하 대피시설에는 독일의 간첩활동에 대비하여 이를 경고하는 내용의 포스터가 부착돼서 경각심을 주었으며, 영국인의 적개심을 북돋는 내용이나 식량절약을 강조하는 내용의 포스터도 도처에 게시되어 국난을 극복하기 위한 국민적 책

48) 레오나드 모즐리, 앞의 책, p. 32.

〈그림 4-46〉 향토방위를 위하여 자원입소하여 제식훈련을 하는 70세의 성직자[49]

임을 강조하고 동참을 호소하였다.

전쟁으로 시들어가는 영국인의 사기를 올리기 위해 새로운 노래가 제작되고 영국군이 승리하는 영화가 만들어져 상영되면서 영국인의 사기를 고양하기 시작하였다. 여기에 영국에 파견된 미국의 방송사들은 독일공군이 런던을 공습하는 장면과 피해를 극복하기 위한 영국인들의 행동을 가감 없이 생생하게 전달하여 미국인으로 하여금 영국을 성원하도록 만들어줬다.

7. 영국 본토의 폭격과 대비

1935년 8월, 정부는 전시 공습에 대비하여 시민을 보호할 목적으로 공습경보예방책(Air Raids Precautions)을 발간하였으며 1937년 4월에는

49) 위의 책, p. 42.

공습경보복무를 창설하고 이듬해에 20만여 명의 자원자(Air Raids Precautions Wardens)를 모집하였다. 이들의 임무는 공습경보로 등화관제를 할 시 거리를 순찰하면서 가정으로부터 빛이 새어나지 않도록 감시와 경고하는 임무, 폭격으로 피해가 발생할 시 피해 판단 및 보고와 긴급 상황에 대한 지원요청 및 구조 등을 하는 것이었다. 또한 방독면 지급과 폭격으로 대피소를 찾는 과정에서 흩어진 가족들을 다시 만날 수 있도록 도와주는 일도 하였다. 전쟁 기간 중 140만여 명의 자원자들이 이러한 임무를 수행하였다.

독일공군의 공습에 대비하여 1939년 9월 1일부터 등화관제(Blackout)가 시작되었다. 모든 가정에서는 야간에 빛이 새어나지 않도록 커튼을 쳐야 했으며 야간 공습 시 폭격기의 참고가 될 만한 곳은 소등 등의 조치가 취해졌다. 가로등이나 신호등은 소등되거나 불빛을 약하게 낮추었으며 자동차의 헤드라이트도 운전을 겨우 할 수 있을 정도로 통제가 되었다. 이렇게 등화관제를 하다 보니 다수의 사람이 교통사고로 사망 또는 부상하자 정부는 사고를 예방하기 위하여 가로등이나 신호등에 페인트를 칠하여 식별이 용이하도록 하였다.

런던을 포함한 버밍엄, 코벤트리, 리버풀 등 영국의 많은 도시가 전쟁 기간 중 독일공군기의 폭격을 받았다. 독일공군의 영국에 대한 폭격은 1940년 9월 7일 오후에 시작되어 1941년 5월에 완전히 종료되었다가 1944년에 V-1 · 2 로켓 포격으로 다시 시작되었다.

이 기간 중 런던 시민을 포함한 도시의 시민들은 특히 야간에 독일공군의 폭격으로 각 가정에서 잘 수 없어 대피소로 대피해야만 하였다. 그러한 대피소로 지하철을 포함한 지하시설을 이용하였으며 이러한 시설이 없는 곳에서는 임시로 만들어진 대피시설로 대피해야만 하였는데 여기에는 앤더슨 대피호(Anderson Shelter)와 모리스 대피호(Morrison Shelter) 두 가지가 있었다. 앤더슨 대피호는 정원이 있는 가정에 설치되었으며, 강판으로 만들어진 철판을 볼트로 연결하였고 지붕은 흙으로 덮어 지하에 반쯤 묻은 상태에서 대피호로 사용하였다. 이 대피호는 주당 5파운드 이하의 급여를 받은 사람은 무료로 사용하였고, 5파운드 이상 돈을 버는 사람은 7파운드에 이를 구입할 수 있었다. 이 대피소는 1939년 9월 말 전국에 150만 개소 설치되었다. 모리슨 대피호는 정원이 없는 사람들을 위하여 1941년 3월에 도입되었으며, 강판으로 만들어졌다. 평시에는 테이블로 사용할 수 있으며 공습 시에 내부로 대피할 수 있도록 만들어져 방이나 라운지 등에서 사용하였다.

전쟁 기간 중 런던과 같은 대도시에 거주한다는 것은 독일공군의 폭격을 받으면서 매우 위험하다는 것을 의미하였다. 1940년 9월 7일 16:56분에 사이렌이 맹렬히 울리면서 독일공군의 350대 폭격기가 300톤

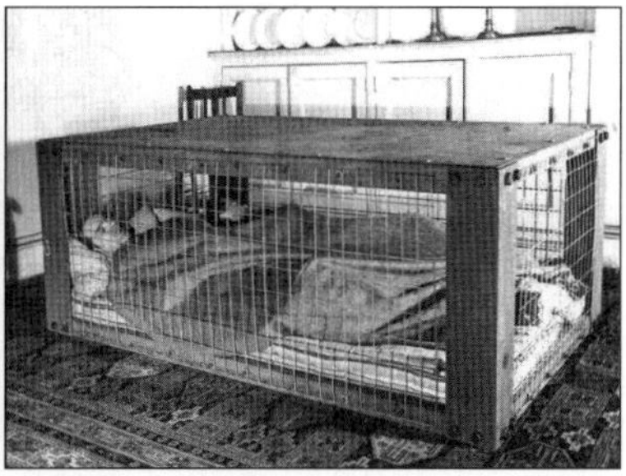

〈그림 4-47〉 앤더슨 대피호와 모리슨 대피호[50]

왼쪽은 앤더슨 대피소로 크기는 1.95×1.35m였다. 정원에 설치되었으며, 지붕은 흙을 덮었고, 입구는 강철판으로 만들어져 폭풍으로부터 보호받을 수 있도록 하였다. 오른쪽은 모리슨 대피소로 크기는 2×1.2×0.75m로 정원이 없는 가정에서 방이나 라운지 등에 설치하였으며 공습 시 내부로 대피하였다.

50) http://www.primaryhomeworkhelp. co.uk/Britain.html (검색일: 2021.5.7)

의 폭탄을 런던시 일원에 투하하였다. 이 폭격으로 거의 2,000여 명이 죽거나 중상을 입었다. 이후 독일공군기의 폭격은 1941년 5월, 독일군이 바바로사 작전을 위하여 공군을 동부전선으로 전환할 때까지 지속되었다. 특히 런던은 11주 동안 폭격을 받으면서 도시의 1/3이 폐허가 되었다. 1940년 11월의 코벤트리 공습에서는 554명이 죽고 4,330가구가 파괴되었다. 독일공군기의 폭격기간 중 32,000여 명이 죽고 87,000여 명이 중상을 입었으며, 200만 가구가 파괴되었다. 독일군이 사용한 폭탄은 주로 고폭탄과 소이탄이었으며, 때로는 불발탄이 발생하여 이를 제거할 때까지 시민들은 안전한 곳으로 대피해야만 하였다.

1944년 6월 13일부터는 독일군이 V-1 로켓을 이용하여 런던을 포격하였다. 이는 무인포격으로 시민들은 로켓이 비행하는 둔탁한 소리를 들으면 15초 내에 대피를 해야만 하였다. 전쟁 기간 중 독일은 약 9,250발을 런던을 향해 사격하였으며 2,500여 발은 런던지역에 떨어졌고, 2,000여 발은 대공포에 격추되었으며 2,000여 발은 전투기에 격추되었고, 300여 발은 풍선기구(Barrage Ballon)에 충돌하면서 추락한 것으로 알려졌다. 1944년 9월 8일부터 시작된 V-2는 V-1에 비하여 빠르고 비행고도가 높았기 때문에 대공포나 전투기로 격추하기가 어려웠다.[51]

런던을 포함한 주요 도시들은 독일공군의 폭격에 의하여 많은 피해를 받으면서 대공방어가 중요한 문제였다. 물론 그 당시 공군의 전투기들도 있었고 대공화기도 있었지만 영국군은 도버 해협을 포함하여 주요 지역에는 콘크리트로 만들어진 대공포대를 설치하였다.

위의 마운셀 포대(Maunsell Forts)는 당시 독일공군기의 폭격으로부터

51) http://www.primaryhomeworkhelp. co.uk/Britain.html (검색일: 2021.5.7)

〈그림 4-48〉 독일공군의 폭격에 대비하여 설치된 대공방어 시설

영국을 방어하기 위해 설치된 무장 타워이다. 왼쪽의 해군용 마운셀 포대는 템스 강 하구에 설치되었으며 해군이 운영하여 템스강을 따라 독일공군기의 공습을 저지하고 보고하는 등의 임무를 수행하였다.

오른쪽의 육군용 마운셀 포대(Redsands Forts)는 강철 플랫폼으로 구성된 대공 방어용 대규모의 인공시설물로 통상 중앙 관제탑에 모두 연결되는 통로가 있는 7개의 타워 그룹으로 구성하였으며, 요새 7개(관제타워, 포탑타워, 탐조등 타워 등)를 상호 연결하여 3.75인치 주포를 장착하고 관제센터 뒤쪽의 타워에는 Bofors 40mm 주포와 탐조등도 설치하였다. 이 요새에서는 22대의 독일공군기와 30여 개의 V-1 · 2 등 비행폭탄을 격추한 것으로 알려졌다.

독일공군의 영국 본토에 대한 폭격 시기에 지하철이 피폭되면서 대규모의 인명 사상자가 발생하는 일이 발생하였다. 독일공군이 영국 본토를 폭격하던 시기에 런던의 지하철은 많은 시민이 공습을 피하여 대피하였던 곳이었다. 그런 곳에서 독일공군의 폭격기가 투하한 폭탄이 지하철 위의 도로를 관통해 60여 명 이상이 사망하고 수백 명이 부상하는 사고가 발생한 것이다.[52]

〈그림 4-49〉 1940년 10월의 발함역 피폭 현장

1940년 10월 14일, 독일공군 폭격기가 투하한 1,400kg의 폭탄이 폭발하면서 파괴된 발함역의 내・외부의 모습. 이 폭격으로 60여 명이 사망하고 다수의 부상자도 발생하였다.

사건이 발생한 발함(Bahlam) 지하철은 1926년에 문을 열었고, 첫 공습 이후 사람들은 임시 대피소로 그곳을 이용하고 있었다. 1940년 10월 14일 오후 8시 직전에 공습 사이렌이 울릴 당시 600명 정도의 사람들이 짐을 싸서 밤을 새워야 할 경우를 대비해 지하철로 대피를 하였다. 이날 오후 10시쯤 독일공군이 투하한 1,400kg급 폭탄이 지하철 위 도로에서 폭발해 거대한 분화구가 형성되었다. 도로에 폭파구가 형성되면서 터널 일부가 무너지고 암흑 속에서 수도와 하수, 가스관이 파열되어 역이 범람하였다. 이 폭격으로 당시 지하철 내부에 대피하였던 시민들 가운데 60여 명이 사망하였고 부상자도 다수 발생하였다. (역은 수리를

52) https://ww2today.com/14th-october-1940-disaster-at-balham-tube-station (검색일: 2021.2.29)

거쳐 1941년 1월 12일 폐쇄된 구간과 역이 다시 개통되면서 빠르게 복구되었다.)

우리도 전시 많은 지하철이 주민 대피용으로 사용될 것이다. 어느 지하철은 폭격을 받아도 안전할 정도로 지하 깊은 곳에 건설되어 견고하지만 그렇지 못한 곳도 있다. 지하철 주변에는 상하수도, 가스, 전기 및 전화선이 지난다. 시민들이 대피한 상황에서 어떤 피폭상황으로 인하여 전기가 나가면서 암흑이 되고 상수도나 하수도가 파괴되어 물이 넘치는 등 발함역에서 발생한 유사한 상황이 발생한다면 어떻게 될까? 다양한 안전대책이 강구되어야 한다.

전쟁 기간 중 대도시에 살던 많은 어린이와 여성은 안전한 곳인 시골로 후송되었다. 1939년 9월 1일, 전쟁이 발발하면서 이른바 작전명 '피리 부는 사람(Operation Pied Piper)'이라는 명칭으로 독일공군의 폭격에 대비하여 어린이와 여성을 보호하고자 시골로 이송을 한 이 작전은 1차로 독일에 선전포고하기 전인 1939년 9월 1일부터 1940년 1월까지 실시되었으며 2차는 독일군이 프랑스를 점령한 1940년 6월 13일부터 18일까지 실시되어 약 10만여 명의 어린이들이 농촌지역으로 후송되었다. 3차 후송은 독일공군의 폭격이 시작된 이후 1940년 9월 7일부터 실시되었다. 그 후 1944년 독일군의 V-1 · 2 포격이 시작되면서 100만여 명의 어린이와 여성, 고령자와 부상자들이 런던으로부터 후송되었다. 이렇게 후송된 어린이 등은 종전 이후 런던으로 돌아왔다.[53)]

제1차 세계대전에 이어 제2차 세계대전에서도 영국은 연합국의 핵심으로 승리하였다. 그러나 제1차 세계대전보다 더 많은 인명 및 재산의 파괴가 동반되어 상처뿐인 승리를 하였다. 전쟁 기간 영국 국민은

53) http://www.primaryhomeworkhelp. co.uk/Britain.html (검색일: 2021.5.7)

처칠의 전쟁지도에 호응하여 수많은 고통 속에서도 징집과 병력동원, 전쟁비용 조달에 협조하였으며 여성들은 남성들이 빈자리를 채워 다양한 역할로 승리에 기여하였다. 그뿐만 아니라 국방의무가 없는 청소년이나 장년층 등의 노력도 승리에 일조하였다. 아래는 이러한 노력의 결과 종전 이후의 승리를 자축하는 여러 장면의 사진이다.

〈그림 4-50〉 제2차 세계대전 영국의 승리 기념[54]
연합군 전쟁 승리 기념행사와 런던 시민들의 기뻐하는 모습이다.

제2차 세계대전 당시 영국은 풍전등화의 위기 속에 있었다. 제1차 세계대전의 여파로 제2차 세계대전이 발발하기 전 영국군의 준비상태

54) https://www.historic-uk.com/HistoryUK/HistoryofBritain/VE-Day/ (검색일: 2021.5.7)

는 전쟁을 바로 할 수 있을 정도로 높은 수준이 아니었다. 전쟁이 발발하면서 프랑스에 파견하였던 영국군의 주력인 원정군이 덩커크에서 철수하면서 대규모의 중화기와 탄약을 그대로 유기해 놓고 온 상황에서 본토를 지킬 만한 장비나 탄약도 없었다. 만약 독일군이 영국 본토에 상륙을 시도하였다면 국민의 본토를 수호하기 위한 노력에도 불구하고 어떤 결과가 발생하였을지 예측하기는 쉽지 않은 상황이었다. 그런 가운데 전쟁지도 책임을 맡게 된 처칠은 국민에게 피와 땀과 눈물을 요구하면서 끝까지 독일과 싸울 것임을 밝혔고 국민은 온갖 어려움 속에서도 정부에 호응하여 지원활동을 전개하였다. 그러한 결과로 영국은 승리할 수 있었다.

제3절 미국

1. 당시 미국의 상황

제1차 세계대전 당시 중립을 유지하다가 독일군의 무제한 잠수함 작전으로 뒤늦게 협상국의 일원으로 전쟁에 참여하여 승리에 커다란 역할을 한 미국은 종전과 동시 강대국으로 그 위치를 공고히 하였다. 국제정치적으로는 윌슨 대통령이 주창한 '14개 조항'에 의하여 국제연맹이 창설되었지만 의회에서 중립주의 주장으로 참여하지 못하고 고립주의로 회귀하였다.

그러나 경제적으로는 미국에 견줄 만한 국가가 없을 정도로 강대해졌다. 1920년대의 미국은 제1차 세계대전의 결과로 채권국으로 또

〈그림 4-51〉 대공황 시기의 미국

대공황 시기의 미국의 모습. 많은 사람이 직장을 잃고 실직자가 되면서 어린아이까지 아빠에게 직장을 달라는 내용의 팻말을 들고 시위에 나서고 있다.

막대한 생산력으로 경제적 호황을 누리면서 과잉생산된 물품의 재고가 쌓여만 가는 동안 유럽국가들은 오히려 전쟁의 여파로 경제력이 약화된 상태에서 상품구매력이 부족하여 이를 구입할 여력이 없다. 이에 불안을 느낀 투자가들이 주식을 대량으로 투매하자 뉴욕의 주식시장에서 주가가 폭락하면서 1929년 대공황이 발생하였다. 이로 말미암아 수많은 공장은 도산되었고, 수백만 명의 노동자들이 실직자가 되어 거리로 쏟아져 나왔다.

1933년 취임한 루스벨트(Franklin D. Roosevelt) 대통령은 뉴딜(New Deal) 정책을 추진하면서 '테네시강 유역개발(TVA)'을 시작하였으며, 사회보장법을 만들어 고용을 늘리는 등의 조치로 경제가 부분적으로 회복되기는 하였지만 이마저도 1937~1938년에 들어 다시 악화되었다.

히틀러가 재군비를 추진하면서 인접국을 서서히 합병해 나가고 일본군의 팽창이 더욱 노골화되자 루스벨트는 '해군확장법(Naval Expansion Act)'을 제정하여 해군력을 강화하기 시작하였고 국방비를 증액하는 등 다가오는 위협에 대응하기 시작하였다.

일본군이 중일전쟁을 일으켜 중국을 점령하자 루스벨트 대통령은 이를 강력히 비난하며 중국에서 철수할 것을 요구하였으나 일본이 이를 거절하자 영국 및 네덜란드 등과 더불어 일본과의 무역을 금지하고 석유수출을 금지하는 등의 조치를 취하면서 경제적 압박을 가하였다.

유럽에서 제2차 세계대전이 발발하면서 영국 등 연합국들이 무기와 탄약의 부족으로 어려움을 겪자 루스벨트 대통령은 1940년 12월 29일 대국민 연설을 통해 연합국을 지원하기 위하여 미국이 '민주주의를 지키는 병기고(Arsenal of Democracy)'[55)] 역할을 해야 한다면서 국민을 설득하였다.

그는 의회 내 고립주의자들의 반대에도 불구하고' 무기대여법(Lend-Lease Act)'을 제정하고 1941년 3월 11일 의회를 통과시켜 연합국에게 전투 장비와 탄약은 물론 원자재와 식량까지 지원하였다.

1941년 12월 7일, 일본군의 진주만 기습으로 태평양 전쟁이 발발하자 루스벨트 대통령은 의회에 대일본 선전포고를 요청하였고 상원과 하원에서는 압도적 찬성으로 이를 지지하였다. 의회의 전폭적인지지 아래 루스벨트는 "진주만을 기억하라(Remember Pearl Harbor)"고 하면서 국민을 결집하였다. 당시 루스벨트의 이러한 조치에 대하여 12월 10일 New York Times가 실시한 여론조사에서 98%의 미국인이 대일선전포

---

55) Julian E. Zelizer, *Arsenal of Democracy: The Politics of National Security- from World War II to the War on Terrorism,* p. 1.

고에 찬성하는 것으로 나타났다.56)

2. 병력모집

미국은 제1차 세계대전 당시 400만여 명의 병력을 동원하여 200만여 명을 유럽에 파병하였다. 전쟁 기간 중 42개 사단을 창설하여 부대를 확장하였던 미국은 전쟁이 끝나자 점진적으로 해체하여 1939년도에는 육군 8개 사단과 해군을 합하여 174,000명의 규모에 달할 정도로 소규모만 유지하였다. 미국의 정책과 미국인들은 고립주의를 주장하였고 전쟁에 참여하는 것을 원치 않았기 때문이다. 그럼에도 불구하고, 1940년까지 미 정부관리와 국민은 결국 미국이 전쟁에 불가피하게 참여하게 될 것이라고 생각하면서 준비를 시작하였다.

유럽에서 프랑스가 나치 독일에 항복하고 영국 본토가 폭격을 받는 시기인 1940년 9월 6일, 의회는 '선발징병법(Selective Training and Service Act)'을 통과시켰고, 9월 16일 루스벨트 대통령은 이를 선포하였다. 이 법에서는 21세에서 35세 사이의 남성들이 지역 병무위원회에 등록하도록 규정하였다.

징병제가 실시되면서 병력규모가 빠른 속도로 확장되기 시작하여 그해 말에 24개 사단 46만여 명으로 늘어났다. 1941년 12월 7일 진주만 공격 이후, 루스벨트 대통령은 일본에 대하여 선전포고를 하였다. 따라서 당면한 문제는 병력규모를 확장하는 것이었다. 법을 개정하여 만 18세부터 45세까지 모든 남성이 병역의 대상이 되었고 만 18세부터

---

56) 로날드 H. 베일리 지음, 한국일보 타임-라이프 옮김, 『제2차 세계대전-미국의 전시생활』, 서울: 한국종합물산, 1985, p. 23.

65세까지 모든 남성이 의무적으로 등록하게 되었다. 이렇게 하여 진주만 기습 당시 39개 사단은 대폭적으로 확장되면서 종전 시기인 1945년도에는 1,200만여 명에 달하였다.

〈표 4-7〉 제2차 세계대전 당시의 미국의 병력규모 증가추이

구 분	1939	1940	1941	1942	1943	1944	1945
계(만 명)	33.4	45.8	180.1	385.8	904.4	1,145	1,212
육군(만 명)	13.9	26.9	146.2	307.5	699.4	799.4	826.7
해군(만 명)	12.5	16.0	28.4	64.0	174.1	298.1	338.0
해병(만 명)	1.9	2.8	5.4	14.2	30.8	47.5	47.4
비교(%)	기준(100)	137	539	1,155	2,707	3,428	3,628
비 고	중립		연합국으로 참전				

당시 미국의 인구가 1억 3,000만여 명이었던 점을 감안하면 거의 인구 10명당 1명의 비율로 직접 군인으로서 전쟁에 참여하고 있었던 것이며, 이것은 다른 국가의 경우와 비교하여도 결코 작지 않은 참여 비율이다.

여기서 주목해야 할 것은 미국이 동원한 1,200만여 명은 주로 육군과 해군 및 해병에서 복무하였던 인원이며, 그 외에 각종 군수산업에 동원되었던 인원이나 그 외의 군과 관련되는 시설까지 동원되었던 인원을 합하면 이를 훨씬 상회한다는 것이다. 이것은 당시의 전쟁이 총력전 양상을 띠고 있었으며, 따라서 군은 물론 유관되는 시설과 산업동원 시설에도 대규모의 인원이 동원되었음을 의미한다.

육군은 전쟁 가능성이 점차 높아지자 1940년 9월에 징병제가 실시되면서 급속히 확대되어 12월에는 24개 사단 46만여 명에 달하였고, 진

주만 기습 당시인 1941년에는 39개 사단, 이후 지속적으로 확장하면서 종전 시기인 1945년을 기준으로 94개 사단에 병력은 826만여 명으로 유럽전선에 6개의 야전군과 태평양 지역에 3개 야전군이 투입되었다.

육군항공대(Army Air Force, 육군항공대는 전후 1947년 '국가안전보장법' 제정 시 공군을 창설하는 모체가 되었다)는 1939년 9월 2,470대의 항공기를 보유하고 있었으나 전시체제로 전환한 이후 그 수는 무려 79,980대로 확대되었고 육군에서 독립된 군으로 임무를 수행하였다.

〈그림 4-52〉 육군 및 육군항공(공군) 모집 홍보 포스터

위는 육군 모집을 홍보하는 포스터. 가정과 국가를 위하여 육군에 입대하여 줄 것을 호소하고 있다. 아래는 육군항공(공군의 전신)에 입대를 촉구하기 위한 홍보 포스터이다.

병력 규모가 급증하면서 이에 소요되는 자원을 모으기 위하여 다양한 방법으로 홍보가 시행되었다. 각종 포스터가 제작되어 다중의 시민들이 왕래하거나 모이는 곳에 부착되었으며, 유명 연예인들이 국가의 부름에 자발적으로 호응하여 홍보활동을 전개하였다.

해군은 1940년 초에 14만여 명에 불과하였으나 그해 4월에 일본군의 전쟁 도발 가능성이 점차 높아지자 하와이의 진주만에 태평양 함대를 전진 배치하기 시작하였고, 이어 6월부터는 태평양과 대서양에서

〈그림 4-53〉 해군 및 해병대 모집 홍보 포스터

위는 해군 모집을 위한 홍보 포스터로, 진주만을 상기하라면서 해군에 입대할 것을 호소하고 있다. 아래는 해병대원 모집 홍보 포스터로, 전투에 참전하기를 원한다면 해병대에 지원하라고 하고 있다.

모두 동시에 작전을 할 수 있도록 하는 해군력 확장 프로그램을 추진하기 시작하였다. 이에 따라 많은 해군대원이 소요되면서 "진주만을 기억하라"는 등의 자극적인 표현을 사용하여 병력을 모집하였고, 이에 많은 사람이 호응하였다.

미국은 육군이나 해군 및 해병 모두 본토에서 직접 전쟁을 하지 않았기 때문에 유럽 국가와는 달리 동원을 준비하고 시행하는 데 여유가 있었지만 연합국의 일원으로서 대규모의 병력을 동원하여 부대를 만들고 아시아~태평양 지역은 물론 북아프리카와 유럽에서도 추축국에 맞서 연합국의 승리에 결정적으로 기여하였다.

이 과정에서 전 미국 대통령이었던 부시(George H. Bush)는 예일대학교 재학 중 태평양 전쟁이 발발하자 항공모함의 조종사로 참전하였다. 이렇게 미국인은 신분의 높고 낮음에 상관하지 않고 자원하여 전투원 또는 비전투원으로 임무를 수행하였다. 일본군의 진주만 기습은 미국인을 하나로 만들었고, 미국은 이를 바탕으로 태평양에서는 일본군을 무찌르고 유럽에서는 연합군의 주역으로 독일군을 패퇴시킬 수 있었던 것이다.

이 외에도 병역의무와 관련 없는 사람들이 애국의 일선에서 역할을 하였다. 디트로이트에서는 할아버지와 아들, 손자가 동시에 징병소에 나타나 지원하였고, 제1차 세계대전 시 프랑스 전역에서 용맹을 날린 퍼싱 예비역 대장이 81세의 노구를 이끌고 입대를 지원했으며, 시카고 대학의 어느 교수는 50세로 지원하여 이등병으로 입대하였다. 남녀노소 구분 없이 수많은 사람이 지원한 결과로 미국은 전쟁 기간 중 1,600만여 명이 군복을 입고 있었는데, 이는 미국인 10명당 1명의 비율이다.[57]

3. 여성의 전쟁 지원

미군이 전쟁에 본격적으로 참전하고 많은 남성이 동원 및 징집되면서 군에서 여성 역할의 확대를 주장하는 외에 산업현장은 물론 영농현장에서도 노동력이 급격히 감소되었다. 노동력이 부족한 상황에서 정부는 지속적으로 신문기사와 홍보 등을 통하여 여성들에게 정부의 전쟁 노력 지원을 호소하였다.

제2차 세계대전 당시 미국 여성의 역할은 제1차 세계대전보다 더 광범위한 지역과 영역에서 더 많은 여성이 참여하는 형태로 확대되었다. 이것은 전쟁이 유럽은 물론 아시아~태평양 지역에서 광범위하게 전개되고 있었기 때문이기도 하다. 먼저 군에서 여성들은 전투부대를 직접 지원하는 것은 물론 조종, 간호, 정비, 보급 등의 다양한 형태로 지원을 하였으며 육군과 육군항공은 물론 해군과 해병, 간호 등에 이르기까지 그 영역이 확대되었다. 산업현장에서도 무기와 탄약을 만드는데 있어 상당한 역할을 하였다. 당시 많은 여성이 일을 함으로써 전선에 투입된 남성들을 구할 수 있다고 하였으며, 공장에서 일하는 것은 전쟁에서의 승리에 기여하는 것은 물론 여성들의 고용기회도 증진하는 것이라고 하였다. 여러 슬로건 중에는 "여성들이 일을 하면 할수록 승리는 더 가까워진다(The more women work, the closer the victory is)"라는 말도 있었을 정도로 여성의 역할은 그만큼 컸고 중요하였다.

전투 장비와 탄약 전시 생산증대에 힘입어 확대된 경제력 덕분에 1939년 890만여 명의 실업자가 1944년에는 1,870만 명의 취업인구로 바뀌었고, 이 중에 1,000만여 명의 여성들이 전투 장비와 탄약생산 등

57) 로날드 H. 베일리, 앞의 책. pp. 42~43.

의 군수산업에 종사하였다. 이렇게 미국은 전쟁 기간 중 대공황을 극복하면서 전 세계의 40%에 달하는 장비를 단독으로 생산해 내는 경제대국이자 1,200만여 명의 병력을 동원하면서 군사강국으로 성장하였다.[58)]

먼저 군에서 여성의 역할을 보자. 전쟁 기간 중 35만여 명이 국내 및 국외에서 군 복무를 하였다. 여기에는 여성육군지원부대(Women's Army Auxiliary Corps, 이하 WAACs, 이 부대는 Women's Army Corps로 개칭, 이하 WAC), 해군여성예비역(Navy Women's Reserves, 이하 WAVES), 해병여군예비역(Marine Corps Women's Reserves, 이하 MCWR), 해안경비여성예비역(The Coast Guard Women's Reserves, SPARS: Semper Paratus—Always Ready), 여성항공복무조종사(The Women Air Force Services Pilots, 이하 WASP), 육군여성간호부대(Army Nurses Corps, 이하 ANC), 해군여성간호부대(Navy Nurses Corps, 이하 NNC) 등이 있었다. 당시 아이젠하워(Dwight Eisenhower) 원수는 "만약 여군의 역할이 없었으면 우리는 이길 수 없었을 것이다"라고 하였을 정도로 군에서 여성은 다양한 역할로 승리에 기여하였다.

WAAC에 관한 것이다. 1941년 5월 매사추세츠의 로저스(Edith N. Rogers)는 미군에서 앞으로 여성이 필요할 것으로 예상하여 미 육군에 여군부대를 창설하는 법안을 제안하였다. 이 법안은 진주만 기습이전까지는 무시되다가 논의를 거쳐 1942년 5월 15일 효력을 발휘하였으며, WAAC가 정식으로 창설되었다.

이렇게 시작된 WAAC는 1943년 7월 이후 이 부대에서 '지원(Auxiliary)'

---

58) 존 키건, 『제2차 세계대전사』, pp. 324~325. 이때 미국이 생산한 전투장비를 보면 1940년 346대의 전차를 생산하였으나 1944년에는 17,565대로 증가하였고, 항공기는 1940년 2,141대에서 1944년에는 96,318대로 확대되었으며, 선박도 1940년 150만 톤에서 1944년에는 1,530만 톤으로 확대되어 있었다.

〈그림 4-54〉 WAAC, WAC 모집 홍보 포스터

미 육군 여군단 참여를 호소하는 포스터. "이 전쟁 역시 나의 전쟁이다", "우리가 가장 필요한 곳에 간다", "나의 두 자녀가 미군장병이 되었음이 자랑스럽다"라는 등의 문구가 보인다.

이라는 말을 삭제하면서 1943년 육군의 여군부대인 WAC가 되었다.

처음 이 부대원들을 모집할 당시 여대생, 직업여성, 주부, 미망인 등이 "남성들이 하는 일은 우리도 할 수 있어요(We can do what men do, too)" 라고 하면서 지원하였다. 워싱턴 D.C에서는 첫날 750명이 응소하였는데 이는 예상하였던 인원의 3배였다.[59)]

WAC에는 전국적으로 많은 지원자가 모집에 응하였다. 이 WAC

59) 로날드 H. 베일리(1982), 앞의 책, p. 68.

에 대해서 처음에는 여론이 부정적이었지만, 시간이 지나면서 여성들이 다수 참여함으로써 남성들이 전투에 더 참여할 수 있도록 할 수 있다는 여론의 확산에 힘입어 긍정적으로 바뀌었다.

여성대원들은 사무원으로 근무하거나 트럭운전, 비행기 정비, 낙하산 정비, 무선국 운용, 사진 분석, 비행기 정비 후 시험비행 테스트, 심지어는 대공포 사격시험 사수로서 역할 등 250여 종목에 이르는 육군의 모든 일을 하였다. 그녀들은 미국은 물론 북아프리카 전역과 유럽 및 아시아에서도 활동하였다.

1943년 7월 557명의 여성 대원과 19명의 장교로 구성된 최초의 WAC 대대가 런던에 도착하여 제8공군에 배치되었다. 이어서 제8공군에 배정된 제2대대가 9월 20일부터 10월 18일까지 런던에 도착하였다. 이 여성들의 대다수는 전화 교환기 운영, 사무원, 타이피스트, 비서 등으로 업무를 하였다. 교환기 운영자와 타이피스트에 대한 수요가 증가하여 1944년에 45명의 여성으로 구성된 두 학급이 모집되어 3주 동안 영국에서 기본 훈련을 받았다.

300여 개의 WAC 분대는 최고연합본부원정대(SHAEF)에서 근무하였다. 원래 런던의 부쉬 파크(Bushey Park)에 주둔한 이 WAC는 최고사령

〈그림 4-55〉 WAC 대원의 활동
방독면 착용 훈련과 차량 정비 및 무선타이프 업무를 하는 WAC 대원의 모습

〈그림 4-56〉 여성조종사 대원

WASP에 지원한 여성 조종사 대원(왼쪽)과 이륙하기 직전 헬멧을 조정하는 모습(가운데) 및 B-17 폭격기 조종훈련에 참여한 4명의 여성 조종사(오른쪽).

부 및 연합원정군(Supreme Headquarters, Allied Expeditionary Force, SHAEF)과 함께 프랑스로, 그리고 결국 독일로 이동하였다. 이 여성들은 속기사, 타이피스트, 번역가, 법률 비서, 암호사, 전신 운영자, 방사선 기사 및 일반 사무원으로서 D-day 계획부터 독일 패배까지의 모든 후속 작전을 지원하였다. 전쟁 기간 중 15만여 명의 여성이 WAC에 참여하였다.

육군에 소속되었던 육군항공여성부대의 여성비행사(WAFS)는 하루 16시간씩 강도 높은 훈련을 통하여 단발기나 쌍발비행기를 조종하였으며, 공장에서 비행장까지 비행기를 조종하여 인계하는 임무를 주로 하였다.[60]

1942년 중반, 여성 전투조종사 필요성과 더불어 경험 있는 여성들을 비전투 임무에 사용할 필요성이 제기되었다. 이에 따라 2개의 여성 항공대와 여성보조대 등이 창설되어 1,000여 명이 넘는 여성들이 여기에 참여하여 6,000만 마일 이상의 비전투 비행 임무를 수행하였다. 이 부대는 1943년 9월에 여성공군조종사복무프로그램(WASP)으로 통합되

60) 위의 책, p. 50.

었다.[61)]

기간 중 25,000여 명이 넘는 여성들이 WASP 프로그램에 참여하였으며 1,830명이 합격하여 1,074명이 졸업하였고, 1944년 12월 프로그램이 폐지될 때까지 916명이 잔류하였다. WASP에 참여한 대원들은 비행교관과 공대공 사격연습용 표적 끌기, 지대공 사격연습, 엔진시험용 비행 등 다양한 임무를 수행하였다.[62)] 이렇게 임무를 수행함으로써 남성 조종사들이 보다 더 전투기 임무를 수행할 수 있도록 만들었으며, 기간 중 38명의 여성이 목숨을 잃었다.

WAVES에는 77,000여 명이 지원하여 주로 하와이나 알래스카 등의 지역에서 근무하였다. 해군은 관제탑 조작으로부터 낙하산 수리에 이르기까지 남성들이 전투임무에 매진할 수 있도록 여성대원을 활용하였다.[63)]

1943년 중반까지 27,000여 명의 미 여성이 WAVES 프로그램에 참여하였다. 제1차 세계대전 당시는 주로 간호사와 비서로만 봉사했지만, 제2차 세계대전 당시는 훨씬 더 많은 책임을 맡았다. 비서직 및 사무직은 여전히 WAVES 직책의 상당 부분을 차지했지만 수천 명의 WAVES 대원이 항공정비, 사진업무, 관제탑 운영 및 정보 요원과 같은 직무를 수행하였다. 전쟁이 끝날 때까지 84,000명 이상의 여성이 WAVES에서 8,000명의 여성 장교와 함께 복무했으며, 이는 미 해군인력의 2.5%에 해당되었다.

해병보조대원은 정찰용 카메라는 물론, 해군 비행기지에서 군용

---

61) https://www.britannica.com/topic/Women-Airforce-Service-Pilots (검색일: 2019.3.23)

62) https://www.af.mil/News/Article-Display/Article/109638/women-play-huge-role-in-world-war-ii-aviation-efforts/ (검색일: 2019.3.23)

63) 위의 책, p. 50; https://www.u-s-history.com/pages/h1708.html (검색일: 2019.3.23)

〈그림 4-57〉 WAVES 홍보포스터

해군에서 여성 해군대원을 모집하기 위한 홍보 포스터로, 여성들이 해군에 지원함으로써 남성들이 더 많이 전투에 참가할 수 있도록 해군에 지원해 줄 것을 호소하고 있다.

〈그림 4-58〉 미 해군 WAVES 대원들의 활동

WAVES 여성 대원의 지도 위치 표식 중의 모습(왼쪽 위)과 1943~1945년 플로리다주의 해군 비행장에서 WAVES의 정비사들이 항공기 정비 중인 모습(왼쪽 아래) 및 1943년 워싱턴의 한 해군항공기지의 수리부서에서 한 여성 WAVES의 대원이 그라인더 작업을 하고 있다(오른쪽).

차의 운전과 항공관제, 엔진수리 등의 업무도 하였다.[64] 1943년 2월 13일 해병대는 육군, 해군, 해안 경비대가 여성 모집을 주도한 후 공식적으

〈그림 4-59〉 해병보조대원 모집 홍보 포스터

여성 해병대원을 모집하기 위한 홍보 포스터. 남성들이 전투에 전념할 수 있도록 미 해병대에 지원할 것을 호소하고 있다.

로 해병대 여성 예비군을 설립하였다. 해병대 여성 예비군의 여성은 무선 통신사, 낙하산 조작 장치, 운전사, 공중 사수 교관, 관제탑 운영자, 자동차 정비사 등 200개가 넘는 전문 분야에서 훈련을 받았다. 23,000명 이상의 여성이 해병대 예비군에서 복무하였다.

〈그림 4-60〉 여성해병대원의 전투 장비 정비 활동

여성 해병대원들의 정비 모습. 해병대 병기정비기지에서 구경 50기관총 정비(왼쪽), 항공기 정비기지에서 엔진 정비(가운데), 차량 정비(오른쪽).

64) 위의 책, p. 51; https://www.uso.org/stories/118-women-of-world- war-ii (검색일: 2019. 3.24)

여성 대원들은 주로 사무실과 교실 및 병원, 소매점, 도서관, 미용실에서 일하였다. 그녀들은 기본 훈련을 마친 후 다양한 전문 분야의 고급 교육을 받았다. 이렇게 교육을 받은 대원들은 병기정비소에서 무기 정비업무를 하거나 항공기 정비창에서 항공기 정비업무를 하였다.

다음은 미 육군 간호단(Army Nurse Corps)에 관한 이야기로, 전투 현장에서는 많은 사상자가 발생하며 치료 및 간호 인력이 필요하게 된다. 이는 제1차 세계대전에서도 그랬고 제2차 세계대전에서도 마찬가지로 이런 역할을 한 인력이 바로 육군 간호단이었다.

육군 간호단에는 일본군의 진주만 기습 6개월 뒤 12,000명의 간호사가 근무하였다. 그들 중 일부는 이전에 군 경험이 있기는 하였지만 다수는 군을 잘 몰랐다. 1943년 7월에야 육군에서는 선발된 육군 간호사를 위한 공식적인 4주 훈련 과정을 승인하였다. 이 프로그램에서는 군 관습 및 예의, 현장 위생, 화학 공격에 대한 방어, 인사 관리 등을 교육하였다. 1943년 7월부터 1945년 9월까지 약 27,330명의 간호사가 이러한 과정을 수료하였다.

〈그림 4-61〉 육군 간호단 모집 홍보 포스터

육군 간호단의 간호사들은 전 세계의 전쟁터에서 근무하였다. 그들은 종종 다른 기후 조건에 적응하면서 장병을 치료하고 열대성 질병에 시달리고 힘든 조건에서 살고 일해야 하였다. 그들은 이전보다 더 가까이 최전선에 가서 야전병원, 환자수송용 열차와 선박, 수송용 항공기에서 간호사로 근무하였다.

전쟁 기간 중 약 120만여 명의 장병이 항공기로 수송되었으며, 500여 명의 여군 간호단원이 31개의 항공후송대에서 임무를 수행하였다. 이들의 헌신으로 미군 장병들 가운데 야전이나 후송 중 치료를 받은 4% 미만의 장병들이 부상이나 질병으로 순직하였다.[65] 그들의 봉사와 헌신은 모든 전역에서 미군 장병의 사망률을 낮추는 데 기여하였다.

일부에서는 여군간호부대원으로서 전선지역 근접한 곳에서 간호업무를 지원하였고 이 과정에서 16명이 적의 직접적인 포격 등으로 전사하였으며, 필리핀에서는 64명이 전쟁포로가 되었다. 여러 공로로 1,600여 명이 근무유공으로 표창을 받았으며, 태평양 전구에서는 565명이 전투훈장을 받았다.[66]

여성은 군대에서 직접 또는 간접적으로 군사활동을 지원하는 여러 직책에서 복무하였다. 그들은 여전히 전투 현장에서는 제외되었지만 종종 어려운 조건에서 일했고 목숨을 걸었다. 제2차 세계대전 기간 중 59,000명이 넘는 여성들이 육군 간호단에서 복무하였으며, 해군 간호단 15,000명을 포함하여 모두 74,000여 명으로, 이 가운데 201명이 근무 중 전사 또는 순직하였다.

---

65) https://history.army.mil/books/wwii/72-14/72-14.HTM (검색일: 2019.3.23)

66) https://www.nationalww2museum.org/students-teachers/student-resources/research-starters/women-ww2 (검색일: 2019.3.22)

〈그림 4-62〉 육군 간호단 대원들의 활동

1944년 프랑스의 미 육군 제10 야전병원에서 수술 장병을 간호하는 육군 간호단 대원과 부상병을 이송하는 과정에서 위로하는 모습 및 영국과 이집트의 야전병원에서 3년간 근무 뒤 1944년 8월 12일 프랑스 전선에 도착한 육군 간호단 대원들

이 외에도 30만여 명 여성이 적십자에 참여하여 급식지원이나 간호업무 등을 수행하였고, 100만여 명 이상의 여성들이 미국위문협회(United Services Organizations, USO) 센터에서 장병들을 위하여 급식이나 오락지원 업무 등을 수행하였다.[67]

다음은 산업현장에서 여성의 역할로, 600만여 명이 넘는 여성 노동자들이 항공기와 탱크 등 전투 장비를 만드는 일에 종사하였다. 그녀들은 가정생활을 포기하면서 이전에 남성들이 하던 일을 떠맡았다. 그녀들은 거리에서 자동차를 운전하였고, 목공소나 철공소에서도 일하였으며, 중건설 기계도 운용하였다. 그녀들의 작업 영역이 확대되면서 미국 사회에서는 여성의 새로운 역할이 부각되었다.

사실 미국의 산업체에서는 전쟁 전에는 여성이나 흑인, 고령자 등의 운용에 관심이 없었다. 그러나 전쟁으로 숙련된 남성 인력이 동원되

67) 위의 책, p. 93.

고 노동력 부족이 심각해지자 그동안 관심이 별로 없었던 여성을 포함한 인력의 활용에 관심을 갖지 않을 수 없었다. 이렇게 동원되기 시작한 여성들은 작업을 하는 데 필요한 기술이 없었다. 따라서 이들에게는 짧은 기간의 압축된 교육을 거쳐 작업에 투입하였다. 이를테면 조선소에서 종전에는 용접을 3개월 교육하였던 것을 당시 10일간 실시 후 투입한 것이다.

항공사에서도 처음에는 여성 운용을 기피하였으나 1941년 벌티 항공사가 25명을 취업시킨 이래 지속적으로 확대되었다. 당시 진주만 공격 이후 군수공장에 취업을 희망하는 여성들이 75만여 명 있었지만 채용된 여성은 8만 명에 불과한 상황이었다. 여성 인력 수요가 증가하면서 지방의 라디오라든가 방송에서는 여성채용 관련 캠페인이 시행되었다. 여성들의 참여는 생산 활동을 통해 전투 장비와 탄약을 만들었지만 아울러 국내에서 단결을 도모하는 데도 기여하였다.

루스벨트 대통령 부인은 여성들이 일하는 곳을 찾아다녔다. 그녀는 여성들의 성공적인 이야기를 수도 없이 듣고 "나는 어느 남자도 나에게 여성들이 생산을 위하여 필요하지 않다고 하는 소리를 한마디도 듣지 못하였다"고 한 것으로 알려졌다.

많은 여성이 애국심을 느끼면서 조국을 위하여 일하기를 원하였고 그 결과로 받는 급여는 다음이었다. 군수공장에서의 업무는 여성들에게 무한한 자부심을 제공하였으며 그녀들이 조국이 승리하는 데 기여하고 있다고 생각하였다. 그녀들은 곧 방위산업에서 "생산전사(Production Warrior)"라고 하였다.

여성들은 군수공장에서 용접은 물론 리벳작업, 대형 크레인 운전, 선반용 기계 조작, 차량 정비와 운전, 공작기계 작동, 포탄 화약충전,

항공기 동체 조립 등 하지 않은 일이 없을 정도로 많았다.[68] 여성들의 산업활동 참여가 시작되고 확대되면서 여성들의 심리를 끌고 주목을 받기 위한 문구가 사용되었다. "이 전쟁에서 이기기 위하여 나는 무엇을 할 수 있을 것인가?", " 케이크 만드는 법을 알면, 포탄도 만들 수 있다(If you can bake a cake, you can make a bomb)". 여성들은 이러한 홍보에 적극 호응하였으며, 1943년에 전 노동력의 3분의 1이 여성이었다. 여기에는 수많은 여성의 참여 이야기가 있지만, 특히 남북전쟁 당시 남군을 지휘한 롱스트리트(James Longstreet, 1821-1904) 장군의 80세 된 미망인도 조지아주의 벨 항공사에 참여하였다.[69]

제2차 세계대전 기간 중 '리벳공 로지(Rosie the Riveter)'는 전투 장비나 탄약 생산공장에서 일하는 여성 노동자의 아이콘이자, 1940년 이래 여성 노동자와 여성의 독립심을 나타내는 상징(Symbol)이며, 미국 여성의 군수산업 참여를 보여주는 단어로서 각인되었다.[70] 전쟁 전에는 대부분의 여성이 전통적으로 간호나 교직과 같은 여성 분야에 종사하는 것을 선호하였었다. 그러나 전쟁이 발발하고 여성들의 노동 참여가 확대되면서 1942년 에반스(Redd Evans)와 로에브(John Jacob Loeb)는 '리벳공 로지'를 노래로 만들었고, 이 노래는 전 미국으로 퍼져나갔다. 노래의 첫 번째 절에는 "그 소녀는 남자들이 하는 것보다 더 많은 일을 할 수 있고 하였네". 실제로 여성들이 남성보다 어느 분야에서는 더 많은 일을 한 곳도 있었다. 리벳공 로지의 "우리는 할 수 있다(We Can Do It)"는 포스터로 만들어져 전국에서 부착되었으며, 이는 정부의 전쟁지원을 위한 여

68) 위의 책, pp. 94~99.

69) 위의 책, p. 90.

70) https://www.britannica.com/topic/Rosie-the-Riveter (검색일: 2019.3.24)

성들의 상징적인 활동의 표시로, 1943년 5월 29일 이브닝 포스터 커버에는 로지 기능공 관련 여성 노동자들의 사진이 게재되면서 전국적으로 알려지기 시작하였다.

이후 기능공 로지의 상징적인 구호인 "우리는 할 수 있다"는 당시 이들을 상징하는 언어로 회자되었다. 남성들이 대규모로 군에 입대하면서 군수산업 현장에서 인력은 부족하였으며, 영국에서 그랬듯 미국의 여성들이 그 자리를 메워 이러한 활동이 '기능공 로지'로 나타났고 "우리는 할 수 있다"는 정신으로 표출되었다. 이 기간 중인 1940년으로부터 1945년 사이에 미국 노동자의 여성 비율은 27%에서 거의 37%로 증가했고, 1945년까지 기혼 여성 4명 중 1명꼴로 산업현장에서 일하였다.

특히 항공기 생산 현장에서 여성 노동자들의 숫자가 가장 많이 증가하였다. 1943년에만 해도 31만 명 이상의 여성들이 미국 항공기 산업현장에서 일했으며, 이는 전체 산업 인력의 65%를 차지하였다. 전시산업 생산이 최고조에 달했을 때, 200만여 명의 여성들이 전쟁 관련 공

〈그림 4-63〉 '리벳공 로지' 상징 포스터와 대원들의 모임

왼쪽은 리벳공 로지를 대표하는 "우리는 할 수 있다"라는 상징을 보여주는 포스터. 오른쪽은 전쟁 당시 '리벳공 로지'를 상징하였던 여성들이 노년이 되어 자녀들과 다시 모인 모습이다.

장에서 일하였고, '리벳공 로지'가 일하는 여성을 대표하는 상징적인 인물로 부각된 것이다. 그녀의 반다나 복장의 이미지는 1941년 이후 미국의 산업 생산능력 확충에 600만여 명의 미국 여성들이 수행한 역할을 상징하였다.

여성들을 모집하기 시작한 이래 1942년 가을 록히드 마틴(Lockheed and Martin)사에는 약 63,000여 명의 여성이 항공기 조립에 종사하였다.

〈그림 4-64〉 항공기 공장의 여성 노동자

여성 노동자들이 항공기 공장에서 엔진이나 동체 등을 정비하는 모습이다. 당시 많은 여성이 항공기 제작과 정비를 위하여 노동력을 제공하였다.

1943년 11월에는 미국의 전 항공사에서 210만여 명의 노동자를 고용하고 있었으며, 이 가운데 486,000여 명의 여성이 있었다. 이처럼 여성들은 전체 노동력의 37%에 달하는 놀랄 만한 수치를 보여주었다.[71)]

당시 방위산업 관련 여성에 대한 사실을 보면, 1944년까지 방위군 근로자 5명 중 1명은 최근 학생이었던 여성이었고, 1944년까지 국방인력 3명 중 1명이 전업주부였으며, 제2차 세계대전은 미국 역사상 처음으로 결혼한 여성이 미혼 여성 근로자를 앞질렀고, 제2차 세계대전 중 여성의 최대 고용주는 보잉 항공사나 더글라스 항공사와 같은 항공기 제조업체였으며, 다른 주요 고용주들로는 크라이슬러, 굿이어, 그리고 포드 등의 회사가 있었다.

여기서 잠깐 제2차 세계대전 기간 중의 미국의 전투장비 대량 생산을 살펴보자. 미국이 전쟁에 직접 참여하기 전에 루스벨트는 노변담화(Fire Chat)에서 미국이 "우리가 민주주의 국가를 지키기 위하여 병기고(The Arsenal of Democracy)가 되어야 한다"고 하면서 전투기와 함정 등의 전투 장비를 만들어 우방국에 공급해야 한다고 주장한 바 있다. 이러한 요구에 따라 전시생산국(War Production)이 주도하여 전쟁 기간 중 군수용 차량은 제너럴 모터스(General Motors, GM)나 포드(Ford), 크라이슬러(Chrysler)사에서 주로 생산하였고, 전투기와 폭격기 등의 항공기는 보잉(Boeing)사와 록히드 마틴(Lockeed Martin) 및 그루만(Grumman)사에서 생산하였다.[72)] 이 군수산업체에서는 장비의 대량생산을 위하여 공정을 단순화하였고,

71) https://www.lockheedmartin.com/en-us/news/features/history/rosie-the-riveter.html (검색일: 2019.3.24)

72) 보잉사는 제2차 세계대전 중 B-17과 B-29 등의 폭격기를 생산하였다. 이 비행기를 만든 많은 노동자는 여성 노동자로 남편이 전쟁터로 갔을 때 여자들이 노동력을 제공한 것이다. 이 회사에서는 월 350여 대의 폭격기를 생산할 정도로 대량으로 폭격기를 생산하였다.

〈그림 4-65〉 여성 노동자의 각종 산업활동 참여 사진
여성 노동자들이 조선사에서 배를 만들고 자동차 정비사에서 차를 정비하며 선반기계 작업과 탄약을 조립하는 모습이다.

컨베이어 벨트(Conveyer Belt)와 조립라인을 설치하였으며, 합리적인 생산 관리 및 통합생산으로 대량생산을 하였다. 이와 같은 혁신적인 방법으로 탱크와 전투차량, 항공기 및 전함과 잠수함 등에 이르기까지 폭증하는 미군 수요의 충족은 물론 연합군에게도 제공하였다.

〈표 4-8〉 제2차 세계대전 중 미국의 주요 전투 장비 생산[73]

구분	기관총	박격포	야포	탱크/자주포	항공기	전함	잠수함	항모
수량	1,477,400	200,300	257,390	102,410	324,750	844	203	141

〈그림 4-66〉 미국의 전투 장비 대량 생산
제2차 세계대전 당시 미국의 전함과 폭격기, 전차 등 대규모 산업 생산능력을 보여주는 사진이다.

〈그림 4-66〉은 제2차 세계대전 당시 미국의 전투 장비 대량생산의

73) https://military.wikia.org/wiki/Military_production_during_World_War_II (검색일: 2021.4.15). 항공기는 모든 유형을 포함하며, 전투기는 99,950대 및 폭격기는 97,810대이다. 또 다른 자료에서는 전투기 296,429대, 전차 및 자주포 102,351대, 대포 372,431문, 포탄 4,700만 톤, 함정 87,620척과 소총탄 440억 발 등의 생산량을 제시하고 있다(위의 책, p. 77).

모습이다. 표준화된 장비와 생산 절차에 따라 대량으로 전투 장비를 생산할 수 있는 역량이 경제력과 결합하면서 오늘날의 군사 강국의 면모를 보여주고 있다.

이렇게 생산된 막대한 양의 전투 장비와 탄약, 물자들은 태평양 전쟁과 유럽 전선에 투입된 미군이 사용하였을 뿐만 아니라, 1941년 3월에 제정된 '미국의 방위를 촉진하기 위한 법(An Act to Promote the Defense of the United States, 일명 무기대여법, Lend-Lease Act)'에 따라 연합군에 방대한 양을 지원하여 독일군을 격멸하는 데 사용하였다.

이렇게 연합군에게 지원된 장비와 탄약, 각종의 물자들은 미국의 선박이나 연합국의 선박을 이용하여 각각 수송되었다. 이 과정에서 대서양 일대에서 독일군의 잠수함의 공격으로부터 피해를 예방하기 위하여 호송선단을 구성하였으며, 소련에는 태평양을 통하여 물자를 수송하기도 하였다. 후일 소련 공산당 서기장을 하였던 흐루시초프(Nikita Khrushchev)는 미국이 지원한 전투 장비와 미국이 지원한 군화를 신고 미국이 지원한 전투식량을 먹으면서 싸웠다고 할 정도로 당시 미국의 지

〈표 4-9〉 미국이 연합군에 지원한 전투 장비74)

구 분	계	영 국	중 국	프랑스	소 련	미 주	기 타
전 차(대)	37,323	27,755	100	1,406	7,172	840	50
트 럭(대)	792,404	292,256	24,991	27,276	432,659	9,359	50
항공기(대)	43,021	26,165	1,378	1,417	11,450	2,089	522
중 포(문)	1,282	1,129	36	85	-	20	12
소총류(정)	1,843,797	1,425,725	299,712	69,129	-	9,230	40,000

74) (구)국무총리 국가비상기획위원회, 『미 육군의 군사동원 역사』, 서울: 전광인쇄정보, 2004, pp. 819~820.

원은 소련은 물론 영국을 비롯한 연합국에도 중요하였다.

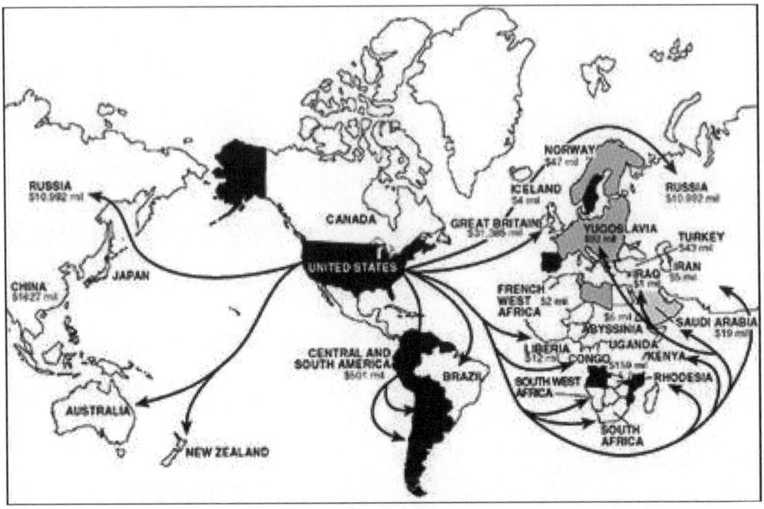

〈그림 4-67〉 1941~1945년의 미국의 연합국 지원 수송로[75]

4. 전쟁 비용의 조달

앞에서 미국이 전쟁시기 대량의 전투장비를 생산하는 모습을 보았다. 이는 그만큼 미국의 산업생산 능력과 경제력이 뒷받침되었기 때문이며, 이는 다른 말로 하면 그만큼 전쟁비용을 조달할 능력이 있었기 때문이기도 하다. 미국이 1940년 7월 1일부터 1946년 6월 30일까지의 기간 중 지출한 연방정부의 예산은 3,970억 달러였으며, 3,300억 달러는 국방과 직접 관련되는 비용으로 사용되었다. 이 금액은 세금을 통해 1,763억 달러가 조성됐고, 채권을 판매하여 2,207억 달러가 조성되었

75) http://warworld1939-1945.weebly.com/lend--lease-act.html (검색일: 2021.5.6)

다.[76]

먼저 조세에 관한 것으로, 제2차 세계대전 당시 연방정부의 중요한 조세 수입원으로는 개인소득세, 법인소득세, 소비세 등이 있었다. 개인소득세는 단일 항목으로서는 연방정부에 가장 큰 수입원이었다. 전쟁이 발발하여 군비증강 프로그램이 시행되면서 거의 완전고용이 달성되자 개인소득세 징수액 역시 증가하였다. 전쟁 후반기로 가면서 대부분의 미국인이 군비증강 프로그램에 따라 대부분 고용된 상태였기 때문에 소득수준이 향상돼 세금징수액 역시 확대되었다.

1939년으로부터 1945년까지 결혼한 사람들에 대한 조세 면제는 2,500달러에서 1,000달러로, 미혼의 사람들은 1,000달러에서 500달러로 하향 조정되었다. 이렇게 되면서 소득세 납부 대상자가 1,300만여 명에서 2,800만여 명으로 대폭 확장되었다.

법인소득세 항목으로는 법인소득세와 초과이익세를 징수하면서 전비조달원의 하나가 되었다. 법인소득세 최고세율도 31%에서 40%로 인상됐으며, 초과이익세의 최고 이율은 전후 10%를 환불해 주는 조건으로 90%로 결정되었다.[77] 여기에 '승리세(Victory Tax)'도 기본세율에 더하여 5%를 부과하면서 연간 소득이 624달러를 넘으면 부과하였다. 이 세금의 부과 대상은 1,300만여 명에 달하였다.

소비세 역시 정부 수입을 증가시켜 주었는데, 이러한 소비세 부과 대상에는 담배로부터 주류, 음료수, 휘발유 등은 물론 사치품과 화장품, 가죽제품과 전기기구 등에 이르기까지 다양하였다. 특히 사치품에

76) Jules Backman, *War and Defense Economics,* Rinehart & Company. Inc. 1951, pp. 251~253.

77) Homats, op. cit., p. 157.

는 20% 이상 고율의 소비세가 부과되기도 하였다.[78] 예를 들면 당시로서는 사치품이었던 300달러 냉장고를 구입할 경우 소비자는 소비세 50%를 추가로 지불하면서 450달러에 구입해야만 하였다.

전쟁 이전인 1939년에 미국은 약 400만여 명의 납세자가 있었으나 전쟁 기간 중 끊임없는 조세제도 개편을 통해 종전 시기인 1945년에는 무려 4,500만여 명으로 확대되면서 전체 근로인구의 60%가 납세자가 되었다. 조세수입은 전쟁 이전 국민총생산액의 약 6.8%에서 종전 무렵에는 20%까지 확대되면서 22억 달러에서 351억 달러로 급증하였다. 전쟁기간 중 조세수입은 총 1,763억 달러에 달하며 이를 통해 전쟁 비용의 45%를 조달하였다.[79]

조세징수를 촉진하기 위해 다양한 활동이 전개되었다. 유명한 작곡가인 어빙 벌린(Irving Berlin)은 '나는 오늘 세금을 납부하였네(I Paid My

〈그림 4-68〉 1944년 7월 25일, 전함 아칸소(Arkansas)에서 어빙 벌린

78) Ibid., pp. 268~269.

79) Ibid., p. 163.

Income Tax Today)'라는 곡을 작사하였고, 만화가인 월트 디즈니(Walt Disney)는 도널드 덕(Donald Duck)을 내세워 '새로운 정신(The New Spirit)'이라는 만화영화를 제작하였는데, 이 작품에서는 '세금을 내는 것이 의무이자 특권(Your privilege, not just your duty)'이라는 것을 강조하였다.[80)]

다음은 전시채권을 발행한 것으로, 미국은 전쟁 기간 중 7차례에 걸쳐 전시채권을 발행하였다. 8차 채권(Victory Loan)은 종전 이후인 1945년 10월 29일부터 12월 8일까지 판매되었다. 이렇게 8차에 걸쳐 전시채권을 판매하였으며, 미국인 8,500만여 명이 참가하여 총 2,207억 달러를 조달하였다.

제2차 세계대전을 전후로 하여 채권 발행을 두 가지로 하였는데, 첫 번째는 개인투자자를 위한 것으로 시리즈 A로부터 E까지 다섯 종류로, 이는 소액채권으로서 중 · 저소득계층을 대상으로 저축수단으로 발행한 이른바 아기채권(Baby Bonds)[81)]이다.

전쟁 발발 이전 발행된 채권은 시리즈 A 채권인 저축채권(Saving Bonds)이다. 이 채권은 1935년 2월에 의회에서 48억 달러 발행을 승인하였다. 대통령은 2월 4일에 여기에 서명하여 3월 1일 처음 발행되었다. 이 채권은 당시 대공황으로 경제적으로 어려운 시기에 미 정부가 발행한 채권으로 25달러(할인가 18.75달러)로부터 1,000달러까지 여러 종류가 발행되었으며, 이율은 2.9% 10년 상환조건으로 발행되었다. 이렇게 발행된 채권은 이른바 아기채권으로 불렸으며, 1941년까지 6년간에 시리즈 B, 시리즈 C, 시리즈 D 채권까지 4차례에 걸쳐 1,750만여 장이 판매되어

---

80) Ibid.

81) 미국 정부가 1935년부터 1941년까지 75달러로부터 1,000달러까지 세금이 면제되어 발행된 채권으로, 액면가의 75%로 10년 상환기간으로 판매되었다.

〈그림 4-69〉 우표채권과 홍보용 포스터

40억 달러에 달하였다.82)

이렇게 시리즈 A로부터 D 채권이 발행되는 시기인 1939년 9월, 독일군이 폴란드를 침공하면서 제2차 세계대전이 발발하였고 미국도 서서히 전쟁의 가능성에 대비하여 선발징병법을 제정하고 병력을 모집하였으며 군수시설을 확장하면서 지출이 급증하였다.

이에 따라 루스벨트 대통령은 1941년 4월 30일, 새로운 방위저축채권(Defence Saving Bonds)인 시리즈 E 채권 발행을 발표하면서 이러한 정부의 노력에 호응하여 채권구입에 참여하기 위한 '국민 모두가 하나가 되는 위대한 파트너십(One great partnership)'에 참여하여 줄 것을 호소하였다. 루스벨트는 또한 우체국저축우표(Postal Savings Stamps)도 발행할 것이라고 발표하였다. 그에 의하면 10, 25, 50센트 및 1달러와 5달러짜리 우표를 우체국에서 판매할 것이라고 하면서 이렇게 구입한 우표를 25달러가 되면 25달러짜리 채권과 교환하여 줄 수 있도록 할 것이라고 하였다.

---

82) Laurence M. Olney, The War Bonds Story, U.S Savings Bonds Division, 1971, pp. 1~2; Department of Treasury, *A History of the United States Savings Bonds Program: 50th Anniversary Edition,* Department of Treasury, 1991, pp. 9~12.

다음 날인 5월 1일 대통령이 먼저 채권을 구입하였다. 정부는 채권발행 업무를 전담할 조직을 재무성에 편성하였고, 은행이 판매 업무를 맡기로 하였다. 1941년 12월 7일 일본이 진주만을 기습하여 태평양전쟁이 발발하면서 방위채권은 전시채권(War Bonds)로 그 명칭을 바꿨다.

시리즈 E 채권은 25, 50, 100, 500, 1,000 달러 등 다섯 가지로 발행되었으며, 시리즈 F 채권은 액면가 100, 500, 1000, 5,000 및 10,000달러로 발행되었고. 시리즈 G 채권은 액면가 100, 500, 1,000, 5,000, 10,000달러로 발행되었다.

학교에서는 저축채권을 판매하기 위하여 "학교는 전쟁 중(School-At War)"이라는 프로그램을 시행하였다. 이 프로그램을 통해 우표채권을 판매하였다. 채권발행 업무를 전담한 기관에서는 3,000만 권의 우표앨범을 제작하여 전국의 학교와 우체국 등에 배포하였다. 후일 모든 학교에는 "우리들의 미국(Our America)"라는 광고판을 보냈다. 어린 학생들은 5센트와 10센트짜리 동전을 모아서 우표를 구입하였고 이를 다시 채권으로 바꿨다. 대부분 어린 학생들과 신문팔이 소년들이 여기에 참여하였으며, 이렇게 학교에서 판 공채와 우표값으로 1만 7,000여 개의 낙하산과 2,000여 대의 비행기, 4만여 대 이상의 지프를 미군에 공급하였다.

재무성의 협조 아래 채권판매 홍보위원회에서는 아메리카 홍보협의회와 협의하여 채권판매 프로그램을 만들었다. 여기에는 신문과 방송 등이 모두 활용됐다. 각 주에서도 채권을 판매하기 위한 행정조직들이 만들어져 업무를 시작하였다. 할리우드 스타들이 참여하는 채권판매 프로그램이 만들어졌으며 이러한 프로그램은 전국에서 시행됐다. 1941년 11월에는 "승리를 위한 민병대(Minute Man For Victory)" 시리즈가 제작되어 배포되었다. NBC 방송국에서는 전국에서 유명한 평론가들이 모여 방위채권과 우표를 판매하기 위한 원탁회의도 개최하였다. 보이스카우트는 백만 장의 포스터를 여기저기 분배하였고, 전국의 고등학교에서 사용하기 위한 "퀴즈 키드(Quiz kids)"라는 프로그램이 제작되었다.

전국의 100만여 상점에서도 방위저축우표를 판매하였다. 주요 도시에는 많은 사람이 시내를 행진하면서 채권구입 활동을 전개하였다. 전국의 호텔협회에서는 300만여 장의 포스터를 6,000여 곳의 호텔에 배포하였다. 육군과 해군 및 해병대, 해양경비대도 채권판매를 위하여 협조하였다. 전국의 출판협회에서도 채권판매가 애국적인 행동임을 강조하면서 채권 판매 활동에 협조하였다. 전국의 은행협회에서는 크리스마스 기념으로 채권 판매를 위한 전단을 만들었으며, 버팔로시에서는 상인들이 비행기 두 대를 구입할 수 있는 비용을 마련할 수 있도록 80만 달러의 채권을 구입하였다. 전국은행협회에서는 25만여 명의 은행원들을 동원하여 방위채권 및 우표를 판매할 수 있도록 지원하였다. 전쟁성의 재무담당 부서에서는 150만여 명의 군인과 40만여 명의 군무원들에게 채권을 판매하기 위한 계획을 수립하였다. NBC 방송에서는 라디오 콘서트를 개최하여 채권을 판매하였으며 보이스카우트에서는 150만여 명의 대원들을 이용하여 방위채권과 우표 판매활동을 전개하였다. 뉴욕의 중앙역 벽면에는 75×120피트 크기의 포스터를 붙여서 채권 구입을 독려하였다. 전국의 작가동맹에서도 채권의 판매를 돕기 위하여 자문단을 설치하였으며, 이와 같은 다양한 활동으로 1941년 5월 1일부터 그해 12월 31일까지 시리즈 E로부터 F, G 채권을 판매하여 25억 3,721만 달러를 확보하였다.[83]

---

83) Ibid., p. 31.

진주만 기습 당시 정부의 지출은 640억 달러에 달하였으나 1942년에 4월 말에는 무려 1,540억 달러로 확대되었다. 당시 일일 전쟁비용이 4월에는 1억 달러에 달하였고 1943년 말에는 2억 달러에 이를 정도로 확대되고 있었다. 1940년에는 개인의 소득이나 이익, 각종 사용료 등으로부터 1940년 770억 달러를 징수하였으나 1942년에는 1,150억 달러에 이를 정도로 확대되었다. 유명 가수인 캐롤(Carole Lombard)은 정부의 요청에 따라 여러 도시를 순회하면서 채권판매 활동을 전개하여 2억 달러의 채권을 판매하였다.[84] (그러나 캐롤은 채권판매 활동을 하던 중 비행기 추락사고로 사망하였다) 1942년 4월 12일, 인디애나주에서는 "채권판매 일요일(Bond Sunday)"을 제정하여 3,910개소에서 12시부터 오후 10시까지 채권판매 활동을 전개하였다.

1942년 5월부터 7월까지 정부는 채권을 각 주에 할당하였다. 많은 주에서는 연방정부에 판매목표를 질문하면서 "채권판매를 통해서 각 주에 기대하는 것이 무엇인지, 각 주가 제대로 일을 하고 있는지" 등을 질문하였다. 1942년 4월 25일에는 전국의 3,070개소의 지역에서 채권 할당량이 공개되었고, 이 할당량은 각 신문의 1면에 게재되었다. 이와 더불어 각 신문에 사설이나 만평도 게재되었다.

가톨릭의 성직자와 교회 및 유태인 교회, 개신교의 지도자들도 전국적으로 채권판매와 관련되는 "국가를 위한 십일조(The National Tithe)" 운동에 참여하였다. 1942년 5월 21일에는 재무장관의 부인이 워싱턴의 라디오 방송에서 "전시채권 판매를 위한 여성들의 역할"에 관한 원탁회의에 참석하였다.

84) Ibid., pp. 39~40.

〈그림 4-70〉 채권판매 캠페인

1942년 전시채권판매 위원회는 '채권판매 가입 캠페인(Pledge Campaign)'이나, '전쟁주간의 여성 민병대(minute women at war week)', '제1차 채권판매 촉진(First War Bonds Drive)' 등을 다양하게 계획하여 시행하였다.

경제학자이자 저널리스트인 포터(Sylvia Porter)는 뉴욕 포스트지의 칼럼에서 채권에 대한 '질문과 대답(Question and Answer)'이라는 프로그램을 통해 채권에 대한 이해를 촉진시키는 채권판매 계획을 지원하였다. 정부는 국민이 채권을 구입할 때 채권구입 내역을 기록해 두어서 만약에 채권을 분실하더라도 문제를 쉽게 해결할 수 있도록 하였다.

이렇게 전시채권을 판매하면서도 한편에서는 모든 국민이 채권을 구입할 수 있도록 범국민적 차원서 전시채권 판매촉진(War Bond Drive) 운동을 시행하였다. 제1차 채권판매 촉진 운동은 1942년 11월 30일부터 12월 23일까지 90억 달러를 판매할 목적으로 "그들이 계속 비행할 수 있도록 합시다("Keep 'Em Flying")"라는 슬로건을 내걸었으며, 개인과 은행에서 129억 4,700만 달러를 구입하였다.

재무장관 모겐소는 제2차 전시채권 판매촉진(Second War Bond Drive)

〈그림 4-71〉 제1차 채권판매 촉진 홍보 포스터[85]

1차 전시채권 판매 촉진을 위한 홍보 슬로건은, "그들이 계속 비행할 수 있도록 합시다", "전시채권을 구입해 주세요"였다.

〈그림 4-72〉 제2차 채권판매 촉진 홍보 포스터[86]

2차 전시채권 판매 촉진을 위하여 "그들은 그들의 목숨을 내놓았습니다, 여러분은 돈을 빌려주세요, 우리의 전사들이 전투를 위하여 130억 달러를 필요로 합니다. 더 많은 전시채권과 우표를 구입하여 주기 바랍니다"라는 문구가 사용되었다.

운동을 위해 1943년 2월 그해 4월에 130억 달러를 "그들은 그들의 목숨을 내놓았습니다, 여러분은 돈을 빌려주세요(They Give Their Lives, You Lend Your Money)"라는 슬로건을 내걸고 판매하였다. 이 채권 판매는 계획을 상회하여 185억 5,500만 달러를 판매하였으며, 1,526만 5,000여 명의

〈그림 4-73〉 3차 전시채권 판매 촉진 운동 홍보 포스터[87)]

3차 전시채권 판매 촉진 슬로건으로 "전시채권으로 공격을 지원합시다, 전시채권을 구입해 주세요"라는 문구가 사용되었다.

국민이 이를 구입하였고, 그 가운데 개인은 329만여 명에 달하였다. 재무장관은 이러한 판매 실적에 대하여 1943년 5월 25일 "전시채권 판매의 역사에 있어서 최고의 날"이라고 하였다.

3차 채권판매 촉진(Third War Bond Drive) 운동은 1943년에 6월에 시작되었다. 1943년 2월에 들어 일본군이 남태평양의 과달카날에서 철수하면서 미군이 수세적인 전투에서 공세적 전투로 전환하여 차례로 솔로몬 군도의 섬들이 미군의 장악하에 들어갔다. 유럽에서도 처칠과 루스벨트의 카사블랑카 회의 이후 북아프리카에서 연합국들이 작전을 확대하여 나가기 시작하였다. 이러한 상황의 전개로 더 많은 전쟁비용이 소요되면서 3차 전시채권 발행이 필요하였다.

채권을 판매하기 위하여 내건 슬로건은 "전시채권으로-공격을 지

85) https://www.si.edu/object/keepem-flying (검색일: 2021.5.6)

86) https://www.thevintageposter.com/poste (검색일: 2021.5.6)

87) https://digital.library.unt.edu/ark (검색일: 2021.5.6)

원합시다(Back The Attack-With War Bonds)"였다. 1943년 6월 30일 미국의 채무는 이미 1,353억 8,030만 달러에 달하고 있었으며, 이는 전년도인 1942년 6월보다 무려 63억 달러 증가한 금액이었다. 채권을 판매하기 위하여 채권판매 부서에서는 보다 구체적이고 공세적인 홍보계획을 수립하고 시행하였으며, 각 주에서도 유사하게 홍보대책을 수립하여 시행하였다. 당시 채권판매 조직들이 해야 할 가장 중요한 일은 채권을 구입할 잠재적 고객들을 최대한 끌어들여 이를 구입할 수 있도록 하는 것이었다. 이를 위하여 16가지 종류의 포스터가 만들어졌고 48쪽에 달하는 채권판매 홍보 책자가 제작되었으며 라디오 방송용 책자도 제작되었다. 학생용으로 19쪽에 달하는 팸플릿과 8쪽에 달하는 소매자용 홍보자료도 준비되었다.

콜롬비아 특별지구에서는 1941년 12월 8일 하와이의 바닷가에서 포획된 일본군의 2인승 잠수정도 채권판매 촉진을 위해 홍보자료로 활

〈그림 4-74〉 채권 판매촉진을 위해 사용된 2인승 일본군 잠수정[88]

1941년 12월 7일 진주만 기습 당시 일본군 잠수정 1척이 좌초되면서 미군에 포획되었다. 이 사진은 포획된 잠수정을 이용하여 전시채권을 판매하기 위한 모습으로 "진주만을 복수할 수 있도록 도와주세요, 전시채권과 우표를 구입하여 주시기 바랍니다"라는 문구가 보인다.

88) http://rutherfordtnhistory.org/local-efforts-brought-japanese-submarine/ (검색일: 2021.5.6)

용하였다.

제3차 채권판매 운동은 1943년 10월에 종료되었다. 채권판매 총액은 150억 달러를 계획하였으나 이를 상회하여 189억 4,400만 달러를 판매하였다. 3차 채권판매 운동 이후 국민에 대한 설문조사가 있었다. 그 결과를 보면, 국민 10명 가운데 9명이 채권판매를 알고 있었고, 2차 채권판매 운동 시보다 두 배 더 많은 사람이 참여하였으며, 여기에 참여한 판매상점 수도 증가하였고, 도시보다는 전원생활을 하는 사람이 많이 구입하였으며, 각 지역에 채권을 할당하여 판매하는 것은 효과적이라고 하였다.

4차 채권판매 촉진(Fourth War Bond Drive) 기간은 1944년 1월 14일 시작하여 2월 15일에 끝났다. 판매목표는 140억 달러로 그중 55억 달러는 개인 투자자들을 통해 달성하고자 하였다. 당시 채권 발행의 슬로건은 "우리 모두 공격을 지원합시다(Let's all back the Attack)"였다. 채권판매를 촉진하기 위하여 유리에 붙이는 홍보물을 만들었으며, 여기에는 "우리는 여분의 제4차 전시채권을 구입하였습니다"라는 글귀가 들어갔다.

4차 채권판매는 1944년 1월 17일 재무장관과 아시아~태평양지역 전투사령관인 니미츠 제독, 유럽 전선 아이젠하워 사령관의 라디오 방송으로 채권판매를 알리면서 시작되었다. 총 판매목표는 140억 달러였으나 167억 3,000만 달러를 판매하였고, 이 가운데 개인들에게는 53억 9,000만 달러를 판매하였다.

5차 채권 판매촉진(Fifth War Bond Drive) 운동은 1944년 6월 12일부터 7월 8일까지 시행되었다. 판매목표는 160억 달러로, 개인들에게는 60억

---

89) http://library.cincymuseum.org/topics/w/files/wwii/ (검색일: 2021.5.6)

〈그림 4-75〉 4차 전시채권 판매 촉진 운동 홍보 포스터[89]

4차 전시채권 판매 촉진 기간 중 "우리 모두 공격을 지원합시다, 전시채권을 구입해 주세요"라는 슬로건이 사용되었다.

달러를 판매하고 30억 달러는 E 채권으로 발행할 계획이었다. 슬로건은 "공격을 지원합시다, 전보다 더 많은 채권을 구입해 주세요" 외에도 "전투에 참여합시다"와 같은 표현이 사용됐다. 당시 홍보에 사용된 말로는 "나는 오늘 전사하였습니다, 당신은 무엇을 하였습니까?", "그의

〈그림 4-76〉 5차 전시채권 판매 촉진 운동 홍보 포스터[90]

전보다 더 많은 전시채권을 구입해 줄 것을 호소하고 있다.

90) https://www.pinterest.co.kr/pin/ (검색일: 2021.5.6)

애국심은 피로 쓰였습니다", "채권을 구입할 수 있도록 생각하여 주세요, 당신이 결심하는 동안 젊은이들은 전사하고 있습니다" 등 자극적 문구가 사용되었다. 제5차 채권판매에서는 160억 달러를 목표로 시작하여 206억 3,900만 달러를 판매하였으며, 개인에게는 60억 달러를 목표로 하였으나 63억 5,100만 달러를 판매하였고, E 채권은 30억 달러 판매목표에 30억 360만 달러를 판매하였다.

6차 채권판매 촉진(Sixth War Bond Drive) 운동은 140억 달러를 목표로 하였으며, 개인에게는 50억 달러, 그 외의 투자가에게 90억 달러를 판매할 계획으로 시작하였다. 이 시기에는 미군이 필리핀 수복과 일본 본토로 향하고 있었던 시기로, 재무성에서는 더 많은 비행기와 전함이 필요하고 더 많은 병력과 물자를 수송하기 위하여 비용이 증가된다고 하였다. 예를 들면 B-29는 한 대에 60만 달러, P-47은 5만 달러가 소요되고 불도저가 부착된 M-4 탱크는 67,417달러가 소요된다고 하면서 채권

〈그림 4-77〉 6차 전시채권 판매 촉진 운동 홍보 포스터[91]
다음 목표는 일본 본토임을 강조하면서 전시채권 구입을 호소하는 포스터

91) https://www.pinterest.co.kr/ (검색일: 2021.5.6)

구입을 호소한 것이다. 6차 채권은 목표액 140억 달러에 비하여 216억 2,100만 달러를 판매하였으며, 이 가운데 개인은 목표액 50억 달러에 비하여 58억 8,200만 달러를 판매하였다.

7차 채권판매 촉진(Seventh War Bond Drive) 운동은 1945년에 5월에 시작됐다. 이 시기에는 이미 유럽에서 전쟁은 끝났고 태평양 지역에서는 막바지로 향하던 시기였다. 제7차 채권판매는 이런 상황에서 시작하여 1945년 5월 14일부터 6월 30일까지 140억 달러 규모로 발행되었다. 판매목표인 140억 달러에 비하여 비은행 고객들에게 263억 1,300만 달러를 판매하였으며, 이 가운데 개인에게는 70억 달러를 목표로 하였으나 86억 8,100만 달러를 판매하였고, 시리즈 E 채권은 40억 달러를 목표로 하였으나 39억 7,600만 달러를 판매하였다.

1945년 8월 15일 일본이 항복하면서 전쟁이 끝났다. 연합군의 승리로 전쟁이 끝났지만 마지막 채권 발행의 필요성에 의하여 1945년 10월

〈그림 4-78〉 7차 전시채권 판매 촉진 운동 홍보 포스터[92)]

왼쪽 그림은 태평양 전투에서 성조기를 올리는 모습을 보이면서 함께 채권구입을 호소하는 포스터이고, 오른쪽은 1945년 롱비치 고등학교에서 학생들이 채권판매 촉진을 위하여 인간방패 모습을 만들고 있다.

29일부터 12월 8일까지 승리채권(Victory Bonds)이 발행되었다. 이 채권은 110억 달러를 목표로 발행하였으나 211억 4,400만 달러를 판매하였으며, 개인에게는 40억 달러를 목표로 하여 67억 7,600만 달러를 판매하였다. 채권발행 당시의 슬로건은 "군인들은 전쟁을 승리로 끝냈습니다, 이제는 우리의 일을 끝냅시다(They Finished Their Job-Let's Finish Ours!)"였다.

〈표 4-10〉 제2차 세계대전 기간 미국의 채권판매 슬로건과 판매액[93]

구 분	기 간(Slogan)	목표($)	판매액($)
계		1,060억	1,467억 2,700만
1 차	1942. 11. 30~12. 23 (Keep 'Em Flying)	90억	129억 4,700만 (은행: 50억 8,700만)
2 차	1943. 4. 12~5. 1 (They Give Their Lives, You Lend Your Money)	130억	185억 5,500만 (은행: 50억 5,700만)
3 차	1943. 9. 9~10. 1 (Back The Attack-With War Bonds)	150억	189억 4,400만
4 차	1944. 1. 18~2. 15 (Sacrifice, Everyone To Buy Extra Bonds)	140억	167억 3,000만
5 차	1944. 6. 12~7. 8 (Back The Attack-Buy More Than Before)	160억	206억 3,900만
6 차	1944. 11. 20~12. 16	140억	216억 2,100만
7 차	1945. 5. 14~6. 30	140억	263억 1,300만
승리채권	1945. 10. 29~12. 8 (They Finished Their Job-Let's Finish Ours!)	110억	211억 4,400만

미국은 8차례에 걸쳐 전시채권판매 촉진 운동기간을 설정하여 1,467억 2,700만 달러를 조달하였다. 이 외에도 1941년으로부터 1945년

92) https://www.wdl.org/ (검색일: 2021.5.6)

93) Olney, op. cit., pp. 47~100 요약.

까지 판매된 시리즈 E, F, G 채권을 통하여 544억 460만 달러를 조달하였다. 여기에는 8,500만여 명이 참여하였으며, 1인당 소득이 2,000달러일 때 평균적으로 2,000달러를 구입하였다. 미국이 승리를 앞두고 1945년 4월 12일 루스벨트 대통령이 뇌출혈로 타계하자 그의 업적을 기념하여 액면가 200달러 채권(Roosevelt Memorial Bond)을 발행하여 150달러에 판매하였다.

〈그림 4-79〉 1945년 타계한 루스벨트 대통령을 기념하여 발행한 채권

전쟁이 끝났음에도 불구하고 왜 채권을 계속 판매하는지 국민에 대한 설명이 필요하였다. 재무성에서는 채권판매 이유로, 참전군인들에 대한 보상과 전상자에 대한 치료 및 정착지원 비용, 유럽지역과 아시아~태평양 지역의 미군 병력 본국으로 수송에 따른 비용, 유럽 및 아시아 등의 점령지에서 미군 주둔 및 유지에 따른 비용 등을 제시하였다.

전쟁기간 중 전시재정위원회(War Finance Committee)는 전시채권 판매를 담당하였고, 전시홍보위원회(War Advertising Council)는 국민이 채권을 구입하도록 홍보하였다. 위원회에서는 방송과 신문을 통해 시민들에게

〈그림 4-80〉 종전 이후 미 본토로 복귀하는 병력과 이들을 수용할 숙소
전쟁이 종료되면 동원해제 및 병력복귀에 따라 많은 비용이 소요된다.

감성적으로 접근하여 채권구입을 호소하였으며, 시민들도 전시채권을 구입하는 것이 애국이며 전쟁에 참여하는 길이라고 생각하면서 이를 구입하였다.[94]

정부는 모든 국민이 채권구입 활동에 참여할 수 있도록 10센트짜리 전쟁우표를 만들어 우체국에서 판매하였고, 학생들은 학교에서 우표를 살 수 있도록 하였다. 이렇게 해서 우표를 25달러 사면 25달러짜리 전시채권으로 교환해 주었다. 근로자들은 월 급여에서 정기적으로 25달러 채권을 구입할 수 있도록 하였고, 이를 통해 인플레이션을 억제하는 효과도 거두었다. 액면가가 높은 전시채권은 부유층이 구입하였다.

전쟁기간 중 유명 배우들이 전국의 도시를 순회하면서 홍보에 나섰으며, 캠페인도 벌였다. 걸스카우트나 보이스카우트도 전시채권이나 우표 판매활동에 나섰다. 전시채권 구입을 독려하는 노래도 방송되었다. CBS는 16시간에 걸친 마라톤 방송으로 4,000만 달러의 채권을 판매하였으며, 뉴욕에서는 뉴욕 양키팀을 비롯한 스포츠팀이 입장료를 받는 대신에 5,600만 달러에 상당하는 채권을 판매하여 정부를 지원하

94) http://www.u-s-history.com/pages/h1682.html. U.S. War Bonds (검색일: 2016.5.15)

였다.[95]

유명 배우들은 진주만 기습 직후인 1941년 12월 12일 '할리우드 승리 위원회(Hollywood Victory Committee)'를 만들어 무대와 스크린, 텔레비전과 라디오 등을 이용하여 군 장병 사기 앙양 및 전시채권 판매 등을 전개하였다. 이 위원회는 1942년 1월부터 1945년 8월까지 활동하였으며, 이 기간 12명의 영화배우가 '할리우드 빅토리 카라반(Hollywood Victory Caravan)'을 만들어 2주간의 철도 여행을 통하여 채권을 판매하였다.

광고회사는 정부로부터 채권판매 홍보를 위탁받아 전국적으로 홍

〈그림 4-81〉 유명 연예인들의 전시채권 판매촉진 홍보활동

미국의 유명 연예인이 지역별로 순회를 하면서 대중집회를 통하여 전시채권을 구입해 줄 것을 호소하고 있다.

95) http://www.u-s-history.com/pages/h1682.html. U.S. War Bonds (검색일: 2016.5.15)

〈그림 4-82〉할리우드 승리 위원회의 활동
루스벨트 대통령 부인과 함께한 할리우드 승리 위원회의 영화배우와 이들의 활동 홍보용 포스터

보를 하였으며, 다양한 종류의 집회가 개최되어 채권 판매촉진을 위한 홍보활동을 전개하였다. 유명한 가수들은 노래를 만들어 전시채권의 판매촉진 운동을 전개하였는데, '미국을 축복하소서'라는 노래로 유명한 스미스(Kate Smith, 1907-1986)는 CBS 방송에서 4,000만 달러를 모금하였

〈그림 4-83〉 '미국을 축복하소서'라는 노래로 유명한 스미스

다.[96] 그녀는 전쟁기간 중 총 6억 달러의 채권을 판매하였다.

1942년 8월 31일 유명 연예인들로 구성된 '전 미국 연예인(Stars over America)'협회가 조직되었다. 이들은 7개 팀으로 구성하여 353개 도시 등 전국을 방문하여 채권판매 대중 집회나 디너쇼 등 다양한 활동을 전개하였다. 이 활동은 대성공을 거두어 수천~수만의 사람들이 긴 줄을 서서 채권을 구입하였고, 방송이나 신문에서는 이들의 활동을 보도하였다.

〈표 4-11〉 전시채권 판매 'Star over America' 연예인 홍보팀(1942. 8~9)[97]

구 분	멤버
그룹#1	Joan Leslie, Walter Pidgeon, Adolph Menjou, Ralph Bellamy etc
그룹#2	Ronald Colman, Lynn Bari, Bette Davis, Nigel Bruce etc
그룹#3	Edward Arnold, France Dee, Very Zorina, Andy Devine etc
그룹#4	James Cagney, Hugh Herbert, Illona Massey etc
그룹#5	Greer Garson, John Payne, Jane Wyman, Veronica Lake
그룹#6	Walter Abel, William Gargan, Hedy Lamarr, James Cagney etc
그룹#7	Virginia Gilmore, Connie Benette, Charlee Laughton, Ann Rutherford

웨스트버지니아의 헌팅턴에서는 유명 연예인인 가슨(Greer Garson)이 참석한 채권판매 집회에 12,000여 명이 참석하여 채권을 구입하였고, 뉴욕의 월 스트리트에서는 50만 달러를 모금하기도 하였다. 연예인 채권판매 운동의 클라이맥스는 1942년 9월 30일 채권판매 운동에 참여하였던 연예인들이 뉴욕의 매디슨 스퀘어 가든에 모여 채권을 판매하기 위한 활동으로, 이 활동은 전국적으로 수백만의 청중에게 방송되었

96) http://www.liberationofnewoxford.com/jeep-bond-drive.html (2016.5.13)

97) Olney, op. cit., p. 45.

다.[98]

채권판매를 위한 영화가 만들어져 상영되었고, 유명 할리우드 배우들은 300여 개 이상의 도시들을 순회하면서 채권판매 홍보활동을 전개하였다. 어느 유명 여배우는 25,000달러 채권을 구입한 사람과는 조건 없이 키스를 하였으며, 어떤 유명인사의 물건이 공매에 붙여져 100만 달러로 판매돼 국고로 귀속되었고, 337명의 배우들이 참여하는 번개 판매활동으로 8억 4,000만 달러의 채권을 판매하였다.[99]

전국 코미디언 협의회에서는 채권을 판매하는 데 참여하기 위한 활동을 전개하였으며, 펜실베이니아 어느 마을에서는 모든 상점에서 고객들에게 10달러 채권을 판매하기로 약속하였다. 뉴욕의 마을에서는 폭격기를 사주기 위한 채권구입 운동을 전개하였고, 신문이나 방송에서는 채권판매에 대한 기사를 전국적으로 게재하였다. 연중 지속적으로 전국적이거나 지역적으로 다양한 조직들이 참여하여 채권을 구입하거나 판매하기 위한 국민적 또는 국가적 활동을 전개하였다. 전국에 산재하는 방위산업체나 철도회사 등 많은 직장에서도 회사에 따라 매월 급여의 일정 부분을 채권을 구입하는 데 사용하였다. 이러한 수많은 노력으로 1942년 총 91억 5,695만 달러를 판매하였다.

포스터를 제작하여 전국의 도처에 부착하였는데 그 겉표지에는 "그는 비용을 계산하지 않습니다, 당신은?", "당신은 오늘 조국을 위하여 무엇을 하였습니까?", "군인들은 그들의 목숨을 걸었습니다, 여러분들은 전시채권을 구입하세요" 등의 채권 구입을 촉구하는 다양한 문구를 포함하였다.

---

98) Ibid., p. 46.

99) http://www.u-s-history.com/page/h1862.html (검색일: 2021.5.6)

루스벨트 대통령도 대국민 연설을 통해 꼭 필요한 것이 아니면 한 푼이라도 절약하여 전시채권을 구입함으로써 미군의 전투력을 강화하는 데 동참하여 줄 것을 호소하였으며, 8,500만여 명의 미국인들이 여기에 참여하였다.

5. 식량 증산과 배급제

이는 국민 모두에게 희생과 고통의 분담을 강조하기 위한 것으로, 국민소득의 많고 적음이나 지위의 고하를 막론하고 기준에 따른 동일한 양의 배급을 받도록 한 것이다. 이 과정에서 과일과 채소의 배급량이 줄어들자 농무장관이 제안하여 가정에서는 '승리의 텃밭 가꾸기 운동(Victory Gardens)'이 장려되었다.[100] 1943년 루스벨트 대통령 부인이 백악관 앞마당을 텃밭으로 만들면서 전국적으로 승리의 염원을 담아 이 운동은 전국적으로 전개되었으며, 한창 시기에는 미국에서 소비되는 채소의 40%를 생산하였다. 이 운동이 전개되면서 개인의 정원은 물론, 공공기관의 여러 곳도 채소를 재배하기 위하여 정원이 밭으로 전환되었다. 당시 미국의 농산물 생산량이 전 세계 인구의 반을 먹여 살릴 수 있었을 정도로 많았음에도 불구하고 전국의 공원이나 학교, 가정의 정원 등에 채소밭을 만들어 채소를 생산해서 부족한 채소를 보충하는 것은 물론 국민에게 승리를 할 수 있다는 것을 강조하기도 하였다. 이 운동은 영국과 캐나다 등으로 확산되었다.

이 캠페인은 전쟁 기간 중 전쟁에 지친 국민의 사기 진작과 애국심의 고양, 식량부족에 대한 경각심 고취, 해외에서 전투 중인 미군 장병

---

100) Homats, op. cit., p. 155.

〈그림 4-84〉 '승리의 텃밭 가꾸기 운동' 포스터

에 대한 보급 등 다양한 목적을 위하여 시작되었다. 이에 따라 가용한 공간이나 아파트 베란다 등을 이용하여 채소와 과일 등의 농작물 재배를 권장하였다.

승리정원 캠페인을 통하여 주로 상추, 콩, 당근, 케일, 콜라비, 토마토 등과 같은 채소를 재배하였다. 정부는 승리정원 운동이 전 국민적인 운동이 될 수 있도록 팸플릿을 만들어 배포하였으며, 농작물 생산량을 증대시키기 위하여 다양한 활동이 전개되었다.

1942년 초기에는 대략 1,500만여 명의 가족들이 여기에 참여하였

〈그림 4-85〉 '승리의 텃밭 가꾸기' 영농작업

으며, 전쟁이 한창 전개되던 1944년에는 2,000만여 명이 여기에 참여하여 800여만 톤의 채소와 과일 등을 생산하였는데 이는 미국에서 소비된 양의 40%에 해당되었다.[101] 이러한 승리정원 운동에서 여성들은 노동력 제공은 물론 가정의 핵심으로서 자녀들을 지도하는 등으로 중요한 역할을 하였다.

아무리 전쟁 중이라도 미국 자체만으로는 배급제를 해야만 할 정도로 물자가 부족한 것은 아니었다. 그러나 미국에는 지원해야 할 나라가 있었으니 영국을 포함한 연합국이었다. 따라서 전쟁 중에 배급제가 도입되었다. 제1차 세계대전 당시도 그랬지만 제2차 세계대전 당시도 마찬가지로 당시 세계 최대의 경제대국이었던 미국도 전쟁이 발발하면서 외부 사정으로 인하여 배급제를 실시하였으며, 다만 그 대상품목이나 시기를 달리하였을 뿐이다.

제2차 세계대전이 시작되었을 때, 물가관리국은 미국인들에게 그

101) https://www.history.com/news/americas-patriotic-victory-gardens (검색일: 2019.3.24)

들이 철강, 가솔린, 전기, 그리고 알루미늄에서 직면해야 할 수 있는 부족에 대해 경고하였다. 본격적으로 미국이 진주만 기습 이후 군수체제로 전환되면서 공장들은 전투 장비와 물자 생산체제로 전환되었고, 배급제도 도입되었다.

미국에서 가장 먼저 배급되기 시작한 것은 타이어였다. 왜냐하면 당시 일본군이 동남아시아의 주요 고무 생산국인 말레이시아를 정복하였고 그렇다고 합성고무를 생산할 수 있는 능력을 갖고 있지도 않았기 때문이다. 이어서 휘발유로 배급제가 확대되었다.

전쟁이 본격적으로 확대되고 군수물자에 대한 생산이 증대되면서 전쟁생산위원회는 1942년에 자동차 판매를 중단하라고 명령하였다. 이것은 전쟁터로 보낼 수 있는 충분한 자동차를 확보하기 위해 그리고 더 많은 군용 차량을 생산하기 위한 조치였다. 민간용 모델의 자동차는 생산이 중단되었고, 전쟁에 필요한 무기, 탱크, 항공기, 기타 군수품 제조에 시설이 사용되었다.

소비재 품목인 설탕도 최초로 배급되기 시작하였다. 1942년 4월에 전국적으로 설탕 판매가 끝났고, 5월 5일에 재개되었지만, 각 개인은 일주일에 0.5파운드의 설탕만을 받을 수 있었다. 이는 당시 국민소비의 절반 수준이었다. 독일의 잠수함이 브라질에서 배를 공격했기 때문에 커피 배급도 나중에 이루어졌다. 그해 말에는 9개의 다른 품목이 추가로 배급되었다.

1943년 11월의 배급 품목 목록에는 가솔린, 타이프라이터, 신발, 자전거, 연료유, 치즈, 실크, 스토브, 나일론, 버터, 마가린, 우유, 가공식품(병, 통조림, 냉동식품), 우유, 석탄, 땔감, 과일 버터, 젤리, 잼 등이 포함되었다. 배급카드 발행은 주로 자원봉사자들이 담당하였다. 설탕 등 물품은 가족수를 기준으로 배급되었으며 상인과 식당 주인에게는 식사 준비와 요리를 위한 특정 물품의 배급량이 더 부여되었다.

배급제 시행 간 휘발유도 중요한 배급물자 중의 하나였다. 자동차는 용도에 따라 휘발유 배급 우선순위가 다르게 부여됐으며 그에 따라 배급량이 할당되었다. 사용 최우선권은 경찰과 성직자 등에게 부여됐으며, 농사를 짓는 농장주들은 정부의 승인에 따라 상대적으로 많은 양의 유류가 공급되었고 직장통근자는 거리에 따라 배급량이 주어졌다. 이로 인해 여러 명이 함께 통근하는 풍습도 생겨났다. 휘발유 절약을 위하여 속도 제한으로 시속 35마일이 시행됐다.

페니실린과 같은 의약품은 미군에 의해 배급되었다. 민간 병원들은 전쟁이 발발하기 전보다 훨씬 적은 양이 주어졌다. 이 약은 너무 귀해져서 어떤 환자들이 건강에 필요한지를 꼼꼼히 검사한 후 시행되었다.

배급표에는 총, 항공모함, 비행기, 과일, 탱크 등의 일반적인 그림을 그려 넣었으며, 일련번호가 인쇄되었고 일부는 알파벳 문자도 인쇄되었다. 휘발유 부족으로 자동차 경주 대회가 금지되었으며, 관광 여행 역시 중단되었다.

가격관리국(OPA)이 전국의 5,500여 개소 설치되었으며 여기에는 6만여 명이 물자 배급업무와 가격통제 업무를 수행하였다. 이러한 가운데서도 물자를 사재기하거나 암시장이 형성되고 물자가 거래되면서 폭리를 취하는 사람이 나오기도 하였다. 정부는 배급제를 실시하면서 개인별로 지급할 수 있는 물자의 양을 정해놓고 이를 점수화해서 월별 물자를 구입할 수 있는 양을 책정해 놓았다.

---

102) 로날드 H. 베일리(1982), 앞의 책, p. 162.

〈그림 4-86〉 1942년의 석유 배급 장면[102)]

1942년 겨울 한파에 난방용 유류 공급을 받기 위해 기다리는 시민. 물자가 풍부한 미국도 전시에는 배급제로 난국을 극복하였다.

전쟁이 계속되면서 전시생산국은 당시 사치품이라고 생각하였던 자가용 차와 냉장고와 세탁기 등 가정용 가전제품의 생산을 금지시켰다. 설탕과 육류, 커피 등의 생필품도 배급제가 시행되자 사재기 현상이 발생하여 뉴저지에서는 어떤 사람이 무려 577년이나 사용할 수 있는 많은 양의 설탕류를 사놓았다가 파는 일도 있었다. 천연고무의 부족으로 고무타이어도 구입할 수 없게 되자 나무로 된 바퀴가 사용되기도 하였다. 난방용 유류의 배급이 부족해지면서 나무를 베어서 난방용으로 사용할 수 있도록 일정한 지역을 벌채구역으로 할당하였고, 쇠고기 배급량이 줄어들자 배급품목이 아닌 말고기나 들소와 영양 같은 육류가 유통되기도 하였다. 배급제는 1946년에 가서 끝났다.

6. 자원재활용

전쟁을 수행하면서 전투 장비와 탄약 등을 만들기 위한 자원 수요가 급증하자 금속생산량을 확대하기 위한 노력과는 별도로 자원재활용(Recycling) 운동이 전개되었다. 이는 제1차 세계대전 당시는 물론 제2차 세계대전 당시도 그랬으며, 자원이 부족한 나라는 물론 풍부한 나라도 예외가 아니었다. 그 대상도 전투 장비와 탄약을 만드는 데 필요한 철

〈그림 4-87〉 자원재활용 촉구 포스터

승리를 위하여 고철, 폐휴지, 고무 등을 수거할 수 있도록 협조를 요청하고 있다. 가정주부에게는 폭약을 만드는 데 사용할 수 있도록 폐식용유 수거를 호소하고 있다.

강과 알루미늄을 비롯하여 폐타이어, 폐휴지는 물론 폭약을 제조하기 위하여 폐식용유도 포함되었다.

정부에서는 자원재활용을 범국민적으로 확산하기 위하여 포스터를 만들어 학교나 주민들의 통행이 많은 곳에 부착하였으며, 방송을 통하여 국민에게 참여해 줄 것을 호소하였다. 루스벨트 대통령도 1942년 6월 "낡은 고무 타이어, 낡은 고무제 우의, 낡은 고무호스, 고무장화, 고무신 등 고무로 만든 낡은 제품을 정부에 돌려 달라"고 호소하였다.

이렇게 해서 4주 만에 42만여 톤의 폐품 고무가 수집되었다. 또한 석유를 이용하여 합성고무를 만들기 위해 석유 배급제를 실시하였으며, 합성고무 공장을 50여 개소 설치해서 1944년 한 해만 해도 80만여 톤의 합성고무를 생산하였다. 정부가 나서서 무기와 탄약을 만드는 데

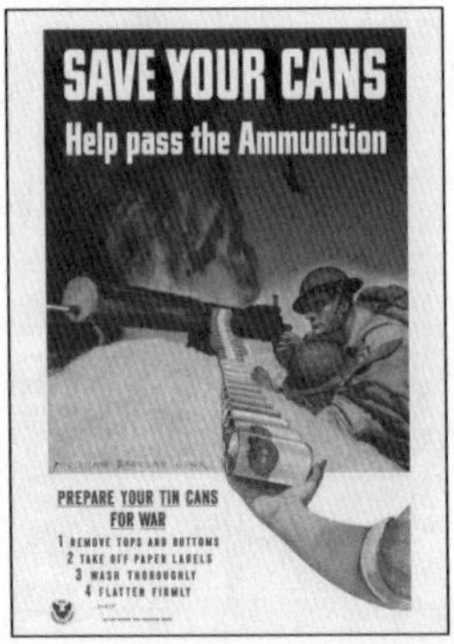

〈그림 4-88〉 빈 깡통 절약을 호소하는 포스터

"여러분이 수거하는 빈 깡통(Can)은 탄약을 만드는 데 도움을 줍니다. 전쟁을 위하여 주석으로 된 빈 깡통을 첫째, 상하단을 제거하고, 둘째, 종이표지를 떼어내며, 셋째, 깨끗하게 세척 후, 넷째, 납작하게 하여 수거할 수 있도록 준비해 주기 바랍니다." 위의 그림을 보면, 빈 깡통이 점차 기관총의 실탄으로 변화되는 모습을 보여주며, 사격으로 적기가 격추되는 모습을 볼 수 있다. 이 그림은 그만큼 전쟁을 위하여 많은 자원이 필요함을 보여주면서 국민의 자원재활용 활동 참여를 촉구하고 있다.

필요한 금속재료를 수거하기 시작하면서 냄비류와 자동차 번호판 등 500만여 톤을 수집하였다. 어린이들은 집으로 돌아와서 가정에서 사용하지 않은 쇠붙이 식기류를 수집하여 지정된 곳으로 제출하였고 이웃을 돌아다니면서 고철과 알루미늄, 헌 타이어 등을 수집하였으며, 시카고에서만 해도 5개월 동안 18,000여 톤을 수거하였다.

7. 보이스카우트의 전쟁 지원

미국의 보이스카우트는 금속자원 수거 활동이나 전시채권 판매 활동을 위한 포스터 부착 등의 유용한 활동으로 정부의 전쟁 노력을 지원하였다. 전쟁 기간 중 팸플릿과 포스터, 라디오 방송, 신문, 영화는

〈그림 4-89〉 자원재활용 운동에 참여한 학생과 시민

알루미늄과 같은 금속이나 폐타이어를 수거하는 모습. 전쟁 기간 중 자원재활용 운동은 전쟁 지속을 위한 중요한 국민적 운동이었다. 위의 사진 중 "국방을 위하여 알루미늄: 미국이 원하는 것은 미국인이 제공한다(ALUMINUM for DEFENCE. What America Needs Americans Will Give)", "루스벨트 대통령님, 여기에 우리의 대답이 있습니다(HERES OUR ANSWER. PRESIDENT ROOSEVELT)"라는 플래카드가 보인다. 또 다른 사진에서는 보이스카우트 대원들이 승리를 위하여 여러 자원을 필요로 한다는 내용의 포스터를 부착하고 있다.

모든 사람이 전쟁 노력에 기여할 수 있고 또 기여해야 한다는 메시지를 전달하는 데 유용하게 사용되었다. 보이스카우트나 걸스카우트 등의 청소년 단체들은 이러한 후방전선의 활동을 위한 가장 효과적인 활동을 한 곳의 하나였다. 그들의 주된 활동은 전쟁에서 승리하는 데 큰 역할을 한 방대한 산업 생산 노력을 지원하기 위하여 고철과 알루미늄, 낡은 타이어, 폐휴지 등 정부의 전쟁 노력에 필요한 자원을 수집하는 것이었으며, 보이스카우트는 이러한 활동에 참여하였다.

12~17세의 미성년자들도 1943년 중반까지 무려 300만여 명이 군수산업에 동원되었다. 록히드 항공사에서는 그들을 리벳공이나 전기공, 판금작업 등으로 1,500여 명을 고용하였다. 전시생산량을 확대하면서 노동력이 부족하게 되자 전국적으로 여성은 물론 흑인, 10대의 소년과 소녀, 은퇴한 고령자, 지체장애인, 복역수 등도 군수품 생산을 위하여 참여하였다. 비행기와 함선의 공간이 좁은 곳에서는 키가 작은 사람

〈그림 4-90〉 전시생산위원회(War Production Board)가
1,000파운드의 폐휴지를 수거한 보이스카우트 대원에게 수여한 메달

이나 체구가 작은 사람들이 작업을 하였다. 작업 간 극심한 소음(騷音)으로 청력이 손상되기 쉬운 곳에서는 선천적으로 청력을 잃어버린 사람들이 작업을 하였다.

민주주의의 표상이라고 할 수 있는 미국도 전쟁기간에는 전쟁을 한 방향으로 이끌고 가기 위해 검열국을 설치하여 검열을 실시하였고, 일부 신문이나 방송에서는 표현의 자유를 제한하면서 자체로 검열을 하였다. 해외에서 전투 중인 병사들이 보내는 편지 또는 병사들에게 보내는 편지는 개봉 후에 보안상 일부분이 삭제되거나 지워진 상태로 봉투에는 '검열을 위해 개봉'이라는 글자가 기록된 채로 배달되기도 했으며, 방송에서는 적에게 암호문으로 사용될 수 있는 표현이 자제되도록 요구되기도 하였다.[103)]

할리우드의 영화 제작자들에게는 영화를 제작할 시 '미국의 승리에 도움이 되는지 아닌지' 곰곰이 생각해보라는 권고가 주어졌고, 노래는 미국의 승리를 위해 작곡되고 불리도록 요구되었다. 포스터도 미국인 의지를 고양하고 승리를 앙양시키기 위해 도처에 부착되었다. 미국사회 저변에서는 이렇게 전쟁수행을 하는 데 있어서 직 · 간접적으로 미 행정부와 미군에 대하여 전폭적인 지지와 도움을 주었다.

미국은 제1차 세계대전에 이어 제2차 세계대전에서도 연합국의 주력으로 승리하였다. 전쟁 기간 미국은 막대한 생산력을 이용하여 미군은 물론 연합군을 지원하였으며, 이 과정에서 미국인의 전쟁지원 노력은 다른 어느 나라 못지않게 중요한 역할을 하였다.

---

103) 위의 책, pp. 114~115.

〈그림 4-91〉 전쟁승리 기념 미군의 시가행진 행사와 승리를 환호하는 미국인의 모습

제4절 교훈

제1차 세계대전에서 본격적으로 전개된 총력전 양상은 제2차 세계대전에서 절정을 이루면서 국가의 사력, 경제력, 예비군 동원력 등 총력이 동원되는 전쟁으로 진행되었다. 전쟁 기간 중 승리를 위한 국민적 참여와 더불어 국민생활의 안정은 군사력만큼이나 그 중요성을 보여주었다.

전쟁에서 승리하기 위해서 전투에서 군인들의 승리는 필수적이다. 그러나 전투에서의 승리가 곧 전쟁에서의 승리로 연결되는 것이 아니라는 것을 전쟁사는 보여주며 본 책자는 그러한 사례를 제시한다.

전쟁 기간 중 후방지역에서 국민의 전쟁지원 노력은 다각도로 펼쳐졌다. 대규모의 젊은이들이 징집이나 모집, 예비군으로 동원되어 전선으로 가면서 산업현장이나 영농현장에서 일손이 부족해지자 그 자리를 여성들이 메웠다. 여성들은 무기와 탄약을 만들었고 농사를 지었으며 일부는 군에 입대하여 여성에 적합한 자리에서 군복을 입고 임무를 수행하였다. 전쟁수행을 위하여 막대한 비용이 들어가자 세금을 올리는 등으로 대처하였지만 그래도 부족해지자 채권을 발행하는 등으로 충당하였으며, 어린 학생으로부터 노인에 이르기까지 수많은 국민이 채권구입 활동에 참여하였다.

영국에서는 전쟁이 장기화되면서 식량이 부족해지자 배급제가 전면적으로 실시되었고, 제2차 세계대전 당시에는 종전 이후에도 연장되어 실시되었다. 그런가 하면 각종 물자가 풍부하였던 미국에서도 연합국을 지원하면서 배급제가 실시되었다. 한편 부족한 식품의 부족을 해소하면서 국민의 승리의지를 고취하기 위하여 승리정원 같은 국민적인 운동도 전개되었다.

제1차 세계대전이나 제2차 세계대전 기간 중 영국과 미국에서 전개되었던 후방지역에서 국민의 전쟁지원 활동은 우리에게 매우 중요한 교훈을 주며, 그것은 다음과 같다. 첫째, 국민의 승리를 위한 참여활동으로, 병력동원의 중요성이다. 휴전선을 중심으로 대규모의 병력이 대치하고 있는 가운데 북한은 전쟁이 발발할 경우 기습적으로 침공하여 속전속결로 전쟁을 끝내려고 할 것이다. 이에 대응해야 할 국군은 많은 부대가 개전초기 증편이나 창설을 해야 전투임무를 수행할 수 있다. 이는 그만큼 예비군의 동원이 적시에 이뤄져야 함을 의미한다. 군과 병무당국은 적시에 병력동원을 할 수 있도록 계획을 발전시키고 동원령 선포 시 예비군은 자발적으로 동원에 응소해야 한다.

둘째, 총력전 차원에서 여성 인력의 활용 중요성이다. 한국에서도 정도의 차이는 있을지언정 예비군이 동원되고 나면 산업현장이나 영농현장 등에서 인력부족 현상이 발생할 것이다. 전시 여성 인력을 적절히 활용하기 위한 계획의 발전이 필요하다.

셋째, 전비조달 활동에 있어 국민 참여의 중요성이다. 전쟁이 발발하면 전비가 눈덩이처럼 소요될 것이고, 세금인상이나 채권의 발행 등을 통하여 조달할 것이다. 이 과정에서 국민의 참여는 필수적이다. 정부는 전쟁단계별 전비소요를 판단해보고 이를 해결하기 위한 계획을 구체적으로 수립하며, 필요한 경우 국민에게 협조를 요청해야 한다.

넷째, 국민생활의 안정을 위한 식량공급의 중요성이다. 우리나라의 식량 자급률은 26% 내외이다. 평시는 문제가 없으나 전쟁 발발 시 그 사정은 달라진다. 식량가격 폭등 및 사재기와 매점매석 등 다양한 불공정 행위가 발생할 것이다. 따라서 식량의 안정적 공급을 위한 계획은 물론 각종 불공정 행위에 대한 엄격한 단속과 배급제 시행을 위한 방침과 시행방안 등의 면밀한 계획이 필요하다.

다섯째, 전쟁 발발 시 국민을 대상으로 한 각종 홍보활동에 대한 준비이다. 제1차 세계대전이나 제2차 세계대전 중 영국이나 미국에서는 국민의 참여활동을 촉진하기 위하여 각종 포스터를 제작하여 부착하였으며, 유명 연예인도 참여하였다. 우리도 후방지원 활동을 위한 국민참여 활동이 중요한 만큼 이를 위한 준비가 평시부터 되어 있어야 한다. 포스터는 물론 라디오 및 TV 방송용 홍보자료, 홍보팸플릿, 전광판, 유튜브 등 이용 가능한 매체들을 이용하여 국민에게 참여를 호소할 수 있도록 원고 등을 준비하여 저장장치에 준비해 두고 필요한 시기에 사용할 수 있도록 해야 할 것이다.

한반도에서 전쟁이 발발할 경우 이 전쟁은 영국이 도버 해협을 두고 독일군과 전투를 하거나 미국이 태평양 및 대서양을 사이에 두고 독일군이나 일본군과 대치하여 전쟁하였던 것과 같은 전쟁이 아니다.

휴전선을 중심으로 직접 대치하고 있는 상황에서 여하한의 이유로든 전쟁이 발발할 경우, 한반도 전역이 곧바로 전쟁터로 변한다. 영국이나 미국처럼 전쟁이 발발한 뒤에 법령을 제정하고 준비를 할 수 있는 시간적 여유가 없다. 그런 만큼 전쟁이 발발할 경우 발생할 수 있는 상황을 예상하여 관련되는 법령을 미리 준비해 놓고 전쟁을 수행할 역량을 확보해 놓아야 한다.

제5장
국가비상대비업무 발전 제언

제1절 북한의 안보위협의 변화

1. 북한의 안보위협 수단 변화

북한 노동당 규약 전문에는 "조선로동당의 당면 목적은 공화국 북반부에서 사회주의 강성대국을 건설하며 전국적 범위에서 민족해방, 민주주의 혁명 과업을 수행하는 데 있으며 최종 목적은 온 사회를 주체사상화하여 인민대중의 자주성을 완전히 실현하는 데 있다"며 한반도 적화통일을 당의 최종 목적으로 명시하고 있다. 이러한 목적을 달성하기 위하여 북한은 군사력을 꾸준히 증강하였으며 이와 병행하여 군사전략을 또한 발전시켰다. 한반도를 공산화하기 위한 북한군의 군사전략은 기습전(Surprise attack), 배합전(Mixed tactics), 속전속결전(Quick, decisive war)이다. '기습전'이란 우리가 예상할 수 없는 시간과 장소 및 방법으로 기습적으로 침공을 하겠다는 것이다. '배합전'이란 전 · 후방 구분 없이 한반도를 동시에 정규전과 비정규전으로 전장화하겠다는 것이며, '속전속결전'이란 국군이 제대로 대응하기 이전 짧은 시간에 그들이 추구하는 목표를 달성하여 전쟁을 신속히 종결하겠다는 것이다. 북한군은 이러한 군사전략의 수행을 위해 "7일 작전계획을 수립하였다"는 보도가 있었고, 더 나가서 기존의 선제기습공격과 속전속결 및 전후방 동시전장화를 구현하기 위한 작전개념으로 '핵전+정규전+비정규전의 배합전격전(Hybrid blitzkrieg)'을 구상하여 3일 만에 전쟁을 끝낼 시나리오를 연구할 것[1]이라는 주장도 제기되었다.

먼저 그동안 안보 위협수단이 어떻게 변화되었는지 보자. 6.25전쟁 당시 남북은 많은 피해를 입었다. 이러한 피해의 복구를 어느 정도 끝낸 북한은 본격적으로 한반도 적화를 위하여 1962년 12월 노동당 중앙위 제4기 제5차 전원회의에서 대남적화 전략으로 '4대 군사노선(전군의 간부화, 전 인민의 무장화, 전 장비의 현대화, 전 국토의 요새화)'을 공식화하였다.

여기에 그치지 않고 군사력 증강에 박차를 가하였다. 상비군 병력을 꾸준히 증강하였고, 더불어 노농적위군, 붉은청년근위대, 교도대 등의 예비전력을 조직화하였다. 무기도 소총으로부터 야포 및 전차, 전투함정 및 잠수함, 항공기와 미사일 등 중무기는 물론 화학생물학 작용제에 이르기까지 각종 재래식 무기와 대량살상무기를 자체 또는 모방하여 생산하였다. 그뿐만 아니라 본격적으로 지상 및 해상으로 무장공비를 침투시켰다. 1968년의 청와대 기습을 목적으로 한 무장공비 침투와 울진 및 삼척지구 무장공비 침투사건이 대표적이다.

---

1) 홍기호 · 권태영, "북한의 핵사용-단기 속전속결 전략 대비 한국의 신 작전개념 수행방안", 「전략연구」 제25권 제1호(통권 제74호), 2018, pp. 15~16.

〈표 5-1〉 북한군 병력규모의 증감 추이[2]

구분	1970년대	1980년대	1990년대	2000년대	2010년대 이후
상비군(만 명)	46.7(1970)	70(1980)	99(1990)	117(2000)	128(2018)
예비전력(만 명)	100(1968)	560(1988)	600(1990)	748(2000)	762(2018)

여기에 그치지 않고 재래식 전력을 양적으로 확대하는 한편으로 질적으로 개선하기 위한 노력도 계속하고 있다. 2020년 10월 10일 노동당 창건 75주년 기념행사에서 신형전차, 초대형 방사포, 대구경 조종방사포, 'KN-23' 신형 단거리 탄도미사일, '북극성-4' 잠수함 탄도미사일 등을 차례로 선보이고, 이어 마지막으로 신형 대륙간탄도미사일(ICBM)을 공개하였다. 특히 신형 대륙간탄도미사일은 11개축 22개의 바퀴가 달린 이동식 발사차량(TEL)에 실려 공개되었는데 이는 종전의 화성-15형(9축 18륜)보다 길이 및 직경이 커져 사거리가 늘어났을 것으로 판단되며, 미사일 탄두부 길이도 길어져 다탄두 탑재형 가능성도 제기되고 있다.

북한은 현재 신경, 수포, 질식, 구토, 혈액 등 25종의 화학작용제를

〈그림 5-1〉 2020년 노동당 창건 75주년 행사에 등장한 신무기
왼쪽으로부터 신형전차, 신형방사포, 대륙간탄도탄

2) 김열수 외, 「안보위기를 중심으로 한 국가위기관리체계 개선방안 연구」, 국민안전처(현 행정안전부) 정책과제, 2016, p. 117 부분 수정 및 인용

2,500~5,000톤 정도 보유한 것으로 추정된다. 북한 전역에는 연구 및 생산, 저장시설 등을 보유하고 있으며,[3] 평시 연간 5,000톤, 전시 12,000톤 정도의 화학작용제 생산능력이 있을 것으로 추정되며, 전시에는 야포와 미사일은 물론, 항공기 살포 등 다양한 수단을 이용하여 이러한 작용제를 사용하여 공격할 가능성이 있다.

북한이 또 관심을 갖고 있는 것은 생물학 무기(Biological weapons)로, 김일성은 1980년 "독가스 및 세균무기를 생산하여 전투에 사용하는 것이 효과적이다"라고 강조한 바 있다. 이후 대학과 의학연구소 등을 이용하여 탄저균이나 페스트균, 콜레라균 등의 생물학 무기를 연구하고 있으며, 이러한 연구를 바탕으로 탄저균, 페스트, 브루셀라, 콜레라, 장티푸스, 이질, 발진티부스, 천연두, 황열, 유행성출혈열 등 10여 종의 생물학작용제 균체를 보유하여 유사시 생산할 것으로 추정된다. 생물학 무기는 야포, 미사일, 항공기 등의 투발 수단 외에 전시 특작부대가 이를 휴대하여 인구밀집 지역이나 상수원 등에 투입하는 등으로 민심을 교란할 가능성이 있다.

북한은 1960년대 중반부터 미사일(Missile) 개발에 인력과 자원을 투입하기 시작하였다. 1976년에는 이집트에서 도입한 스커드 미사일을 역설계하여 자체개발에 성공한 이래 지금까지 다음의 〈표 5-2〉에서 보는 바와 같이 다양한 종류의 미사일을 개발하였으며 최근에는 대륙간탄도미사일(ICBM) 및 잠수함발사탄도미사일(SLBM) 시험발사에도 성공하였다. 북한이 보유한 노동, 스커드, 화성, 대포동 등의 미사일은 1,000여 기로 알려져 있으며 이동형 발사대(TEL)를 100여 대 보유하고 있는 것

3) 국방부, 『대량살상무기 이해와 실제』, 서울: 국방부, 2018, p. 179.

으로 추정되고 있다. 이러한 미사일은 한반도 전역을 사거리로 하여 고폭탄을 기본으로 핵탄두와 화생무기도 탑재하여 공격할 수 있는 최대의 위협 요소이다.

〈표 5-2〉 북한이 개발 또는 보유 중인 탄도미사일

구분	SRBM(단거리)	MRBM(준중거리)	IRBM(중거리)	ICBM(대륙간)
사거리(km)	300~1,000	1,000~3,000	3,000~5,500	5,500 이상
종류	SCUD-B/C	SCUD-ER, SCUD 개량형, 노동, 북극성, 북극성-2	무수단, 화성-12	화성-13, 14, 15 화성-13 개량형, 대포동

지금 한반도는 물론 국제사회에도 가장 시급한 안보문제가 되고 있는 북한의 핵무기는 김일성이 6.25전쟁 직후부터 관심을 가진 이래, 1955년 김일성 종합대학교에 핵물리학 강좌 개설, 1956년 국가과학원에 핵물리실험실 설치, 구소련과 '북-소원자력기술협정' 체결 및 과학자 파견 등으로 핵무기 개발을 시작하였다. 이렇게 관심을 갖고 핵개발을 시작한 북한은 2006년 1차 핵실험을 시작으로 지금까지 6차례에 걸쳐 핵실험을 하였다. 여기에 그치지 않고 핵보유국임을 강조하면서 핵탄두의 표준화와 규격화 및 소형화, 경량화, 다종화를 달성하였다고 주장하였으며, 2018년 신년사에서는 '핵무력 완성'을 선언하였다.

북한의 핵무기 보유량에 대해서는 여러 주장이 있으나 국방부에서는 플루토늄 50kg을 보유하고 있을 것으로 추정[4)]하며 10~20발을 보유하고 있을 것[5)]이라는 주장과 20~60발을 보유하고 있을 것[6)]이라는

4) 20kt의 위력을 내기 위해서는 플루토늄 8kg 중에서 1kg의 핵반응으로 충분하며, 1kt의 위력을 내기 위해서는 56g만 완전히 핵분열을 일으키면 되는 것으로 알려져 있다.

주장도 있다. 최근에는 북한이 이미 2020년에 67~116기를 보유하였으며, 2027년에는 242기를 보유할 것이라는 주장도 제기되었다.[7)]

북한은 근래에 급속히 발전하고 있는 사이버 무기(Cyber weapon)에도 관심이 크다. 김정은은 "사이버전은 핵, 미사일과 함께 우리 인민군대의 무자비한 타격 능력을 담보하는 만능의 보검"이라며 사이버전의 중요성을 강조하고 있다.[8)] 사이버전 수행부대로 총참모부, 대남공작기구 등에 다양한 부대를 편성하고 있으며, 수행인력도 6,800여 명에 달하고 있고, 전문인력의 육성과 최신기술 연구와 개발 등 사이버 전력 증강을 위한 노력을 계속하고 있다.

또 다른 위협으로 대두되는 것은 무인기(UAV)이다. 김정은은 2013년 군부대를 방문하여 "타격기들의 비행항로와 시간을 적 대상물이 도사리고 있는 남반부 상공까지의 거리를 타산해 정하고, 목표 타격능력을 검열해보았는데 적들의 그 어떤 대상물도 초정밀 타격할 수 있다는 게 확증되었다"고 하면서 "남반부 작전지대의 적 대상물 좌표들을 빠짐없이 장악해 무인타격 수단들에 입력시켜 놓으라"고 지시하였다.[9)] 북한은 무인기 개발에 지속적으로 관심을 갖고 있으며, 전시 정찰용, 공격용, 자폭용, 작용제 살포용 등으로 사용할 가능성이 크다.

---

5) SIPRI, *SIPR Year Book 2018: Armanents, Disarmament and International Security*, OXFORD UNIVERSITY PRESS, 2018, p. 236.

6) Headquarters, Department of the Army, *NORTH KOREAN TACTICS(ATP 7-100.2)*, Washington, July 2020, pp. 3-11; https://www.csis.org/analysis/could-north-korea-abandon-part-its-nuclear-arsenal (검색일: 2020.11.22)

7) https://www.chosun.com/politics/diplomacy-defense/2021/04/14 (검색일: 2021.5.6)

8) "김정은 "사이버전은 만능의 보검" 3대 전쟁수단 운용", https://news.joins.com/article/13048072 (검색일: 2020.11.21)

9) "김정은 무인기 참관 때 박도춘·장성택도 있었다." https://news.joins.com/article/14362469 (검색일: 2020.11.14)

이렇게 무인기의 위협이 가중되는 가운데 국정감사에서는 북한이 "현재 10여 종의 수백여 대 드론을 보유하고 있으며 그중에는 300~700km까지 날아갈 수 있는 자폭용 드론을 17대나 보유하고 있다"고 하면서 이는 "거리상으로는 휴전선 북방에서 최장 제주도까지 갈 수 있어 사실상 한국 전역이 사정권에 들어가 있다"는 주장이 제기되었다.[10)]

북한은 이와 같이 재래식 전력은 물론 화생무기와 미사일 및 핵무기, 나아가 사이버전 및 무인기에 이르기까지 다양한 비대칭 전력을 개발하여 이미 전력화를 마쳤거나 진행 중에 있다.[11)] 이처럼 북한의 안보위협 수단은 발전되어 왔다. 이를 시대별로 살펴보면 다음의 〈표 5-3〉과 같다.

〈표 5-3〉 시대별 북한의 안보위협 수단의 변화[12)]

구분	'60년대	'70년대	'80년대	'90년대	'00년대	'10년대	'20년대 이후
재래식전력							
미사일							
화학무기							
생물학무기							
핵무기							
사이버전							
무인기							

10) https://m.newspim.com/news/view/20191018000704 (검색일: 2020.11.22)

11) Patrick R. Terrel, *North Korean Collapse: Weapons of Mass Destruction Use and Proliferation Challenges,* John Hopkins SAIS, 2017, p. 7.

12) 연구자가 각종 자료를 종합하여 정리한 것임. 연한 회색은 연구 및 개발기간, 짙은 회색은 직·간접적인 위협수단으로 등장하였음을 의미함.

북한은 시대를 달리하는 동안 재래식 전력의 양적 확대와 질적 개선과 병행하여 핵 및 화생무기 등의 대량살상무기, 더 나가서는 무인기 및 사이버 공간까지 활용하여 선택과 집중으로 대규모 피해를 가할 수 있는 무기체계를 개발하고 있다. 군사적 대비 못지않게 비군사 분야에서도 대비가 필요한 부분이다.

2. 전시 예상되는 상황 및 피해 전망

북한 노동당의 당면목표인 한반도의 적화와 이를 추구할 군사전략, 다양화되는 위협수단의 변화 등을 고려한다면, 전시 그 피해를 가늠하기는 쉽지 않다. 전시 북한의 대규모 지상군이나 해군과 공군 등의 공격으로 인한 피해도 당연히 발생하겠지만, 이러한 피해는 한미연합군의 상대적 우세로 북한이 기습공격을 할지라도 제한된 피해를 야기할 것으로 생각하기 때문에 제외하며, 여기서는 비대칭전력인 특작부대와 개성 북방에 집중배치된 포병화력과 최근 노동당 창건행사에서 등장한 초대형 방사포, 핵무기 및 화생제 공격, 사이버전으로 인한 예상되는 피해를 중점적으로 제시한다. 비대칭전력의 위협이 심각해지면서 『2020년 국방백서』에서도 북한은 전시 비대칭전력 위주로 기습공격을 시도하여 유리한 여건을 조성 후 조기에 전쟁을 종결하려 할 가능성이 클 것으로 언급하고 있다.

첫째, 특작부대의 침투에 의한 피해 전망이다. 20만여 명의 특작부대는 개전 전 · 후 전방지역으로부터 후방지역에 이르기까지 다양한 수단을 이용하여 침투 후 타격 활동으로 심대한 피해를 야기할 것으로 전망된다.

〈표 5-4〉 특작부대의 유형 및 운용 전망

구분	부대	침투수단	운용	임무
지상군	경보사단, 경보여단, 저격여단, 경보연대	지상침투 공기부양정 AN-2기, 헬기 잠수함 등	전술적 배합 작전적 배합 전략적 배합	주요부대/시설타격 국가중요시설 공격 요인암살, 동원방해 후방교란 등
해군/반항공군	저격여단			
기타	특수작전대대(요인암살)			

국가비상대비차원에서 특히 관심을 가져야 할 것은 작전적 · 전략적 배합작전을 실시할 부대들이다. 이들 부대는 개전 전부터 지상 및 해상, 공중 침투수단으로 수도권이나 후방지역으로 은밀히 침투하여 전방으로의 전력 증원과 자원동원의 방해, 정부기능 유지 제한, 국민생활의 안정파괴 등 군사 및 비군사 분야의 업무를 방해할 것으로 예상되기 때문이다.

둘째, 포병화력 및 방사포 등 장사정포로 인한 피해 전망이다. 개성 북방지역에 배치된 장사정포는 전시 시간당 수천 발의 포격을 가할 수 있을 것으로 알려져 있다. 2010년 연평도 포격도발을 기준으로 하여 전면전 상황에서 장사정포 공격으로 인한 인명피해는 사망자 23,040명, 중상자 144,000명이 발생할 것이라는 주장, 북한이 재래식 포병을 이용하여 포격할 시 한 시간에 최대 20만 명의 사상자가 발생할 수 있다는 분석,[13] 북한 포병의 일제사격만으로 서울 한 곳에서만 25만여 명의 사상자가 발생할 것[14]이라는 주장 등 다양하다. 다음의 〈표 5-5〉를 보더

13) "North Korean Conventional Artillery: A Means to Retaliate, Coerce, Deter, or Terrorize Populations," https://www.rand.org/pubs/research_reports/RRA619-1.html (검색일: 2020. 11.21)

14) Michael J. Mazzar, *The Korean Peninsula: The Dangerous Scenarios,* RAND

라도 우리가 얼마나 북한의 포병화력에 노출되어 있는가를 짐작할 수 있다.

〈표 5-5〉 북한의 포병화력 사거리별 노출 인원 추산[15]

구분	107mm	122mm	170mm	240mm	300mm
사거리(km)	8	20	40	60	200
노출인원(명)	40,000	910,000	7,680,000	19,810,000	32,540,000

셋째, 화생무기로 인한 피해 전망이다. 북한이 보유한 신경작용제, 혈액작용제, 수포작용제 등의 화학작용제와 탄저균이나 페스트균 등의 생물학 작용제 및 이를 생산할 수 있는 능력도 보유하고 있다. 북한은 이러한 화생무기를 전시 항공기를 이용하여 살포하거나 미사일이나 야포 및 방사포, 무인기 등을 이용하여 인구밀집 지역에 사용할 것으로 예상된다. 이로 인하여 예상되는 피해는 화학탄 555kg 탑재가 가능한 스커드-B나 스커드-C 1발을 서울에 투하할 경우 살상력은 VX가 약 6,600명을 사망시킬 것이라는 추정[16]과 화학무기 1,000톤이면 4,000만 명을 사망할 수 있다는 주장[17], 신경작용제를 탑재한 스커드 1발이 서울에 떨어지면 12만 명 살상,[18] 탄저균 100kg을 저공 비행하면서 공기

CORPORATION, 2018, p. 10.

15) Ibid.

16) "北 생화학무기, 포탄 제작땐 서울면적 4배 초토화", http://www.munhwa.com/news/view.html?no=2017030301033230114001 (검색일: 2020.11.20)

17) "북한 핵무기 보다 화학무기 더 많이 보유, 은밀한 위협", https://news.joins.com/article/21317118 (검색일: 2020.11.20)

18) "北은 세계 3위 화학무기 강국… "VX스커드 1발 서울 떨어지면 12만명 살상"", https://www.chosun.com/site/data/html_dir/2017/02/25/2017022500201.html (검색일: 2020.11.22)

중에 살포 시 100~300만여 명을 죽일 수 있을 정도로 치사율이 높으며, 이는 1Mt의 수소폭탄에 맞먹을 것[19]이라는 주장 등 다양하다. 북한이 보유한 화학작용제를 모두 포탄용으로 만들 시 625,000발에서 최대 125만 발에 이를 것으로 알려져 있으며, 이는 서울 면적의 4배를 오염시킬 수 있을 것이라는 주장도 있다.

넷째, 핵무기 사용 시 예상되는 피해의 전망이다. 일본 히로시마 및 나가사키에 투하된 핵무기를 통하여 발생한 피해를 보면 다음의 〈표 5-6〉과 같다.

〈표 5-6〉 히로시마 및 나가사키 원폭 피해[20]

구분	일시	핵물질	위력(kt)	무게(톤)	폭발고도(m)	사망
히로시마 (廣島)	1945.8.6	우라늄 (64kg)	16	4	600	140,000 (~1945. 12, 31)
나가사키 (長崎)	1945.8.9	플루토늄 (10kg)	21	4.5	605	73,000 (~1945. 12, 31)

북한의 핵 사용 가능성은 학자들에 따라 여러 주장이 있기는 하지만, 핵 위협하 국지도발이나 수도권에 대한 제한적 공격, 전면공격 등을 할 것[21]이라는 주장과 북한의 핵무기 보유량이 증가함에 따라 전쟁 초기부터 사용할 가능성이 커질 것[22]이라는 주장, 서북도서지역 점령

19) "탄저균, 수소폭탄급 살상력 가진 생물학 무기", https://news.joins.com/article/18091185 (검색일: 2020.11.20)

20) Masao Tomonaga et al., *Research of on Impacts of Nuclear Weapon in Various Aspects*, pp. 5~14. 히로시마 핵피폭 과정으로부터 피폭 이후 발생한 참상과 일본 정부와 현 정부의 대응, 교훈 등에 대한 자료는 다음을 참고할 것. 박계호 외, 『핵과 국가비상대비업무』, 2019, pp. 82~145.

21) 박휘락, "북핵 위협하 북한의 기습공격 가능성과 한국의 대응 방향", 『전략연구』, 제26권 제2호(통권 제78호), 2019, pp. 243~246.

후 핵 사용 위협과 서울 등 주요 도시 핵 공격, 핵무기 40~60기로 기습 공격, 미국을 위협하여 핵우산을 억제, 핵을 대량 생산하여 해외에 판매 등 다섯 가지의 주장[23]도 제기되었다. 북한이 서울에서 10kt의 핵무기를 사용할 시 20만여 명의 사망자와 같은 수의 부상자 및 1조 5,000억 달러의 손실을 야기할 것[24]이라는 주장도 있었다. 히로시마 핵 피폭사례를 통하여 핵 피폭 시 얼마나 피해가 발생할 수 있을지는 〈표 5-7〉을 통해 살펴보자.

절대무기로서 핵무기는 단 한 발이라도 공격을 받으면 대규모의 인명과 시설 등의 피해가 발생하는 만큼 김정은 정권도 핵무기 사용에는 신중할 것으로 예상되기는 하지만, 그럼에도 북한이 어떤 이유로든 핵무기를 사용한다면 대규모의 인적 및 물적 피해를 피할 수는 없을 것이다. 〈표 5-8〉을 이용하여 서울이 핵 공격을 받을 시 예상되는 피해를 살펴보자.

핵무기에 의한 피해는 핵무기 위력이나 지형 및 기상 조건, 폭발방식 등에 의하여 달라지기는 하나 핵무기가 대량살상무기인 만큼 공격을 받을 시는 대규모의 인적 · 물적 피해를 피할 수 없다. 핵무기 위협이 한국이 당면하는 최대의 안보위협이자 공격을 받으면 막대한 피해가 발생하는 만큼 비상대비분야에서의 대비도 만전을 기해야 할 것이다.

---

22) https://www.konas.net/article/article.asp?idx=6677 (검색일: 2020.11.20) 버넷(Bennet) 박사는 "북한이 전쟁 초기에 핵 능력을 보여주지 못하면 핵 억제 위협에 신뢰성이 없어지고 자신의 핵무기와 지휘통제시설의 생존 가능성에 자신을 할 수 없기 때문에, 그리고 북한 주민들의 충성심을 묶어두기 위해 전쟁 초기에 핵무기를 사용할 것"이라는 주장도 하였다.

23) https://www.chosun.com/politics/diplomacy-defense/2021/04/14 (검색일: 2021.5.6)

24) 부르스 베넷 지음, 한국안보문제연구소 옮김, 『북한의 붕괴 가능성 대비』, 서울: 전광인쇄정보(주), 2015), p. 109.

〈표 5-7〉 히로시마 원폭 피폭거리별 인원피해 발생 현황[25]

피폭거리(km)	인명피해(명)						구성(%)		
	계	사망	중상	경상	미확인	안전	사망	부상	안전
0.5 이내	21,662	19,329	478	338	593	924	92	3.8	4.2
0.5~1	53,036	42,271	3,046	1,919	1,366	4,434	82.2	9.4	8.4
1~1.5	65,271	37,689	7,732	9,522	1,188	9,140	59.6	25.4	14.0
1.5~2	44,490	13,422	7,627	11,516	227	11,698	30.7	43.0	26.3
2~2.5	52,686	4,513	7,830	14,149	98	26,096	8.8	41.7	49.5
2.5~3	30,796	1,139	2,923	6,795	32	19,907	3.8	31.6	64.6
3~3.5	12,777	117	474	1,934	2	10,250	0.9	18.8	80.2
3.5~4	15,679	100	295	1,768	3	13,513	0.7	13.2	86.2
4~4.5	4,705	8	64	373		4,260	0.2	9.3	90.5
4.5~5	6,817	31	36	156	1	6,593	0.5	2.8	96.7
5 이상	12,162	42	19	136	167	11,798	1.7	1.3	97.0
계	320,081	118,661	30,524	48,606	3,677	118,613	38.2	24.7	31.7

〈표 5-8〉 용산지역 핵피폭 시 예상되는 피해[26]

인구	폭발방식	위력(kt)			
		10	20	50	100
985만 명 (2017)	공중	사망: 59,220	사망: 94,240	사망: 183,260	사망: 299,980
		부상: 267,170	부상: 452,010	부상: 946,190	부상: 1,619,670
	지표	사망: 28,650	사망: 45,510	사망: 85,160	사망: 146,710
		부상: 82,500	부상: 132,950	부상: 264,530	부상: 453,340

25) Masao Tomonaga et al., op. cit., p. 16.

26) 박계호 외, 앞의 책, 2019, p. 168에서 부분 발췌 및 인용. 이 자료는 핵피폭 시 예상되는 피해자료를 산출하는 nuke.map(https://nuclearsecrecy.com/nukemap/)을 이용하여 산출한 자료이다.

다섯째, 사이버전으로 인한 피해의 전망이다. 이미 김정은이 사이버전을 핵무기 등과 더불어 "만능의 보검"이라고 강조한 만큼 북한은 평시는 물론 전시에도 사이버 공격을 개전 이전부터 국가기관은 물론 교통, 원자력, 금융, 방송 등 국가기반시설과 주민들까지 전방위적으로 사이버 공격을 함으로써 동원의 방해나 정부기능 유지 및 국민생활 안정 방해 등 다양한 피해를 야기할 것이다.

여섯째, 무인기 개발 및 활용에 있어 더욱 박차를 가할 것으로 예상된다. 중동에서 미군이 무인기를 이용하여 알카에다 등 이슬람 과격단체의 고위직에 대한 정밀공격으로 성과를 거두고 있고, 아르메니아-아제르바이잔 전쟁에서도 무인기가 사용되는 등 선진국은 물론 중진국 등에서도 무인기가 사용되는 점을 북한도 눈여겨보면서 전시에는 무인기를 정찰용이나 자폭용, 공격용, 작용제 살포용 등으로 다양하게 사용할 것이다.

이와 같이 북한은 재래식 전력을 넘어 다양한 비대칭무기들을 개발 및 배치하고 전시에는 다양한 목적으로 사용할 것이다. 이러한 무기의 사용은 군사적 대응만으로는 한계가 있는 만큼 비군사 분야에서도 대응책이 요구된다.

제2절 국가비상대비업무의 발전

1. 한반도 전장환경

북한의 군사전략은 기습전, 배합전, 속전속결전이다. 이러한 북한군의 군사전략 아래서 예상되는 전장양상을 고려한 비상대비업무와 관련되는 한반도 전장환경의 특징을 보면 다음과 같을 것이다.

첫째, 휴전선으로부터 수도권까지의 거리와 전장의 종심이 짧다. 휴전선으로부터 수도 서울까지의 직선거리는 40km에 불과하다. 자동차로 30여 분, 전차로도 1시간이면 도착할 수 있는 가까운 거리에 있다. 이는 그만큼 전쟁 가능성이 높아질 시 비군사 분야에서도 대응 시간의 여유가 없음을 의미한다.

둘째, 수도권 지역의 중요성이다. 수도권 지역에는 인구의 50%, 경제력의 50% 이상이 집중되어 있으며, 정치 · 경제 · 외교 · 군사 등의 중심지이자 전쟁지속능력의 핵심지역이다. 수도권 지역은 비상대비업무의 성공과 나아가서 전쟁의 승리를 위해서 반드시 확보되어야 할 지역이다. 이러한 수도권 지역의 취약성에 대하여 미전략문제연구소(CSIS)의 보고서에서는 비록 한국이 경제적으로 성공하였지만 북한의 핵이나 화생무기 등의 공격에 매우 취약해질 수 있음을 경고하였다.[27]

셋째, 북한의 위협수단의 다양화다. 북한은 전시 수도권에 포병화력을 집중할 준비태세를 유지하고 있다. 북한이 보유한 핵과 다양한 종

---

27) Anthony Cordesman, "More Than a Nuclear Threat: North Korea's Chemical, Biological and Conventional Weapons," *Center for Strategic and International Studies*, 2018, pp. 14~17.

류의 미사일 및 대구경 방사포 등은 한반도 전역에 대한 공격이 가능하다. 특작부대는 전후방지역으로 침투하여 배합전을 수행할 수 있다. 사이버전 부대와 무인기의 위협도 심각하다. 이러한 위협 때문에 미국의 CSIS 보고서에는 한국이 동시에 두~세 곳의 시가 핵공격을 받을 시 회복능력에 대한 의구심을 나타낸 바 있다.[28] 전시 이러한 다양한 수단으로 대규모의 인명 및 재산상의 피해가 발생할 것으로 예상되는 만큼 이에 대한 대책이 필요하다.

넷째, 북한의 군사전략이다. 북한이 한반도의 공산화를 위하여 기습전, 배합전, 속전속결전을 함으로써 짧은 시간에 한반도가 전쟁터로 변화될 가능성이 크다. 정부기능 유지, 자원동원, 국민생활의 안정 등 비상대비에 있어 신속한 전환이 요구된다.

다섯째, 전시작전권 전환이다. 현 정부는 대통령 임기 내 전시작전권 전환을 추진하고 있다. 전작권이 주로 군사적인 상황과 관련되지만, 비군사 분야에서도 영향을 받을 분야가 많이 있을 것이다. 미 지상군 증원전력 감소에 따라 자원동원 소요가 증가할 수 있을 것이기 때문이다.

이렇게 비상대비업무에 영향을 미칠 여러 요인과 예상되는 전장환경을 고려하여 비상대비 분야에서의 대응책이 필요하다. 첫째, 북한의 기습공격에 따른 대응시간의 촉박성에 대비할 수 있어야 한다. 북한의 공격은 그들의 군사전략대로 기습적으로 실시될 것이다.[29] 군 당국

28) Cordesman, "More Than a Nuclear Threat: North Korea's Chemical, Biological and Conventional Weapons", p. 16.

29) 여기서 말하는 기습은 단순히 시간적인 기습만을 말하는 것은 아니다. 시간적 기습이나 수단상의 기습, 장소에서의 기습 등 다양한 기습을 의미한다. 6.25전쟁과 같이 일시적으로 기습을 하거나 또는 비대칭 전력을 이용하는 수단상의 기습, 서북도서 등 특정 지역에서 기습적으로 전쟁을 시작하는 장소에서의 기습 등 여러 가지가 가능할 것이다.

이 각종 정보수집 수단을 이용하여 사전 기습공격 가능성을 판단 및 경고하겠지만, 기습적인 공격의 가능성을 염두에 두면서 비상대비 조직은 이러한 상황에 신속히 대비할 수 있어야 한다. 군의 방어준비태세 발령에 보조를 맞춰 충무사태를 선포하고 비상대비 조직을 운용함으로써 상황에 적절히 대응할 수 있어야 한다. 제2차 세계대전 당시 독일군의 폴란드 침공과 일본군의 진주만 기습, 6.25전쟁 등 지금까지 역사상의 많은 전쟁이 기습적으로 시작되었음을 알면서 비상대비 분야에서도 대비가 필요한 것이다.

둘째, 북한의 배합전 및 속전속결전에 대비하여야 한다. 접적지역에서의 재래식 전력에 위한 위협은 물론 특작부대의 전·후방 침투, 미사일과 방사포 및 대량살상무기와 사이버전 및 무인기 등 비대칭 전력에 의한 위협에 이르기까지 다양하게 나타날 것이다. 전쟁이 발발할 경우, 조기에 끝내도록 하겠다는 것도 주목해야 할 것이다. 그런 만큼 비상대비 분야에서도 이에 대비할 수 있도록 계획의 작성이 필요하다. 특히 수도권 지역에서의 비상대비 분야의 대비는 중요할 것이다.

셋째, 전시 대량피해의 발생과 동시에 피해의 광범위화와 참혹성에 대비할 수 있어야 한다. 북한이 보유하는 대규모의 재래식 전력은 물론 대량살상무기는 이미 다른 전쟁에서 사용되어 그 피해가 나타난 바가 있다. 특히 히로시마에서의 원폭공격이나 중동에서의 화학작용제에 의한 피해는 그 광범위성이나 참혹함과 관련 다른 어느 피해보다 주목하여 비상대비 분야에서도 계획의 작성과 피해발생 시 구조 및 구호, 복구 등을 실행할 수 있는 준비가 필요하다. 현재 비상대비 업무의 핵심으로 등장하고 있는 핵피폭 시의 범정부적 대응을 위한 계획의 작성은 시급한 문제라 생각한다.

넷째, 전 · 후방 동시 현장 피해가 발생될 것이다. 북한의 특작부대에 의한 후방지역 침투는 물론 미사일, 대구경 방사포, 핵 및 화생무기, 사이버 공격, 무인기 공격 등에 의한 피해가 전후방에서 동시다발적으로 피해를 촉발할 것이다. 비상대비 조직의 운용과 계획의 준비 및 연습 실시, 역량의 강화 등의 준비는 이러한 상황에 대비할 수 있어야 한다.

다섯째, 전쟁기간의 문제이다. 한반도에서 전쟁발발 시 대부분 단기전을 예상한다.국방백서에는 북한은 전시 1~3개월 동안 지원이 가능한 탄약과 유류, 식량 등을 보유한 것으로 판단하며, 외부 지원이 없을 경우, 장기전을 수행할 능력은 제한될 것으로 예상한다. 여기서 염두에 두어야 할 것은 비록 그 가능성은 낮을지라도 장기전의 가능성에 대비해야 한다는 것이다. 역사상 주요 전쟁에서도 대부분 개전 초기에는 단기전으로 끝날 것이라는 예측이 많았지만 장기전으로 진행되었다. 미국의 남북전쟁, 제1차 세계대전, 6.25전쟁 등이 그러한 예이다. 우리도 이에 대비한 계획이 필요하다.

지구상의 어느 나라도 북한처럼 대규모의 재래식 전력과 특작부대, 핵을 포함한 대량살상무기, 여러 종류의 방사포, 사이버전 수행부대와 대규모 인력, 무인기 등의 전력을 보유한 나라와 여기에 기습공격이나 속전속결전, 배합전 등을 추구하는 나라는 없다. 이는 그만큼 북한이 공격적 · 공세적인 나라이며, 그러한 국가적 목표는 노동당 목적에 표현된 한반도의 적화통일이다. 이러한 무기들이 전시 사용될 경우 그 피해는 광범위한 지역에서 참혹하게 나타날 것이다. 이와 같은 전쟁양상에서 예상되는 피해는 지금까지 전 세계의 어느 지역에서의 전쟁에서도 보지 못한 상황이 될 것인 만큼 군사분야는 물론 비상대비 분야에서도 완벽한 대비가 필요하다.

2. 국가비상대비업무의 현 실태

북한의 안보위협 수단은 시대별로 강화되면서 이로 인하여 전시에는 대규모의 인적 및 물적 피해를 피할 수 없을 것으로 전망된다. 이러한 상황에 부응하여 비상대비업무를 수행할 조직은 안보위협 수단의 변화와 예상되는 피해에 대응할 수 있어야 한다. 그러나 비상대비업무

〈표 5-9〉 북한의 위협수단과 전쟁양상의 변화 및 비상대비 조직과 인원의 변화[30]

구분	위협수단	전쟁양상	비상대비조직	인원
1960 년대	재래식 전력	국지전+전면전	비상기획위원회 (1969, 장관급)	25명 (1969)
1970 년대	재래식 전력	국지전+전면전	비상기획위원회 (장관급)	32명 (1970)
1980 년대	재래식 전력+화학무기	국지전+전면전+ (제한된) 화학전	비상기획위원회 (장관급)	61명 (1981)
1990 년대	재래식 전력+화생무기	국지전+전면전+ (제한된) 화생전	비상기획위원회 (장관급)	75명 (1992)
2000 년대	재래식 전력+화생무기	국지전+전면전+ (제한된) 화생전	국가비상기획위원회(차관급)	83명 (2003)
2010 년대	재래식 전력+ 대량살상무기+사이버	국지전+전면전+ 대량살상무기+ 사이버+무인기	비상대비기획관 (국장급)	39명 (2011)
2020 년대 이후	재래식 전력+대량살상무기+사이버+무인기+?	국지전+전면전+ 대량살상무기+ 사이버+무인기+ ?	비상대비정책국 (국장급)	36명 (2020)

30) 김열수 외, 앞의 논문, 2016, p. 117 및 비상기획위원회, 『비상대비30년사』, 서울: 성진문화, 1999, pp. 114~115에서 부분 인용 및 수정.

조직은 오히려 지속적으로 축소되었고 공무원 인력은 감축되었다. 재래식 전쟁 양상에 대응하기에도 버거운 현재의 비상대비정책국의 조직과 인력만으로는 재래식 전쟁은 물론 대량살상무기가 사용될 것으로 예상되는 전쟁에서 비상대비업무를 수행하기 어려운 상황이다.

북한이 핵과 화생무기 등을 대량으로 보유하는 만큼 국가비상대비업무를 담당하는 관련 부서에는 이런 무기들의 특성과 예상되는 피해를 알고 정부가 대응계획을 수립할 수 있도록 전문가가 필요하다. 사이버 관련 업무는 과학기술정보통신부가 담당할지라도 국가비상대비계획과 관련하여 사이버전의 특성을 알고 이에 대비할 수 있도록 비상대비 조직에서도 전문가가 필요하다. 히로시마와 나가사키 핵피폭 사례가 보여주듯 핵무기로 인한 피해는 상상을 초월한다. 피해발생 시 정부의 어느 한 부처의 노력만으로 극복할 수 없으며 범정부적인 협조된 피해복구가 필요하다. 그런 만큼 이 분야에 대한 지침을 작성하고 행정각부의 업무를 협조시키며 연습실시 등의 업무를 위하여 다른 어느 곳보다 전문가와 조직이 필요하다.

3. 국가비상대비업무의 발전방향(책자 관련)

전쟁은 자연재해나 사회재난처럼 자주 발생하는 것은 아니지만 일단 발생하면 대규모의 인명 및 재산 피해를 동반한다. 한반도에서 병력과 화력의 대치 밀도, 북한이 보유하고 있는 각종의 재래식 전력과 대량살상무기 등을 생각하면 그 피해는 상상을 초월할 것이다. 군사적인 대응은 물론 비군사적인 대비에도 현재의 방법으로는 한계가 있을 수밖에 없다. 군사적인 대응과 더불어 비군사 분야에서도 발전이 필요하다.

본 책자와 관련하여 제1차 세계대전이나 제2차 세계대전 당시 영국이나 미국에서 있었던 여러 가지가 한반도에서 그대로 재현되지는 않을 것이다. 그때와는 비교할 수 없을 정도로 무기체계가 발전되는 등 전장환경이 바뀌었으며, 한반도의 안보환경도 다르기 때문이다. 그럼에도 영국이나 미국에서 있었던 여러 상황은 모습이 일부 다를지라도 유사하게 발생할 가능성이 크다. 그런 만큼 당시 발생하였던 상황을 분석하여 교훈을 도출하고 우리의 상황에 부합되게 적절히 적용하는 노력이 필요하다. 영국과 미국의 교훈을 반영하여 국가비상대비업무 차원에서 몇 가지를 제안하면 다음과 같다.

첫째, 병력동원과 징집 및 모집 등과 관련되는 사항이다. 전쟁사에서의 교훈은 전쟁이 발발하기 전 또는 이후에 법령을 제정하고 모병소를 설치하며 홍보를 하는 등으로 대상인원을 모집하여 훈련을 거쳐 전선으로 투입하는 등 일련의 절차를 거쳤다. 이는 영국과 미국이 직접 전장에 근접하지 않았기 때문에 가능한 상황이었다. 그러나 우리는 남북이 직접 휴전선에서 대치하고 있고 전쟁이 발발하면 한반도가 바로 전쟁터가 되기 때문에 이러한 영국과 미국의 상황을 그대로 적용할 수는 없을 것이다. 한반도의 이러한 상황을 반영하여 관련 법령이라든가 전쟁이 발발할 가능성이 농후할 시 동원령을 선포하고 병력을 동원할 수 있도록 법령이 보장하고 있다. 전쟁단계별 동원할 인원도 이미 지정되어 있고, 해마다 동원훈련도 실시한다. 제1차 세계대전이나 제2차 세계대전 당시의 영국과 미국 등의 준비와는 다른 모습으로 준비하고 있는 것이다.

다만, 앞에서 준비하고 있는 여러 상황이 한반도에서 예상되는 전장환경에서 적절한 것인가에 대해서는 다소 갑론을박(甲論乙駁)의 소지가 있다. 동원의 주요 기능의 하나는 전쟁의 발발 가능성이 높아질 때 사전동원을 통하여 충분한 전투준비태세를 갖춤으로써 전쟁을 억제하는 데 기여하는 것이다. 전쟁이 발발하여 대규모 인명살상이나 파괴가 동반되는 것보다는 다소 비용이 들지라도 전쟁을 억제하는 것이 더 의미가 있다면 충분히 사전동원 제도를 도입할 필요가 있는 것이다.

다음은 한반도에서 급격히 전개될 수 있는 전쟁양상을 고려해 볼 때 우리의 예비군이 충분한 장비와 훈련을 하고 있는가의 문제이다. 현재 동원사단을 중심으로 편제장비가 상비군에 준하는 수준으로 변화가 진행되기는 하지만, 여기에 훈련기간의 문제와 그 외의 동원전력도 전투력을 발휘할 수 있을 정도의 장비 편제와 훈련이 필요하다.

둘째, 전시 여성 인력 활용 관련 사항이다. 전쟁사의 교훈으로 여성들은 전시 무기 와 탄약생산, 비군사 부분의 지원 외 일부 군사부분 지원 활동, 영농현장에서 식량생산 등의 주요한 역할을 하였다. 이러한 역할은 전쟁이 장기화되었던 제1차 세계대전이나 제2차 세계대전 시 남성들이 모두 전쟁터로 나간 상황에서 충분히 예상되는 활동이었다. 그러나 단기전 양상으로 진행될 것으로 예상되는 한반도 전장환경을 염두에 두면, 이러한 영국과 미국과 미국처럼 여성의 역할을 기대하기는 어렵다.

다만, 여성도 전쟁과 같은 국가적인 비상상황에서는 국가에 충분히 기여할 수 있는 몫이 있을 것이기 때문에 이 부분을 찾아서 협력을 요청하거나 자발적인 참여를 도모할 수 있을 것이다. 그러한 부분으로 전재민 지원, 부상자 치료지원 등을 들 수 있을 것이다.

셋째, 전쟁비용의 조달 관련 사항이다. 전쟁사의 교훈으로 전비를 조달하기 위하여 평시예산의 전시예산으로 전환, 각종 세율의 인상, 새로운 항목의 세금항목 신설, 중앙은행의 발권력을 이용한 화폐발행, 전시채권의 판매, 필요에 따라 외국차관의 도입 등을 하였다. 우리나라의 국가비상대비계획에도 이러한 상황을 포함하고 있을 것이다. 다만, 한반도 안보상황의 긴급성을 예상하여 소요될 비용을 판단하고 어떤 방법으로 할 것인지 행정 각부의 통합된 계획의 작성이 필요할 것이다.

넷째, 배급제 관련 사항으로 특히 식량 배급과 관련된 것이다. 우리나라의 평시 식량 자급율은 26% 내외로 알려져 있다. 이는 그만큼 식량안보에 취약함을 의미한다. 이는 평시라면 이러한 문제는 지금처럼 수입을 통해 해결할 수 있는 만큼 큰 문제는 아닐 것이다. 그러나 전쟁이 발발한다면 이는 문제가 달라질 수 있다. 1 · 제2차 세계대전 당시의 영국과 같은 상황이 반복될 가능성이 있다는 것이다. 여기서 우리가 생각해 보아야 할 것으로, 만약 전쟁이 발발할 경우 중국이 어떤 태도를 취할 것인가의 문제이다. 식량을 포함하는 물자를 적재한 선박이 남중국해 및 동중국해의 공해를 통과할 때 과연 중국군 해군이 가만 있을 것인가? 무슨 이유를 들어서라도 정선, 억류 및 수색, 압류 등 우리의 전쟁 지원 노력을 약화시키거나 악화시킬 행동을 충분히 예상해 보아야 한다. 가격폭등은 물론 일부의 사재기 및 매점매석 등도 충분히 예상되는 문제이다.

따라서 전쟁발발 시 배급제를 어떤 방법으로 언제 시작할 것인가 등에 대한 면밀한 준비가 필요하다. 중국의 어떤 방해에도 대비할 외교적 방법도 준비해 놓아야 한다. 사재기 및 매점매석 등을 방지할 계엄당국과 농정당국의 긴밀한 계획도 필요할 것이다. 배급대상에 따라 배급량을 달리하기 위한 연구도 필요할 것이다. 여러 가지 고려할 사항을 미리 연구하고 배급방침을 전시대비계획에 반영하며, 실제 적용은 당시의 상황에 융통성 있게 대응할 필요가 있는 것이다.

그 외에 영국이나 미국에서 관심 있게 보아야 할 것은 병역의무가 없는 청소년이나 60세 이상 등의 연령에 있는 사람, 성직자 등이 자발적으로 향토방위에 임하여 조직을 만들고 훈련을 받았으며 실제 경비에 임하였던 사례가 많다. 그런가 하면 전쟁비용 조달에 협조하고 일부는 군수산업체에서도 일을 하였다.

만약에 우리에게 전쟁과 같은 국가적인 상황이 발생한다면 6.25전쟁당시 학도병이 전쟁에 참여하였던 그 이상으로 학생들은 물론 병역의무가 없는 사람들도 자원하여 어떤 임무든 수행할 것으로 예상한다. 여기에는 군사적인 업무는 물론 비군사적 업무도 포함되며, 모두가 참여하여 난국을 극복하는 데 기여할 것이다. 그런 만큼 병역당국은 물론 행정당국에서도 필요한 곳에서 지원인력을 적절히 활용하기 위한 방침 등을 준비해야 할 것이다.

우리는 전시 많은 예비군을 부대 증편이나 창설 등 군 소요를 충족하기 위하여 동원할 계획이다. 여기서 관심을 가져야 할 것은 예비군 자원을 동원함에 있어 정부의 전쟁수행 노력에 필요한 기술을 보유한 예비군을 무조건 전투원으로 동원하는 것은 지양되어야 한다. 현재 이 예비군들은 병력동원 후 순위로 하고는 있지만 전투원이 아닌 곳에서도 충분히 예비군이 정부의 전쟁지원 노력에 도움이 되도록 해야 한다.

또한 눈여겨보아야 할 것은 병력동원으로부터 여성 인력의 활용, 전비조달, 배급제 시행 등 모든 활동에 있어 영국이나 미국은 대개 정부가 먼저 국민에게 알릴 것은 알리고 특히 포스터 제작이나 연예인 등을 활용한 홍보에 주력하였다는 것이다. 전쟁과 같은 난국을 극복함에 있어 국민적인 참여가 없으면 성공할 수 없음을 알고 있었기 때문일 것이다.

우리도 전쟁과 같은 국가적인 비상상황을 극복함에 있어 국민의 참여가 매우 중요함을 인식하여 다양한 방법으로 알릴 것은 알리고 참여를 촉구하는 방법을 찾아야 할 것이다. 그러한 방법으로 고전적인 방법인 포스터를 활용하는 것으로부터 TV와 라디오 등의 보도수단을 이용하는 방법, 전광판과 최근 발전되는 각종 통신기기 등이 있다.

한반도의 안보여건을 고려하여 필요한 시기에 바로 적용할 수 있도록 관련 문구 및 그림 도안, 동영상 등을 사전에 준비하여 놓고 실제 상황이 발생할 경우, 당시의 여건에 부합하게 부분 수정하여 사용할 수 있도록 저장매체를 이용하는 방법도 강구해야겠다.

제6장
맺는 글

북한은 경제난에도 불구하고 지속적으로 군사력을 강화해 오고 있다. 재래식 전력의 양적 확대와 현대화는 과거에도 그랬고 현재도 그러하며 미래에도 멈추지 않을 것이다. 여기에 핵과 화생무기 등 대량살상무기의 위협도 이미 심각한 수준에 이르면서 우리에게 군사적으로나 비군사적으로 모두 최대의 안보위협 요인이 되었다. 사이버전 수행 능력도 몰라볼 정도로 하루가 다르게 그 모습을 달리하고 있으며, 무인기도 머지않은 시기에 직접적 위협으로 다가올 것이다.

이렇게 급격히 변화되는 안보상황에서 국가비상대비업무는 전시 국민의 생존을 보장하고 정부기능을 유지하면서 전쟁에서의 승리를 보장하기 위한 핵심적인 업무이다. 그러나 역대 정부에서는 그 역량이 지속적으로 약화되어 왔다. 변화되는 위협에 맞설 수 있도록 법령과 조직, 계획 및 연습, 역량의 강화가 필요하나 현재는 재래식 전쟁에 대비하는 차원에서 머물고 있으며, 그나마도 부족하다.

따라서 변화되는 위협에 맞서 법령의 제정 및 개정, 비상대비조직의 강화, 비상대비계획의 작성 개선 및 연습의 실시, 역량의 강화가 시급하다. 먼저 법령의 제정으로 '비상대비자원관리법' 및 '정부조직법'의 개정과 전시 대량살상무기의 사용에 대비하여 '(가칭) 대량살상무기의 대응 등에 관한 특별법'이 필요하다. 법령의 개정을 통하여 조직의 강화와 연습 등의 실시 역량 강화를 보장하여야 한다. 특별법은 전시 대량살상무기가 사용될 시 대규모의 인적·물적 피해가 발생하는 급박한 상황에서 범정부적 역량을 통합 및 집중하여 최대한 신속하게 대응하면서 피해를 최소화하고 조기에 복구할 수 있도록 보장하기 위함이다.

변화되는 안보위협 상황에 적절히 대응할 수 있도록 비상대비조직의 확대가 필요하며, 이를 위하여 종래의 국가비상기획위원회 이상의 기관으로 편성하거나 국무총리실 소속으로 비상대비본부를 설치하되 본부장은 장관급 또는 차관급 이상의 정무직으로 편성이 강화되어야 한다. 국가비상기획위원회든 비상대비본부든 여기에는 비상대비정책국과 민방위정책국, 동원정책국 등을 두며, 핵과 화생무기 및 사이버전 등에 대한 전문가를 보직하여야 한다. 이렇게 조직과 인력을 강화해야 하는 이유는 그동안 지속적으로 약화된 비상대비업무를 정상화 및 강화하면서 대량살상무기 등의 위협에 대응하여 범정부적 계획의 발전은 물론 행정 각부의 비상대비업무에 대한 총괄 및 조정, 대응 등의 능력을 강화하기 위함이다.

전쟁사에서 나타났던 수많은 사례를 연구하여 한국의 상황에 부합하게 적용할 수 있는 비상대비계획의 보완이 필요하다. 비상대비계획 작성 시는 군의 협조 아래 유관되는 행정 각부와 협조된 계획의 작성도 필요하다. 무엇보다도 대량살상무기와 사이버전, 무인기 관련 계획의 발전이 시급하다. 이를 위하여 '가정' 작성에 대량살상무기 관련 사항 등을 반영하여야 한다. 이를 바탕으로 기본지침에 행정 각부가 조치할 사항과 협업으로 조치할 사항을 포함해야 한다. 비상대비계획의 작성보완과 더불어 정부연습 실시간 전쟁단계별 계획에 포함된 대량살상무기 사용 등의 예상되는 피해를 상정하여 행정 각부의 능력과 조치사항 등을 검토해 보고 부족한 부분이 무엇인지 발굴하고 이를 계획에 반영해야 한다.

비상대비 역량의 강화도 시급하며, 이는 전문가들의 보완과 대량살상무기가 사용될 경우, 인적 · 물적 피해를 최소화하는 데 필요한 약품과 물자, 장비 등을 중앙정부나 자치단체, 공공기관 등 기관별로 소요량을 판단하고 확보하는 것이다.

아무리 정부가 잘 준비하고 대응할지라도 국민적인 호응과 지원이 없으면 사상누각(沙上樓閣)에 불과할 따름으로 국민의 협조가 필요하다. 여기에는 동원으로부터 전쟁비용의 조달에 대한 협조 등 다양하다. "평화를 원하거든 전쟁에 대비하라"라는 말을 염두에 두면서 군사와 비군사 분야의 대비가 필요함을 강조한다.

거듭 말하거니와 우리가 당면하는 안보의 최대 위협요인은 핵을 포함한 대량살상무기이고, 이러한 위협에 대비하는 것이 앞으로 국가비상대비업무의 핵심이 되어야 한다. 이러한 위협에 대응할 수 있도록 이 분야의 업무에 있어 혁신적인 변화가 필요함을 강조한다. 북핵 등 대량살상무기와 현대화되는 재래식 전력을 사용할 것으로 예상되는 전쟁양상에서 군사적인 대응만으로 국민에 대한 안전의 보장이나 정부기능의 유지 등에 효과적으로 대응할 수 없음을 알아야 할 것이다.

에필로그

국가비상대비업무를 접하고 연구하기 시작한 이래 이제 20여 년이 지나고 있다. 국가비상대비업무를 처음 접하고 연구를 시작하였던 1999~2002년 당시는 육군대학 동원업무 교관으로서 우리나라에도 전시에 대비하기 위한 이런 업무가 있구나 하는 생각이었고 그 중요성에 대하여 깊은 생각이 없었다.

그리고 다시금 2009년 육군대학의 평가실장 겸 동원교관으로 직책을 수행하면서 국가비상대비업무에 대하여 이해의 폭을 넓힐 수 있는 계기가 있었다. 당시 3년간의 보직기간 중 학교에 대기하는 동안 도서관에서 수많은 책을 대출하여 짧은 실력으로 『총력전의 이론과 실제』를 쓰면서 전쟁사에서 나타났던 수많은 비상대비업무 관련 사례를 보았고 식견을 넓혔다.

이러한 이해와 지식을 바탕으로 군 생활을 마치고 단국대학교 학생들과 강의실에서 만나고 위기관리연구소를 운영하면서 여유 있게 국가비상대비업무를 보다 심층 깊게 연구할 기회가 생겼다. 그런 과정을 거쳐 보면 볼수록 우리의 국가비상대비업무는 그 중요성에 비하여 너무 소홀히 취급되고 있으며 앞으로 해야 할 일이 너무나 많다고 생각되었다.

그동안 북한의 위협은 시기를 달리하면서 가중되어 왔다. 최악의 경제난에도 불구하고 재래식 무기를 현대화하고 있고 핵을 포함한 대량살상무기를 개발하면서 한반도의 안보위협을 넘어 국제사회의 최대의 문제가 되었다.

이러한 상황에서 전시 정부가 그 기능을 유지하고 국민생활의 안정을 유지하며 인적 및 물적 자원을 동원하여 군사작전을 지원해야 하는 업무가 바로 국가비상대비업무이다. 지금까지 수많은 전쟁이 있었지만 근세에 총력전 양상으로 진행되었던 제1차 세계대전이나 제2차 세계대전을 보면 전쟁에서의 승리가 군사적인 승리만으로 달성된 것이 아니라는 것이었다. 군사적 승리를 포함하여 비군사적인 분야에서 지원이 있어야만 가능하였다는 것이 역사적인 경험이고 교훈이었다.

그러한 비군사적인 업무(국가비상대비업무)를 담당하는 국가비상기획위원회는 1968년 창설 이래 정권이 교체되는 과정에서 점점 그 위상이 하락되어 조직은 축소되었고 인원은 감소되어서 이제는 행정안전부의 비상대비정책국으로 초라하게 임무를 수행하고 있다. 비상대비정책국이 주관하는 정부연습인 을지태극연습은 많은 노력이 들어가는 것에 비하여 그 성과는 미미하다. 그나마 남북관계 또는 코로나19 상황으로 인해 제대로 하지도 않고 있다.

전시에 대비하기 위한 국가비상대비계획이 실제 전쟁이 발발할 경우에 대비하기 위한 적절한 계획인가에 대해서도 많은 의문이 제기되고 있다. 한반도에서 예상되는 전쟁양상은 병력과 화력의 밀도, 북한군의 전략과 전술 등을 감안하여 볼 때 전례에 없었던 치열한 양상에서 대규모의 인명피해와 파괴가 동반될 것이다. 이러한 상황에서 정부가 그 기능을 유지하고 국민생활의 안정을 유지하며 자원동원의 보장을 통하여 승리하기 위한 것이지만, 의문이 남는 것이다.

저자는 국가비상대비업무를 담당하는 행정부에서 직접 근무를 한 경험은 없지만 이 분야에서 누구보다도 많은 연구를 하였고 여러 권의 책을 저술하고 논문을 썼으며 정책과제를 하는 등 간접적으로 경험을 하면서 우리의 국가비상대비업무는 이래서는 안 되겠다고 누차 문제를 제기한 바 있다. 이 책자도 그러한 연장선상에서 작성하였다고 해도 틀린 말은 아니다.

그렇다면 무엇을 할 것인가? 세 가지만 말하고 싶다. 첫째, 가중되는 북한의 군사 위협, 특히 대량살상무기의 위협과 전시 예상되는 상황을 고려해서 국가비상대비업무를 담당할 조직을 종전의 국가비상기획위원회 그 이상으로 독립된 조직으로 강화하고 전시 관련 업무에 대한 행정 각부의 통제 및 장악력을 확실하게 할 수 있도록 법적 기반을 마련해 놓아야 한다.

그렇지 않고 현재와 같은 수준에서 현재와 같은 법령으로 현재와 같은 조직을 갖고 비상대비업무를 계속 수행한다면 변화되는 안보환경과 전시 예상되는 다양한 위협에서 정부기능의 유지는 물론 국민생활의 안정과 나가서 자원 동원에 이르기까지 실제적 상황이 발생할 경우 많은 어려움에 직면할 것이다.

둘째, 전시 관련 계획과 연습을 전반적으로 재검토하여 실제 발생할 수 있는 상황에 적합한 계획을 작성하고 정부연습을 하는 방향으로 나가야 하겠다. 이를 위하여 국가비상대비업무에 대한 행정 각부에 업무 지도 및 통제력을 갖고 전반을 끌고 나갈 수 있어야 할 것이다.

셋째, 국가비상대비업무를 수행할 공무원의 전문성 함양이다. 비상대비업무가 전시와 관련되는 업무인 만큼 군사 상황과 연계한 비군사 분야에 대한 이해가 필요하다. 특히 핵 관련 비군사 분야의 계획을 수립하고 행정 각부의 계획작성을 통제 및 지원할 전문가의 보직은 시급하다고 생각한다.

제1차 세계대전이나 제2차 세계대전에서의 영국이나 미국이 승리할 수 있었던 이유가 단순히 군인들이 전투에서 승리하였기 때문이 아니라는 것을 본 책자는 보여주고자 노력하였다. 어린이로부터 노년의 어른까지, 남성은 물론 여성들도 후방에서 다양한 활동으로 전쟁 수행을 지원하였고 그러한 결과가 뒷받침이 되어 승리를 할 수 있었던 것이다. 본 책자는 이러한 것을 보여주기 위한 목적으로 연구한 것이다. 다만, 여기에 포함한 그림 자료와 내용이 영국이나 미국 등의 국가와 제1차 세계대전이나 제2차 세계대전 등 시기에 어긋나지 않도록 주의를 기울였으나 맞지 않는 것이 있을지 두려움도 있다. 잘못된 사항을 지적하는 독자 여러분의 질책은 겸허히 수용할 것이다.

행정안전부의 비상대비정책국과 행정 각부에서 국가비상대비업무를 담당하는 여러분은 본 책자에서 보여주는 영국과 미국의 여러 사례와 한반도에서 예상되는 여러 상황을 염두에 두면서 우리에게 적합한 계획으로 발전을 시켜 주길 기대한다.

2021년 7월

단국대학교 연구실에서

참고문헌

(구) 국무총리 비상기획위원회, 『세계동원의 역사』, 서울: 전광인쇄정보, 2004.

(구) 국무총리 국가비상기획위원회, 『미 육군의 군사동원 역사』, 서울: 전광인쇄정보, 2004.

국방부, 『대량살상무기 이해와 실제』, 서울: 국방부, 2018.

김열수 외, 「안보위기를 중심으로 한 국가위기관리체계 개선방안 연구」, 국민안전처(현 행정안전부) 정책과제, 2016.

다까하시 하지메 지음, 국방대학교 안보문제연구소 옮김, 『현대총력전』, 서울: 공화출판사, 1975.

레오나드 모즐리 지음, 한국일보 타임-라이프 옮김, 『제2차 세계대전(World War II): 영국 본토 공방전』, 서울: 한국종합물산, 1981.

______, 한국일보 타임-라이프 옮김, 『제2차 세계대전(World War II): 미국의 전시 생활』, 서울: 한국종합물산, 1982.

로날드 H. 베일리, 한국일보타임-라이프 옮김, 『제2차 세계대전-미국의 전시 생활』, 서울: 한국종합물산, 1982.

루덴도르프, 최석 옮김, 『국가총력전』, 서울: 공화출판사, 1972.

미국사연구회, 『미국역사의 기본자료』, 서울: 대림문화사, 1992.

박계호, 『총력전의 이론과 실제』, 서울: 북코리아, 2012.

박휘락, "북핵 위협하 북한의 기습공격 가능성과 한국의 대응 방향", 『전략연구』, 제26권 제2호(통권 제78호), 2019.

부르스 베넷 지음, 한국안보문제연구소 옮김, 『북한의 붕괴 가능성 대비』, 서울: 전광인쇄정보(주), 2015.

비상기획위원회, 『비상대비30년사』, 서울: 성진문화, 1999.

스티븐 헤이워드 지음, 김장권 옮김, 『지금 왜 처칠인가?』, 서울: 중앙M&B, 1998.

윈스턴 처칠 지음, 차병직 옮김, 『제2차 세계대전』, 서울: 까치글방, 2016.

정하명 외, 『세계전쟁사』, 서울: 도서출판 황금알, 2004.

존 키건 지음, 조행복 옮김, 『제2차 세계대전사』, 서울: 한영문화사, 2009.

차상철 지음, 『미국외교사』, 서울: 비봉출판사, 2009.
폴 그레이브 맥밀런 지음, 『지도로 보는 제1차 세계대전』.
폴 콜리어 지음, 강민수 옮김, 『제2차 세계대전』, 서울: 플래닛미디어, 2008.
피터 심킨스 지음, 강민수 옮김, 『모든 전쟁을 끝내기 위한 전쟁: 제1차 세계대전 1914~1918』, 서울: 플래닛 미디어, 2008.
합동참모본부, 『합동기본교리』, 서울: 국군인쇄창, 2009.
홍기호 · 권태영, "북한의 핵사용-단기 속전속결 전략 대비 한국의 신 작전개념 수행방안" 『전략연구』 제25권 제1호(통권 제74호), 2018.
Anthony Cordesman, "More Than a Nuclear Threat: North Korea's Chemical, Biological and Conventional Weapons" *Center for Strategic and International Studies*, 2018.
Benjamins H. Higgins, *Lombard Street in War and reconstruction,* National Bureau of Economic Research, 1949.
David F. Burg and L. Edward Purcell, *Almanac of World War I*, The University Press of Kentucky, 2003.
David Trask, "The Entry of the USA into the War and its Effects," *The Oxford Illustrated History of The First World War*, New York: Oxford University Press, 1998.
Deborah A. K. Brobst, *Women Munitions Workers in Britain during the Great War*, Lehigh University, 2006.
Department of Treasury, *A History of the United States Savings Bonds Program: 50th Anniversary Edition,* Department of Treasury, 1991.
Edwin Seligman, "The Cost of the War and How it was Met?", *War Finance Volume III: War in the Twentieth Century,* Edward Elgar Publishing Limited, 1994.
Evan Mawdsley, *World War II*, London: Cambridge University Press, 2009.
Elisabeth Glaser, *'Better Late than Never', Great War, Total War,* Cambridge University, 2000.
F. W. Perry, *The Commonwealth Armies: Manpower and organization in two world wars,* Manchester University Press, 1998.
Habnnah Marshall, *Voluntary Food Conservation: The United States Home Fronts in ww1,* History Department Western Oregon University, 2010.
Headquarters, Department of the Army, *NORTH KOREAN TACTICS(ATP7-100.2)*, Washington, July 2020.

Hugh Rockoff, *AMERICA'S ECONOMIC WAY OF WAR: War and US Economy from the Spanish-American War to the Persian Gulf War*, CAMBRIDGE UNIVERSITY PRESS, 2012.

Hugo Bicheno, "Total War", *Oxford Companion to Military History*, Oxford, 1995.

J. M. Winter, *The Experience of World War I*, New York: Oxford University Press, 1995.

Jeremy Black, *Why Wars Happen?,* New York: New York University Press, 1998.

______, *The Age of Total War: 1860~1945,* London: Prager Security International, 2006.

Jules Backman, *War and Defense Economics,* Rinehart & Company. Inc., 1951.

Julian E. Zelizer, *Aresenal of Democracy: The Politics of National Security- From World War II to The War on Terrorism*, Basic Books, 2010.

Koketsu Atsushi, Total War and Japan-Reality and Limitations of the Establishment of the Japanese Total War System, MEIJ UNIVERSITY, 2018.

Laurence M. Olney, *The War Bonds Story,* U.S Savings Bonds Division, 1971.

Marvin A. Kreidberg, *History of Military Mobilization in the United States Army 1775~1945,* Department of the Army, 1995.

Masao Tomonaga et al., *Research of on Impacts of Nuclear Weapon in Various Aspects,* Ministry of Foreign Affairs of Japan, 2014.

Michael J. Mazzar, *The Korean Peninsula: The Dangerous Scenarios,* RAND CORPORATION, 2018.

NATIONAL FARMERS UNION, "WORLD WAR ONE: THE FEW THAT FED THE MANY", NFU.

Niall Ferguson, *How(Not) to Pay for the War,* Cambridge University Press, 2000.

Patrick R. Terrel, *North Korean Collapse: Weapons of Mass Destruction Use and Proliferation Challenges*, John Hopkins SAIS, 2017.

Peter Calvocoressi and Guy Wint, *Total War: Cause and Courses of the Second World War*, New York: Penguin Books, 1981.

Richard A. Preston & Sydney F. Wise, *Men In Arms,* New York Prager Publisher, 1970.

Robert Goralski, *World War II Almanac: 1931~1945,* Bonanza Books, 1981.

Robert D. Hormats, *The Price of Liberty: Paying for America's Wars from the Revolution in the War on Terror*, New York: Time Books, 2007.

Rosella Cappella, *The Political Economy of War Finance*, University of California,

2012.

Ruth Henig, *The Origins of The First World War,* UK: Clays Ltd, 1994.

SIPRI, *SIPR Year Book 2018: Armanents, Disarmament and International Security*, OXFORD UNIVERSITY PRESS, 2018.

Stephen Broadberry and Peter Howleft, *Blood, Sweat, and Tears: British Mobilization for World War II, A World At Total War: Global Conflict and the Politics of Destruction, 1937~1935*, CAMBRIDGE UNIVERSITY, 2010.

Thomas E. Griess, *Campaign Atlas to the Second World War*, New Jersey: Avery Publishing Group INC, 1982.

http//:www.liberationofnewoxford.com/jeep-bond-drive.html.

http://caber.open.ac.uk/schools/stanway/WVSandWI.html.

http://library.cincymuseum.org/topics/w/files/wwii/.

http://rutherfordtnhistory.org/local-efforts-brought-japanese-submarine/.

http://www.aforceforgood.org.uk/history/tankglasgow.

http://www.bbc.co.uk/history/ww2peopleswar/timeline/factfiles/nonflash/a6649932.shtml.

http://www.bbc.co.uk/history/ww2peopleswar/timeline/factfiles/nonflash/a6650237.shtml

http://www.u-s-history.com/pages/h1682.html. U.S. War Bonds.

https://digital.library.unt.edu/ark.

https://en.wikipedia.org/wiki/Conscription_in_the_United_States.

https://history.army.mil/books/wwii/.

https://historyofyesterday.com/hitler-and-stalins-alliance-at-the-beginning-of-wwii.

https://spartacus-educational.com/.

https://time.com/3182658/world-war-ii-map/.

https://ww2today.com/14th-october-1940-disaster-at-balham-tube-station.

https://www.af.mil/News/Article-Display/Article/109638/women-play-huge-role-in-world－war-ii-aviation-efforts.

https://www.bbc.co.uk/.

https://www.bbc.co.uk/bitesize/topics/.

https://www.bbc.co.uk/programmes/p01nhwgx.

https://www.britannica.com/topic/Rosie-the-Riveter.

https://www.britannica.com/topic/Women-Airforce-Service-Pilots.

https://www.findmypast.co.uk/articles/british-womens-royal-air-force-service-records.
https://www.forces-war-records.co.uk/units/131/auxiliary-territorial-service/.
https://www.gov.uk/government/news/the-women-of-the-second-world-war.
https://www.history.com/news/americas-patriotic-victory-gardens.
https://www.iwm.org.uk/history/10-ways-children-took-part-in-the-first-world-war.
https://www.iwm.org.uk/history/9-women-reveal-the-dangers-of-working-in-a-first-world-war.
https://www.iwm.org.uk/history/what-was-the-women's-land-army.
https://www.lockheedmartin.com/en-us/news/features/history/rosie-the-riveter.html.
https://www.london-fire.gov.uk/museum/history-and-stories/firefighters-of-the-second-world-war.
https://www.mylearning.org/stories/women-at-war-the-role-of-women-during-ww2.
https://www.nationalww2museum.org/students-teachers/student-resources/research.
https://www.nfuonline.com/the-few-that-fed-the-many-ww3-report/.
https://www.pinterest.co.kr/pin/.
https://www.rafmuseum.org.uk/research/online-exhibitions/air-transport-auxiliary.aspx.
https://www.si.edu/object/keepem-flying.
https://www.striking-women.org/module/women-and-work/world-war-i-1914-1918.
https://www.theguardian.com/news/datablog/2011/sep/01/military-service-personnel-total-war.
https://www.thevintageposter.com/poster.
https://www.thoughtco.com/committee-on-public-information.
http://warworld1939-1945.weebly.com/lend—lease-act.html.
https://www.wdl.org/.
http://www.primaryhomeworkhelp.co.uk/Britain.html.

찾아보기